ZHIYE JINENG PEIXUN JIANDING JIAOCAI

职业技能培训鉴定教材

机修钳工
JIXIU QIANGONG
（高级）

主 编 徐洪义 杨全利
编 者 范 志 武春江
        孟宪纲
主 审 刘介臣

中国劳动社会保障出版社

图书在版编目(CIP)数据

机修钳工：高级/劳动和社会保障部教材办公室组织编写．—北京：中国劳动社会保障出版社，2007

职业技能培训鉴定教材

ISBN 978-7-5045-6689-8

Ⅰ．机… Ⅱ．劳… Ⅲ．机修钳工-职业技能鉴定-教材 Ⅳ．TG947

中国版本图书馆 CIP 数据核字（2007）第 206015 号

中国劳动社会保障出版社出版发行

（北京市惠新东街 1 号 邮政编码：100029）

出 版 人：张梦欣

*

国铁印务有限公司印刷装订 新华书店经销

787 毫米×1092 毫米 16 开本 14.75 印张 314 千字

2008 年 1 月第 1 版 2023 年 3 月第 16 次印刷

定价：25.00 元

营销中心电话：400-606-6496

出版社网址：http://www.class.com.cn

版权专有 侵权必究

如有印装差错，请与本社联系调换：（010）81211666

我社将与版权执法机关配合，大力打击盗印、销售和使用盗版图书活动，敬请广大读者协助举报，经查实将给予举报者奖励。

举报电话：（010）64954652

内容简介

本教材由劳动和社会保障部教材办公室依据《国家职业标准——机修钳工》组织编写。本教材从职业能力培养的角度出发，力求体现职业培训的规律，满足职业技能培训与鉴定考核的需要。

本教材在编写中贯穿"以职业标准为依据，以企业需求为导向，以职业能力为核心"的理念，采用模块化的编写方式。全书按职业功能分为5个模块单元，主要内容包括作业前准备、作业实施、作业后检查、培训指导、管理等。每一单元内容在涵盖职业技能鉴定考核基本要求的基础上，详细介绍了本职业岗位工作中要求掌握的最新实用知识和技术。

为便于读者迅速抓住重点、提高学习效率，教材中还精心设置了"培训目标""考核要点"等栏目。每一单元后附有单元测试题及答案，全书最后附有理论知识考核试卷，供读者巩固、检验学习效果时参考使用。

本教材可作为高级机修钳工职业技能培训与鉴定考核教材，也可供中、高等职业院校相关专业师生参考，以及相关从业人员参加在职培训、岗位培训使用。

前 言

　　1994年以来，劳动和社会保障部职业技能鉴定中心、教材办公室和中国劳动社会保障出版社组织有关方面专家，依据《中华人民共和国职业技能鉴定规范》，编写出版了职业技能鉴定教材及其配套的职业技能鉴定指导200余种，作为考前培训的权威性教材，受到全国各级培训、鉴定机构的欢迎，有力地推动了职业技能鉴定工作的开展。

　　劳动保障部从2000年开始陆续制定并颁布了国家职业标准。同时，社会经济、技术不断发展，企业对劳动力素质提出了更高的要求。为了适应新形势，为各级培训、鉴定部门和广大受培训者提供优质服务，教材办公室组织有关专家、技术人员和职业培训教学管理人员、教师，依据国家职业标准和企业对各类技能人才的需求，研发了职业技能培训鉴定教材。

　　新编写的教材具有以下主要特点：

　　在编写原则上，突出以职业能力为核心。教材编写贯穿"以职业标准为依据，以企业需求为导向，以职业能力为核心"的理念，依据国家职业标准，结合企业实际，反映岗位需求，突出新知识、新技术、新工艺、新方法，注重职业能力培养。凡是职业岗位工作中要求掌握的知识和技能，均作详细介绍。

　　在使用功能上，注重服务于培训和鉴定。根据职业发展的实际情况和培训需求，教材力求体现职业培训的规律，反映职业技能鉴定考核的基本要求，满足培训对象参加各级各类鉴定考试的需要。

　　在编写模式上，采用分级模块化编写。纵向上，教材按照国家职业资格等级单独成册，各等级合理衔接、步步提升，为技能人才培养搭建科学的阶梯型培训架构。横向上，教材按照职业功能分模块展开，安排足量、适用的内容，贴近生产实际，贴近培训对象需要，贴近市场需求。

　　在内容安排上，增强教材的可读性。为便于培训、鉴定部门在有限的时间内把最重要的知识和技能传授给培训对象，同时也便于培训对象迅速抓住重点，提高学习效率，在教材中精心设置了"培训目标""考核要点"等栏目，以提示应该达到的目标，需要掌握的重点、难点、鉴定点和有关的扩展知识。另外，每个学习单元后安排了单元测试

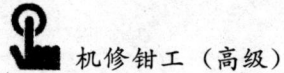

题，每个级别的教材都提供了理论知识考核试卷，方便培训对象及时巩固、检验学习效果，并对本职业鉴定考核形式有初步的了解。

　　本书在编写过程中得到天津市职业技能培训研究室的大力支持和热情帮助，在此一并致以诚挚的谢意。恳切希望各使用单位和个人对教材提出宝贵意见，以便修订时加以完善。

劳动和社会保障部教材办公室

目 录

第1单元 作业前准备/1—47
第一节 劳动保护与作业环境准备/3
一、安全检查
二、各配合工种的安全操作规程
第二节 技术准备/9
一、设备的传动原理
二、机械零件修复技术
三、安装工艺及修理工艺
第三节 物料、工具、量具准备/26
一、机床修理专用工具的设计与制作
二、专用量仪的工作原理及使用注意事项
三、金属毛坯的准备

单元考核要点/43
单元测试题/43
单元测试题答案/47

第2单元 作业实施/49—140
第一节 精密、大型机床设备的安装/51
一、精密、大型设备安装基础的要求
二、精密、大型机床的安装
三、恒温及恒湿环境控制
四、设备的安装环境
第二节 设备的保养及故障排除/58
一、精密、大型复杂设备运行中的常见机械故障及排除方法
二、机床液压系统的修理与故障排除
三、机械设备的二级保养
第三节 设备修理/91

　　　　一、精密导轨及修理
　　　　二、精密组件及修理
　　　　三、精密、高速、大型设备导轨的修复和调整
　　　　四、T68型卧式镗床主轴修理
　　　　五、热模锻压力机修理
　　　　六、7K—15—8型透平空气压缩机转子轴的修理
　　第四节　精密零件制造/122
　　　　一、精密机械零件的制造要求及成形工艺
　　　　二、零件的电加工技术
　　单元考核要点/133
　　单元测试题/133
　　单元测试题答案/140

第3单元　作业后检查/141—193
　　第一节　外观检查/143
　　　　一、设备定期检查
　　　　二、精密平板平面度的测量与评定
　　第二节　设备几何精度检查/154
　　　　一、测量误差及其产生原因
　　　　二、精密测量设备
　　　　三、分度机构的检测
　　　　四、精密、大型、复杂设备几何精度检查及超差处理
　　　　五、机床故障诊断技术
　　第三节　设备运行检查/175
　　　　一、精密、大型、复杂设备工作精度检验的超差处理
　　　　二、设备的过载试验
　　第四节　特殊检查/181
　　　　一、电动机转子动平衡试验
　　　　二、噪声的测量
　　　　三、金属零件的无损诊断
　　单元考核要点/189
　　单元测试题/190
　　单元测试题答案/193

第4单元　培训指导/195—201
　　第一节　操作指导/197

一、操作技能培训与指导的目的
　　二、操作技能培训与指导的方法
　　三、操作技能培训与指导的要求
第二节　理论指导/198
　　一、理论培训的目的
　　二、理论培训的方法
单元考核要点/200
单元测试题/200
单元测试题答案/201

第5单元　管理/203—214

第一节　质量管理/205
　　一、质量管理小组活动程序
　　二、班组的质量管理活动
第二节　生产管理/208
　　一、班组的生产管理
　　二、维修、大修班组的生产管理
　　三、班组的经济核算
　　四、设备修理网络计划
单元考核要点/213
单元测试题/213
单元测试题答案/214

理论知识考核试卷（一）/215
理论知识考核试卷（二）/218
理论知识考核试卷（一）答案/221
理论知识考核试卷（二）答案/223

第 1 单元

作业前准备

- 第一节　劳动保护与作业环境准备/3
- 第二节　技术准备/9
- 第三节　物料、工具、量具准备/26

机床是对金属或其他材料的坯料进行加工，使之获得所要求的几何形状、尺寸精度和表面质量的机器。机床的正确使用和精心维护，是保障机床安全运转，以生产出满足用户需要的优质产品、提高企业经济效益的重要环节。机床使用期限的长短、生产效率和工作精度的高低，在很大程度上取决于它使用与维护的状况。工作人员应熟悉机床的结构与性能、易损零件部位，掌握机床完好的检查项目、标准和方法，并能按要求进行日常检查。

机床修理前，要按机床专业标准对机床进行修前技术准备，根据机床实际情况制定修理工艺。机床修理前还要进行专用工具的制作，只有具有合格的检测标准的专用工具，才能对机床进行修理及检测。各种量具、量仪的正确使用与否将直接影响机床的维修质量。

第一节 劳动保护与作业环境准备

→ 能够进行安全检查
→ 能够掌握各配合工种的安全操作规程

一、安全检查

1. 安全检查的重要性

安全检查是企业劳动保护工作的重要内容之一，其目的是了解企业各部门、各车间及各劳动小组的劳动保护管理情况，发现生产现场不安全的物质（设备、工具、附件等）状况、不安全的工作环境、不安全的行为及操作和潜在的职业危害，以便采取措施及时纠正，改善劳动条件，防止伤亡事故的发生。

安全检查是一项技术性较强而又非常细致的工作，实施时要周密地做好准备，按计划、按要求切切实实地进行检查、记录和总结，不能流于形式，走过场。

安全检查是推动企业做好劳动保护工作的重要方法。组织安全检查就是发动广大职工关心安全工作，参与寻找不安全因素，动手解决不安全问题，实际上也是对安全生产的重要性进行宣传。除企业自己组织进行检查外，上级机关还可以组织企业与企业之间、地区与地区之间的互相检查，以交流经验、互相学习和互相促进。

2. 安全检查的内容

安全检查的内容很多，大致可分为以下四个方面：

（1）检查企业的劳动保护管理工作是否贯彻了党和国家的劳动保护方针政策和法规制度；检查企业领导对劳动保护的认识是否正确；检查企业是否建立健全了劳动保护组织和安全生产责任制；检查企业是否把职工的安全和健康放在了工作首位，纳入了议事日程；检查企业是否贯彻了"五同时"（即计划、布置、检查、总结、评比生产工作的同时，计划、布置、检查、总结、评比安全工作）的要求；检查企业在对职工伤亡事故的调查、报告和处理中是否坚持了"三不放过"（即事故未查清原因不放过，当事者未吸取教训不放过和未采取整改防范措施不放过）的原则；检查企业各项规章制度（如安全教育制度、技术培训制度、编制安全和工业卫生技术措施计划的制度、安全守则、安全技术操作规程等）是否健全完善，是否能严格执行等。

（2）检查、寻找生产现场不安全的物质状态，即检查企业的劳动条件、生产设备以及相应的安全卫生设施是否符合安全和工业卫生标准要求。如检查各种机械设备的安全运行和维修状况，各种机电设备的防护装置，防止沙尘危害的措施，有毒有害气体、蒸汽、粉尘的防护措施；检查电器、锅炉、受压容器和气瓶的安全状况；检查易燃、易爆物资的贮存、运输和使用情况；检查个人防护用品的使用及标准是否符合劳动保护的要求，以及通风、照明条件等。

(3) 检查生产作业场所和施工工地，寻找不安全的因素。如检查有无安全出口、安全通道等。

(4) 检查工人是否有不安全行为和不安全操作，操作时的动作是否符合安全要求等。

3. 安全检查的方式

安全检查的方式可分为定期检查、突击检查、连续检查和特殊检查 4 种。

(1) 定期检查。凡是列入计划，每隔一定时间进行一次的检查称为定期检查。这种检查可以是全厂性的大检查，也可以是针对某种设备或者某种操作所进行的专门检查。检查的时间间隔可以是 1 个月、6 个月、1 年或者其他适当的检查期限。有些设备如锅炉、受压容器、起重机械、消防设备等，凡法令、规程有规定的检查期限，都应按规定期限进行检查。例如蒸汽锅炉压力表装用后，每 6 个月（专供采暖用的为 1 年）至少校验一次。目前，机械行业的安全检查一般按月、周、日及节假日进行。

(2) 突击检查。这是一种无固定时间间隔的检查，检查对象一般是一个特殊部门、一种特殊设备或一个小的区域。这种检查是根据事故排除、事故分析的结论决定的。在事故分析过程中，如果发现某个部门或地方的事故次数或某种伤害的数字不正常，就可决定进行突击检查。

(3) 连续检查。这是指派专人对某些设备或操作进行长时间的观察和检查。例如观察设备的运行情况，并进行调整及小修；观察使用设备的工人的操作情况，并对其进行安全培训等。对个人防护用品也要进行连续检查，以确保其防护功能正常。连续检查能及时发现问题，及时进行纠正，以防发展成为严重问题或事故。

(4) 特殊检查。新设备的安装、新工艺的采用、新建或扩建厂房的使用等往往会带来新的危险因素，因此需要进行特殊检查。此外，如事故调查、卫生调查（粉尘、有害物质的测定，对接触尘、毒等有害物质的工人进行健康检查）以及对手持工具、平台、个人防护用品、照明设备、通风设备等进行的检查，也属于特殊检查范围。

4. 金属切削机床完好标准实施细则

(1) 精度、性能满足生产工艺要求

1) 精密、大型、复杂机床按规定的出厂标准，检查主要精度项目；其传动精度、运动精度、定位精度均应稳定可靠，满足生产工艺要求。

2) 机修、工具车间的精加工、半精加工的金属切削机床及生产车间专用于维修的金属切削机床，除满足生产工艺要求外，应检查其主要精度项目。

3) 根据机床精密程度、加工对象、产品要求精度、使用部门及修理条件、机床役龄、大修次数等划分机床精度级别，确定检查项目。对役龄较长、大修两次以上及原制造质量较低并难于恢复精度的机床，可酌情降低精度标准。

4) 检查机床单项指标时，可按各类机床规定的加工范围，结合产品工艺规程的技术要求进行切削加工试验，应能满足产品质量要求的表面粗糙度及形位公差，并能保证机床性能稳定。

(2) 各传动系统应运转正常，变速齐全

1) 机床运转时（包括液压传动）无异常冲击、振动、噪声、爬行现象。

2) 主传动和进给运动变速齐全，运转正常、平稳、无噪声。

3) 液压系统各元件动作灵敏可靠，系统压力符合要求。

4) 主轴承在最高转速下运转 30 min 后检查温度，滑动轴承温度不超过 60℃，滚动轴承温度不超过 70℃。

5) 通用机床改为专用机床使用时，在满足工艺要求的前提下，减少了不必要的变速和零件后仍算完好。

(3) 各操作系统灵敏可靠

1) 操作、变速手柄动作灵敏、定位可靠，无捆绑与附加重物现象。

2) 传动手轮所需操纵力和反方向空行程量，均应符合通用技术规程。

3) 制动、联动、锁紧和保险装置齐全，灵敏可靠。

(4) 润滑系统装置齐全，功效良好

1) 润滑系统、液压元件、滤油器、油嘴、油杯、油管、油线等完整无损、清洁、畅通。

2) 油标、油窗清晰醒目，能显示出油位或润滑油滴入情况。

(5) 电气系统装置齐全、管线完整，动作灵敏、可靠

1) 配电箱内清洁，线路整齐、标志明显、连接可靠。

2) 电器元件完整无损、定位可靠、接触良好、动作灵敏。

3) 外部导线有完整保护装置，出入线口蛇皮管无脱落破损。

4) 各种按钮、开关及显示信号作用可靠，仪表转动灵活，误差在允差范围内。

(6) 滑动部位运转正常，零件无严重拉、研、碰伤

1) 各润滑部位及工作台面无明显的拉、研、碰伤。拉、研、碰伤超过下列标准之一者为不完好机床：

①精密机床。拉伤深 0.3 mm，宽 0.7 mm，累计长度 100 mm；研伤面积大于 50 mm²；碰伤印痕深 1 mm，面积 15 mm²，每一表面伤痕超过 3 处，或 1 处面积大于 30 mm²。

②一般机床。拉伤深 0.5 mm，宽 1.5 mm，累计长度 200 mm；研伤面积大于 50 mm²；碰伤印痕深 1 mm，面积 20 mm²，每一表面伤痕超过 3 处，或 1 处面积大于 50 mm²。

2) 凡拉、研、碰伤处经修复符合要求后，可列为合格；对非严重拉、研、碰伤处，仍应采取措施进行修复。

(7) 机床内外清洁，无"黄袍"，无油垢，无锈蚀

1) 机床各导轨、丝杠、滑动接触面清洁，无油垢积尘，罩壳内及机身外表无积垢、无锈蚀、无"黄袍"。

2) 润滑油箱、油池及液压油箱内清洁，油质符合要求。

(8) 基本无漏油、漏水、漏气现象

1) 机床 80% 以上的结合面不漏油，全部漏油点在 1 min 内漏油不超过 3 滴。

2) 各冷却系统无直线状漏水。

3) 气动装置各阀及接头无明显漏气。

4) 由于机床先天性的渗漏而难于整改者,应采取措施,使油液不滴到地面和不流入切削液池内。

(9) 零部件完整,随机附件基本齐全,保管妥善

1) 随机附件齐全,保管妥善,无锈蚀、损伤。

2) 机床上手柄、手球、螺钉、盖板等无短缺,标牌完整清洁。

(10) 安全防护装置齐全可靠

1) 各种安全防护装置如传动带、齿轮、砂轮的罩壳、保险销、防尘罩等配备齐全,固定可靠。

2) 接地装置可靠,其他电气保护装置完好。

二、各配合工种的安全操作规程

1. 电工安全操作规程

(1) 使用警告牌的规则

1) 不准使用字迹不清和金属制作的警告牌,警告牌必须挂在明显位置。

2) 必须根据工作情况选用警告牌(如"禁止合闸""生命危险""已接地"等),不准相互代用和乱挂,工作完毕后必须收回。

3) 已挂警告牌的线路或设备,不准随意拆除。

4) 警告牌应有编号或名称,以区别使用。

(2) 使用绝缘用具的规则

1) 每次使用前必须检查,发现有漏气和破裂的不准使用。

2) 所用的绝缘夹钳,钳口和被夹物应紧密配合。

3) 绝缘用具必须每年进行一次耐压试验,没有耐压试验合格证明的绝缘用具不准使用。

4) 发给电工的绝缘胶鞋,在未做耐压试验、超过允许使用电压、破损、潮湿的情况下不能带电使用。

(3) 带电作业的规则

1) 原则上不准带电作业,特殊情况需要带电作业,要经动力师(员)批准,并采取可靠的安全措施,作业时要有专人监护。

2) 带电作业,必须由经过考试合格而且是本维护区的、有一定技术水平的电工操作。

3) 带电作业人员必须穿戴好全部劳动保护用品,使用安全可靠的绝缘工具。

4) 从事仪表带电测量时,必须有专人读表。测量用的导线绝缘要良好,不准用软线来替代表笔。

(4) 用电设备和线路的检修

1) 在对设备和线路进行检修时,要由值班电工拉闸停电,拉闸后取下熔断器并挂上警告牌,专业检修人员不得自行拉闸停电。

2) 排除临时故障,也要断开设备总闸,挂上警告牌,注意不得触及和靠近总闸的静触点。

3) 桥式起重机检修属于高处作业,要注意下列情况:
①同一跨度如有其他桥式起重机,在检修前应与其他桥式起重机的司机取得联系。
②切断被修桥式起重机的总电源,并采取可靠的安全措施,挂上警告牌。
③拆卸制动器和电动机的联轴器时,要避免滑动。
④在室外桥式起重机上检修时,要用夹轨器把桥式起重机固定住。

2. 起重工安全操作规程

(1) 吊挂前应认真检查钢丝绳和链条是否良好,并根据所吊货物的重量选择钢丝绳或链条,不准超过绳索的最大允许负荷吊运货物。

(2) 货物应捆绑吊挂牢固,绳索不准打结或扭曲,在锐利的棱角处应垫以木板等衬垫物,并使绳索受力均匀。使用钢丝绳时应戴手套。

(3) 起吊前应选择好通道和卸货地点,精确地估计货物重量,严禁超负荷起吊、歪拉斜吊及起吊固定在地面或其他设备上的物体。

(4) 吊运中应有专人统一指挥,起吊时严禁将手放在绳索与物体之间,不准无关人员在起吊或下落货物的地点停留,严禁重物从人头顶上通过。

(5) 货物应先吊起 200 mm,检查无异常时再起吊,并保持货物平稳。对钢丝绳使用夹钳时,夹钳应不少于 4 个。起吊较长的货物时,应用绳索拉住,禁止用身体的重量来保持货物的平衡。

(6) 使用滚杠时,滚杠的直径应相同,长度应不超出两端 0.5 m。道路坡度不超过 1∶10。

(7) 高处作业时,应系好安全带,并严格检查脚手架的牢固程度,脚手架下面不准站人。

(8) 卸货地点应距生产场所及钢轨外侧 1.5 m。堆垛货物要牢固,小件堆垛高度不准超过 1.5 m,大件堆垛高度不准超过 2.5 m。

(9) 货物移动时,起吊重物高度必须至少比吊运中遇到的物体高出 0.5 m,起重工应跟随货物行走,严禁起吊的重物长时间悬空。

(10) 装卸时应将车轮垫死或拉上手动制动器,防止作业中发生移动。起吊前应将四角的千斤顶垫平,以免起吊时发生倾斜。

(11) 使用电磁吸盘吊运货物时,应把电磁吸盘放到货物中心,并使货物的最大面与电磁吸盘接触。

(12) 钢丝绳的绳套应有铁套环;用编结法结成绳套时,编结部分的长度不小于钢丝绳直径的 15 倍,并且不得短于 300 mm;用夹子连接绳套时,夹子不得少于 3 个。

(13) 钢丝绳断了一股或表面钢丝磨损腐蚀达钢丝直径的 40% 以上,以及在一个捻距内超过《起重机械安全管理规程》的规定,或者链条发生变形、严重磨损时均应当更换。

3. 焊工安全操作规程

(1) 气焊工安全操作规程

1) 首先会正确使用氧气瓶和乙炔瓶。

2) 氧气胶管的颜色为绿色或黑色,乙炔胶管的颜色为红色,不允许乱用。

3) 乙炔管阻塞，只能用压缩空气吹洗，绝对禁止用氧气吹洗。

4) 氧气瓶嘴、胶管和乙炔瓶嘴、胶管结冰，只能用蒸汽或热水解冻，绝对禁止用火烤。

5) 氧气管接头应用黄铜制成，乙炔管接头应用钢材制成，接头要拧紧，不得有漏气现象。

6) 在瓶口装氧气表或乙炔表之前，应先开启一下瓶口阀门，吹去杂质，瓶口正前方不能有人。装上表后开动减压阀时，瓶口正前方也不能有人。

7) 氧气瓶、表、胶管、扳手、气焊工具和手套等不允许沾有油脂。

8) 焊枪、割炬的点火顺序应该是：先开乙炔，稍开一点氧气，点火后，再开氧气调整火焰。熄火顺序应该是：先关乙炔，后关氧气。

9) 工作中发生回火、堵塞熄火现象，应立即关闭乙炔阀门。

10) 焊嘴、割嘴要保持畅通。疏通堵塞的焊嘴、割嘴时，应用铜丝或竹签，不能用钢丝，以防损坏喷嘴。

11) 焊接地点附近有易燃物时，要先搬开或遮盖起来，设专人看守，工作后再查看一次。

12) 夏季干活时，气瓶必须有遮阳防晒的措施。

13) 在封闭的物体内部（如锅炉、容器）进行作业时，要采取通风换气措施。

14) 在焊煤气、乙炔、氨气等管道时，要用压缩空气、蒸气和惰性气体把管道内部吹洗干净，经化验气体合格后才能进行焊接操作。

(2) 电焊工安全操作规程

1) 工作前先检查电焊机、电线、电焊钳，确认无误后方可合闸送电。

2) 电焊机外壳必须有良好的接地线，焊工的手或身体不能触及导电体。对于具有较高空载电压的焊机，以及在潮湿地点操作时，应铺设橡胶绝缘垫。

3) 在搬运焊机、更换熔丝、改变极性、改变二次回路的布设（粗调电流）等时，必须切断电源开关。

4) 推、拉电源闸刀时，要戴绝缘手套并站在侧面，动作要快，以防电弧火花灼伤脸部。

5) 在金属容器内进行焊接，外面必须有专人监护，并有良好的通风，使用的低压照明灯电压应为 12 V。

6) 在易燃、易爆场地作业，必须采取绝对保证安全的措施后方可进行焊接。

7) 引弧前应先告知附近人员避开，最好用屏板挡上。

8) 雨天不允许露天焊接。

9) 焊工作业时必须穿工作服、绝缘鞋，戴绝缘手套和面罩等防护用品。

10) 作业中断时必须切断电源，下班时应整理场地、消灭火种。

第二节 技术准备

→ 掌握设备机械传动、液压传动、气压传动及电气系统的工作原理
→ 能进行设备安装、修理工艺分析

一、设备的传动原理

1. 设备按用途的分类

（1）原动机。将其他能量转变为机械能的设备，如内燃机、蒸汽机、电动机、水轮机等。

（2）工作机。利用机械能工作的设备，如各种机床、纺织机、印刷机、起重机等。

（3）转换机。将机械能转换成其他能量的设备，如发电机、空气压缩机、油泵、水泵等。

（4）传动装置。将能量由原动机传递到工作机的装置称为传动装置。常用传动装置的传动方式有机械传动、液压（气压）传动和电气传动。

2. 设备机械传动机构

机械是机器和机构的总称，而机构又是由相互之间能相对运动的物体即构件组成。构件由零件（元件）组成，按运动状况分为静件（在机构中相对静止的构件，如床身、立柱等）和动件（在机构中相对于静件运动的构件）。典型机构由传动元件组成，在机械传动中起着改变传递速度、方向、操纵方式和保证安全保险等作用。

（1）变速机构。主要作用是使从动轴得到不同的转速。

1）滑移齿轮组成的变速机构。滑动双联齿轮可使从动轴获得两种转速，滑动的三联齿轮可使从动轴获得三种转速。

2）塔齿轮变速机构（又称诺顿机构）。它有一个滑动齿轮，可以与从动轴上塔式排列的不同齿数的齿轮啮合，从而得到多种转速，如C620—1型车床进给箱所采用的变速机构。

3）倍增变速机构。它一般是由3根轴组成。

4）拉键变速机构。具体结构如图1—1所示，轴2上固定有4个齿轮，轴3上有4个空套齿轮，手柄4拉弹簧键1，可连接轴3上任意一个齿轮而获得不同的转速。

（2）变向机构。变向机构的结构如图1—2所示，其作用是改变从动轴的旋转方向，有三种形式。

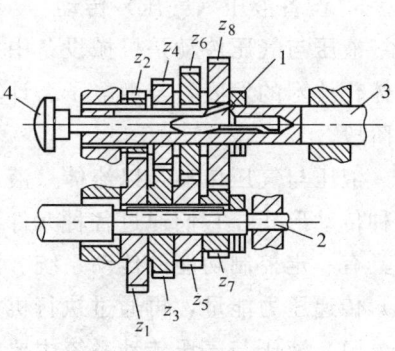

图1—1 拉键变速机构
1—弹簧键 2、3—轴 4—手柄

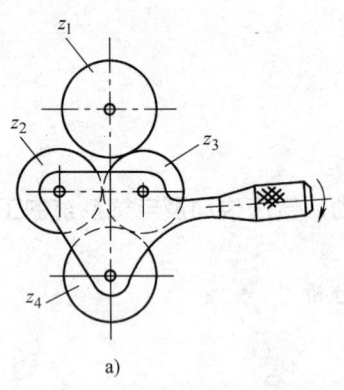 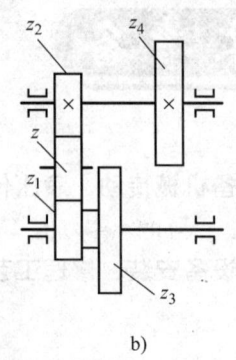 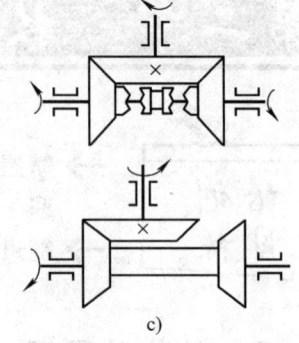

图 1—2 变向机构

a) 三星齿轮变向机构　b) 滑动齿轮变向机构　c) 圆锥齿轮变向机构的两种形式

(3) 操纵机构。操纵机构通过改变齿轮箱内各个或各组传动元件（滑动齿轮、离合器等）的位置，以达到开车、停车、变速变向的要求。常用的有操纵手柄、手轮转动拨叉、偏心式操纵机构、凸轮—圆柱式操纵机构、扇形操纵机构、凸轮—偏心式操纵机构、圆盘式操纵机构（见图 1—3）、多动作操纵机构等。

(4) 保险及安全机构。保险机构常用在动作的互锁，即两个动作不能同时使用，如车床溜板箱中的横、纵自动进给。曲面形、插销式、凸块嵌入式保险机构，也能起到安全作用。自动停止

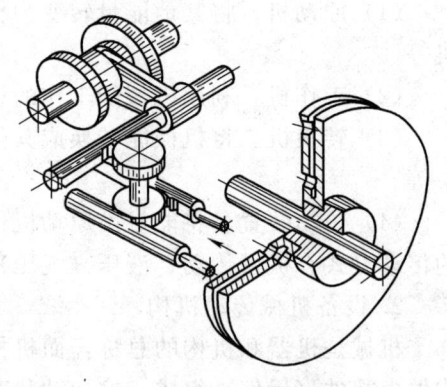

图 1—3 圆盘式操纵机构

机构是防止操作不当或设备过载而起到安全作用的机构，如销子折断式、杠杆式、脱落蜗杆式、移动式自动停止机构等。

其他的传动机构还有很多，如平面连杆机构、间歇运动机构、凸轮机构、自动送料机构、机械手等。

3. 设备液压（气压）传动

液压与气压传动是机械设备中发展速度最快的技术之一，特别是近年来，随着机电一体化技术的发展，与微电子、计算机技术相结合，液压与气压传动进入了一个新的发展阶段。

液压与气压传动是以流体（液压油或压缩空气）为工作介质进行能量传递和控制的一种传动形式。它们通过各种元件组成不同功能的基本回路，再由基本回路有机地组合成具有一定控制功能的传动系统。液压与气压传动是指在密封容器内利用受压液体（气体）传递压力能量，再通过执行机构把压力能量转换成机械能而做功的传动方式。

(1) 液压与气压传动系统主要由以下四部分组成：

1) 能源装置。能源装置是把机械能转换成流体压力能的装置，常见的是液压泵或空气压缩机，给系统提供压力油或压缩空气。

2) 执行元件。执行元件是把流体的压力能转换成机械能输出的装置，它可以是作直线运动的液压缸或气缸，也可以是作回转运动的液压马达或气压马达。

3) 控制元件。对系统中流体压力、流量和流动方向进行控制或调节的装置，以及进行信号转换、逻辑运算和放大等功能的元件，称为控制元件，如溢流阀、流量控制阀、换向阀等。

4) 辅助元件。保证系统正常工作所需的上述三种以外的装置，称为辅助元件，如油箱、过滤器、分水过滤器、油雾器、消声器、管件等。

（2）液压与气压传动的优缺点。与机械传动和电力拖动系统相比，液压与气压传动具有以下优点：

1) 液压与气压传动元件的布置不受严格的空间位置限制，系统中各部分用管道连接，布局安装有很大的灵活性，能够组成用其他方法难以组成的复杂系统。

2) 液压与气压传动可以在运行过程中实现大范围的无级调速，范围可达 2 000∶1。

3) 液压传动和液气联动传递运动均匀平稳，易于实现快速启动、制动和频繁的换向。

4) 液压与气压传动操作控制方便、省力，易于实现自动控制、中远程控制、过载保护，与电气控制、电子控制相结合，易于实现自动工作循环和自动过载保护。

5) 液压与气压传动元件属于机械工业基础件，标准化、系列化和通用化程度高，有利于缩短机器的设计、制造周期和降低制造成本。

除此之外，液压传动突出的优点是单位质量输出功率大。因为液压传动的动力元件可采用很高的压力（一般可达 32 MPa，个别场合更高），因此，在同等输出功率下具有体积小、质量小、运动惯性小、动态性能好的特点。

气压传动突出的优点还有：以空气作为工作介质，处理方便，无介质费用、泄漏污染环境、介质变质及补气等问题。

液压与气压传动的缺点：

1) 在传动过程中，能量需经两次转换，传动效率低。

2) 由于传动介质的可压缩性和泄漏等因素的影响，不能严格保证定比传动。

3) 液压传动性能对温度比较敏感，不能在高温下工作，采用石油基液压油作传动介质时还需注意防火问题。

4) 液压与气压传动元件制造精度高，系统工作过程中发生故障不易诊断。

总的来说，液压与气压传动的优点是主要的，其缺点将随着科学技术的发展不断得到克服。如将液压传动与气压传动、电力传动、机械传动合理地联合使用，构成气液、电液（气）、机液（气）等联合传动，就可以进一步发挥各自的优点，相互补充，弥补某些不足之处。

（3）液压传动系统的构成。以 M131W 型万能外圆磨床液压传动系统为例。M131W 型万能外圆磨床液压传动原理如图 1—4 所示。

1) 液压系统所完成的运动

①工作台的往复运动。

②工作台换向时砂轮横向进给。

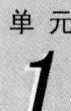

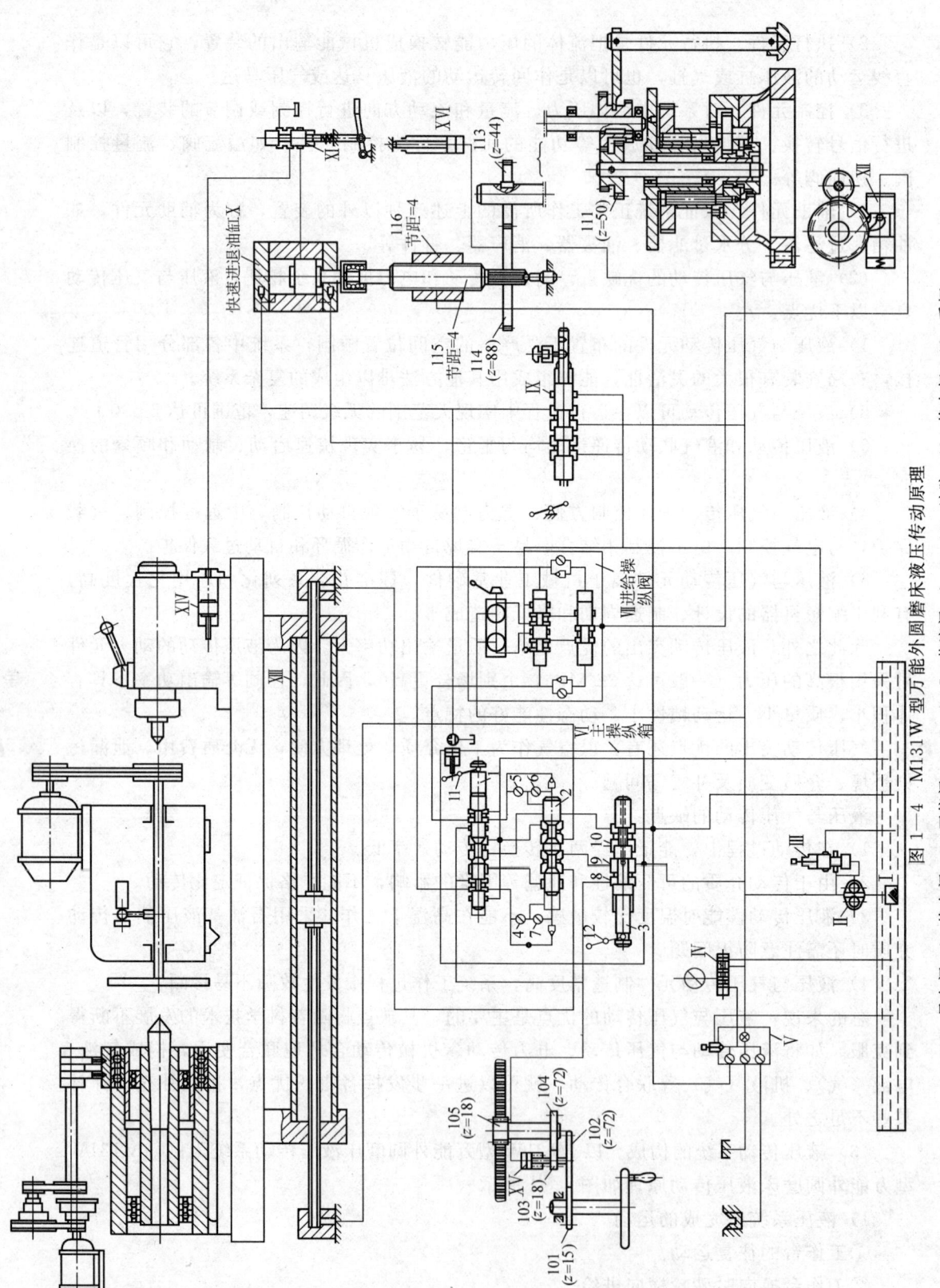

图 1—4　M131W 型万能外圆磨床液压传动原理

1—导向阀　2—换向阀　3—开停阀　4、5、6、7—节流阀　8、9、10—油腔　11—换向杆　12—手柄

③导轨架的快速进退。

④导轨的润滑及横向进给丝杠副的润滑。

⑤纵向进给自动与手动互锁、尾座工件顶紧、砂轮架丝杠消隙。

2)液压系统传动回路（仅以图示位置为例）。齿轮泵Ⅱ输出压力油→开停阀3，一路油经油腔8→油腔ⅩⅤ→工作台手动齿轮脱开；另一路油经油腔9→导向阀1（右侧位置）→换向阀2左端→换向阀2向左移动→工作台油腔右腔→工作台向右移动；工作台左腔油→换向阀2→导向阀1→开停阀3→油箱。转动开停阀3的手柄12可对工作台移动进行无级变速。

工作台拨块拨动换向杆11，导向阀1左移→换向阀2右端通入压力油而左移→工作台油缸→工作台向右移动，油缸右腔与回路接通。

从工作台制动到启动这一停留时间的长短，可调节节流阀4或5来控制；工作台启动的快慢和平稳，可调节节流阀6或7来控制。

开停阀3有一个停止位置，可将油腔8、9断开，油腔ⅩⅤ内的油液流回油箱，而油腔9、10互通，即工作台两端油缸互通，工作台停止自动进给，这时可用手摇动工作台运动。

其他动作的油路，可以在液压原理图上进行走试，以了解液压传动。

4. 设备拖动系统（电气系统）

机床电气部分必须安全可靠，布局整齐美观，并符合国家有关标准。电气系统的零部件应完整无缺、紧固牢靠；电气装置的性能、参数、元器件的安装等应符合电气原理图、使用说明书及有关规范。机床电气部分应不受润滑油、切削液及其他物料的影响。

电气系统是设备的拖动系统，它是由电动机、控制电动机动作的电气元件、电子元件等组成，并用导线连接起来的系统。电气系统控制线路则由主回路、控制回路组成。

(1) 电气原理图。电气原理图表明了电气控制系统的工作原理，按工作原理和动作顺序安排各元件的位置，并使用统一的符号、文字和画法来表示电气系统。

在读电气原理图前首先要对设备的运动特点有所了解，尤其是机械、液压与电气的配合和自动循环的设备，只有明白机械和液压的传动过程，才能了解电气控制线路的全部工作原理。读电气原理图时，一般先看主电路电动机的工作特点，如正反转、制动、变速等，再根据这些特点分析控制电路，最后看显示及照明等辅助电路。

(2) 电气原理图示例。以Z3040型摇臂钻床电气原理图为例，如图1—5所示。

摇臂钻床由4台电动机拖动：主轴电动机M1、摇臂升降电动机M2、液压泵电动机M3和冷却泵电动机M4。其中主轴电动机M1由接触器KM1控制其正向旋转，摇臂升降电动机M2由接触器KM2、KM3控制其正、反转，液压泵电动机M3由接触器KM4、KM5控制其正、反转，冷却泵电动机M4由手动转换开关QS控制其正向旋转。

合上自动空气开关QF1、QF2、QF3，按下总启动按钮SB1，电压继电器KV闭合并自锁，接通了控制电路的电源。

当需要主轴电动机M1运行时，按下按钮SB2，接触器KM1通电闭合，主轴电动机M1启动运转；按下按钮SB8，接触器KM1失电释放，主轴电动机M1停止旋转。

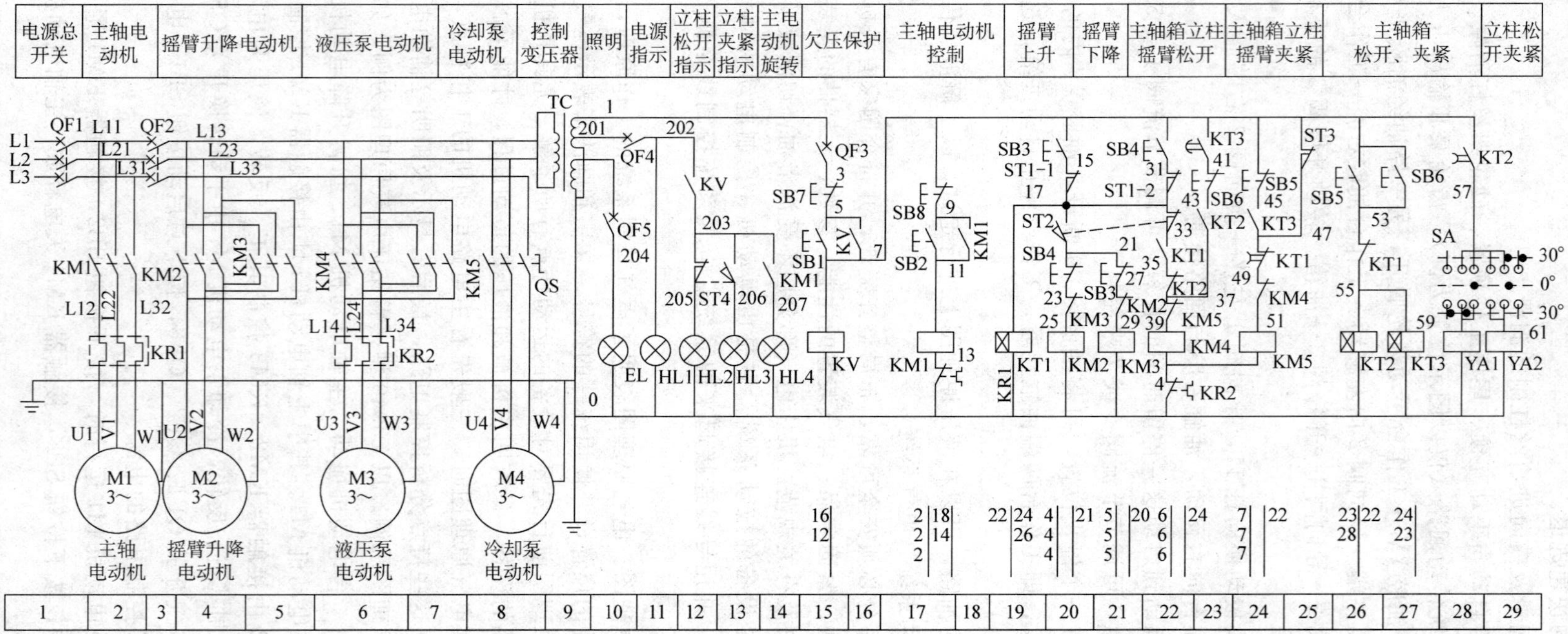

图 1—5 Z3040 型摇臂钻床电气原理图

当需要摇臂上升时，按下按钮 SB3，时间继电器 KT1 通电闭合，继而接触器 KM4 通电闭合，液压泵电动机 M3 正转，供给机床正向液压油并松开摇臂。摇臂松开后，行程开关 ST2 被压下，行程开关 ST3 被复位闭合，继而接触器 KM4 断开，液压泵电动机 M3 停转，接触器 KM2 通电闭合，摇臂升降电动机 M2 正转，带动摇臂上升。当摇臂上升到一定高度时，松开按钮 SB3，接触器 KM2、时间继电器 KT1 失电释放，摇臂升降电动机 M2 停转，接触器 KM5 通电闭合，液压泵电动机 M3 反转，供给机床反向压力油夹紧摇臂。摇臂夹紧后，行程开关 ST2 复位，ST2 断开，液压泵电动机 M3 停止反转，完成摇臂上升的控制过程。

当需要摇臂下降时，按下按钮 SB4，时间继电器 KT1 通电闭合，继而接触器 KM4 通电闭合，液压泵电动机 M3 正转，供给机床正向液压油松开摇臂。摇臂松开后，行程开关 ST2 被压下，行程开关 ST3 被复位闭合，继而接触器 KM4 断开，液压泵电动机 M3 停转，接触器 KM3 通电闭合，摇臂升降电动机 M2 反转，带动摇臂下降。当摇臂下降到一定高度时，松开按钮 SB4，接触器 KM3、时间继电器 KT1 失电释放，摇臂升降电动机 M2 停转，接触器 KM5 通电闭合，液压泵电动机 M3 反转，供给机床反向压力油夹紧摇臂。摇臂夹紧后，行程开关 ST2 复位，ST3 断开，液压泵电动机 M3 停止反转，完成摇臂下降的控制过程。

电路图中行程开关 ST1-1 和 ST1-2 分别为摇臂上升的上限位行程开关和摇臂下降的下限位行程开关。

当需要对立柱松开或夹紧控制时，将转换开关 SA 扳至"左"边挡位置，SA 接通电磁铁 YA2 线圈。当需要对立柱放松时，按下按钮 SB5，时间继电器 KT2、KT3 通电闭合，继而接触器 KM4 通电闭合，液压泵电动机 M3 正转，供给机床正向液压油并放松立柱。当需要对立柱进行夹紧时，按下按钮 SB6，时间继电器 KT2、KT3 通电闭合，继而接触器 KM5 通电闭合，液压泵电动机 M3 反转，供给机床反向压力油夹紧立柱。

同理，将 SA 扳至"右"挡或"中间"挡位置时，按下按钮 SB5 或 SB6，即可对主轴箱或主轴箱和立柱进行放松或夹紧控制。

二、机械零件修复技术

1. 机械加工修理技术

机械加工是零件修理最主要、最基本的方法，它既可作为独立的手段直接修理零件，也是其他修理技术如焊修、电镀、喷涂等的工艺准备和最后加工不可缺少的工序。而机械加工修理技术是指以机械加工作为独立手段，直接修理机械设备零件的一种技术。这种修理技术方法简单易行，修理质量稳定可靠，修理成本低，只要待修零件缺陷部位的结构和强度允许，都可采用，所以应用很广。

机械加工修理技术与机械加工制造新零件不同，它的加工对象是失效了的旧零件，原来的加工基准一般已被破坏，加工时装夹定位困难，且加工余量小，加工要适应各种失效零件的表面状态，加工的数量少、品种杂，很难组织生产。因此要利用机械加工修理失效零件还是有一定难度的，需要根据具体情况，合理地选择加工基准和采用适当的方法予以解决。

机械加工修理技术中常用的方法有修理尺寸法、附加零件修理法（镶套修理法）、局部更换修理法。

(1) 修理尺寸法。机械设备中的间隙配合副（例如轴和孔）在使用中一般都会产生不均匀磨损，使配合副的间隙增大，工作性能劣化。对这类配合副中的主要零件，可不考虑原来的基本尺寸，采用机械加工方法切去不均匀磨损部分，恢复原来的形位公差和表面粗糙度，而获得一个新尺寸，然后更换具有相应尺寸的另一个配合件与之配合，保证原有的配合关系不变，这一新尺寸称为修理尺寸，这种修理配合副的方法称为修理尺寸法。由此可见，当采用修理尺寸法修理配合副时，修理尺寸的确定是很重要的。显然在一对配合副中，应加工其中一种相对复杂而贵重的零件，更换另一种配合件。例如机床中的主轴与轴承，应加工主轴，配换轴承；内燃机中的汽缸与活塞，应加工汽缸，配换活塞。但应注意，加工后的零件仍要保证其表面质量，满足对其工作性能和使用寿命的要求。

(2) 附加零件修理法。有些零件只有个别工作表面磨损严重，当其结构和强度允许时，可以将磨损部位进行机械加工，再在这个部位镶上一个套或其他镶装件，以补偿磨损，最后将其加工到基本尺寸。镶装件是在修理过程中增加的，故这种用增加零件来修理的方法，被称为附加零件修理法。因经常使用的镶件为套筒，所以这种修理法也叫作镶套修理法。

附加零件修理法在维修中应用很广，镶装件磨损后还可以更换，为以后的修理工作带来方便。有些机械设备的某些结构在设计和制造时就应用了这一原理，对一些形状复杂或贵重的零件，在容易磨损的部位预先镶上镶装件，在磨损后只需要更换这些镶装件，便可方便地达到修复目的。

图1—6所示为轴的一端经磨损后，采用镶套修复的一个示例。为防止套筒工作时松动，轴与套的配合必须有一定的过盈量，并在轴端用固定销固定。为保证零件原有的硬度和耐磨性，可根据镶套的材质，预先进行热处理，再将套筒压入轴颈，装上止动销钉。

在车床上，丝杠、光杠、开关杠与支架配合的孔磨损后，可将支架上的孔镗大，压入附加的轴套，如图1—7所示，轴套磨损后可再进行更换。

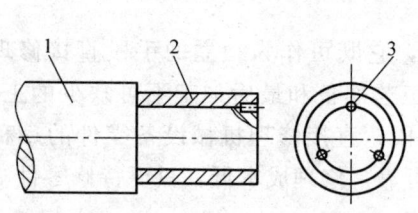

图1—6 轴颈的镶套修理
1—轴 2—镶套 3—止动销钉

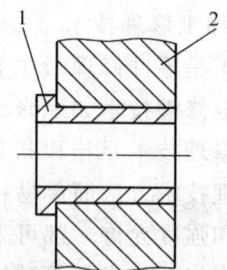

图1—7 支架孔的镶套修理
1—镶套 2—支架

汽车发动机的整体式汽缸，磨损到极限尺寸之后，一般都采用附加零件修理法修理，如图1—8所示。将原汽缸孔镗大，压入汽缸镶套，再将镶套内孔进行镗削、珩磨至基本尺寸。当镶套磨损到极限尺寸后,还可以进行更换。

图 1—9 所示为有些零件上的螺纹孔损坏后,可将旧螺纹孔扩大,再切出螺纹,形成一个新的螺孔,然后加工一个内外均有螺纹的螺套,将螺套拧入新螺孔中,螺套的内螺孔即为修复的螺纹孔。为防止螺套松动,可用止动销加以固定。

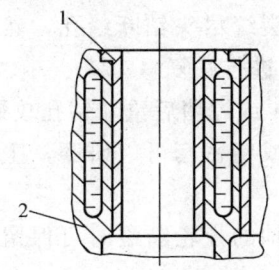 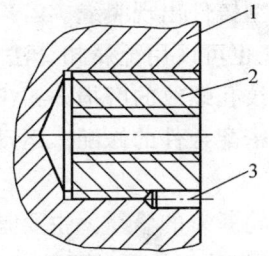

图 1—8　汽车发动机汽缸的镶套修理　　　　图 1—9　螺纹孔的镶螺套修理
1—汽缸镶套　2—汽缸体　　　　　　　1—基体　2—螺套　3—止动销钉

(3) 局部更换修理法。机械设备零件在使用过程中,各个表面的磨损程度往往不一致,有时只有个别表面磨损严重或损伤,其余表面尚好或只有轻度磨损。这时,如果零件结构允许,可把有严重缺陷的部分切除,更换新的部分,并把它加工到原有的形状和尺寸,使零件得以修复。这种方法的实质是对零件某一部分进行了更换,所以称之为局部更换修理法。

局部更换修理法在零件修复中应用很广。例如,机床中的轴类零件,往往会发生端部花键、螺纹等磨损或轴端断裂。如果另一端仍很完好,且形状复杂,具有修理价值,则可采用局部更换修理法修复。轴类零件的局部更换修理如图 1—10、图 1—11 所示。

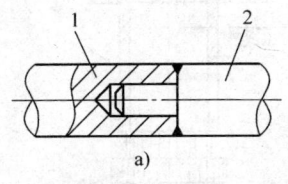 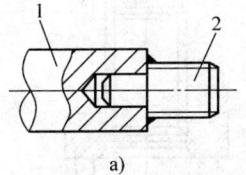

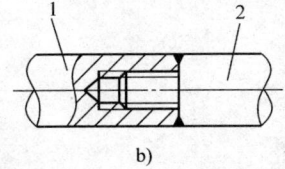 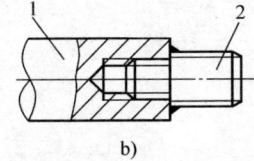

图 1—10　轴的局部更换修理　　　　　　图 1—11　轴端螺纹的更换修理
1—轴的保留部分　2—轴的更换部分　　　1—轴的保留部分　2—轴的更换部分

在图 1—10a 中,1 为轴的保留部分,2 为局部更换部分,更换部分的外径留有加工余量,两部分接口处加工成图示的孔与轴的配合(配合性质为过渡配合)。在沿两部分所开的坡口焊接后,再经机械加工即可修复完毕。图 1—10b 中,两部分接口处用螺纹连接,其余与图 1—10a 相同。

若轴端螺纹部分损坏,就需要更换螺纹部分,轴端螺纹部分的更换修理如图 1—11

所示。这时准备加工新螺纹的轴的外径应留 2～3 mm 余量,它与保留部分的接口处亦加工成轴与孔的过渡配合(见图 1—11a)或螺纹配合(见图 1—11b),焊接后按原有螺纹规格加工螺纹。

(4) 在机械加工修理技术中还有几种修复形式:

1) 大型铸件出现裂缝。若冷件加工,钳工就要在裂缝尽头钻断缝孔,然后再以加强板固定,也可以用金属扣合法(强扣、强密、热扣)进行修复。

2) 螺纹孔螺纹的磨损。钳工可进行扩孔及攻螺纹,或焊堵后重新钻孔攻螺纹。

3) 精密配合件的修配。运动副可进行配刮,轴瓦或精密套可以研磨,主轴轴径可以抛光。

4) 齿轮断裂的修复。主要是大型齿轮件,如齿轮轴的齿轮断裂时可保留轴,镶上齿圈;单个齿的更换可锉配齿、镶机加工齿。

2. 压力加工

这种修复技术是利用金属或合金的塑性变形,使零件在外力的作用下,改变其几何形状而不损坏零件的修复技术。

(1) 镦粗法。采用压床、手压床或锤击将零件的长度压缩,改变内、外径尺寸,用来修复有色金属套筒或柱形零件。

(2) 挤压法。利用压床或锤击的压力将零件不需要严格控制尺寸的部分材料挤压到磨损部分。挤压法的三种形式如图 1—12 所示。

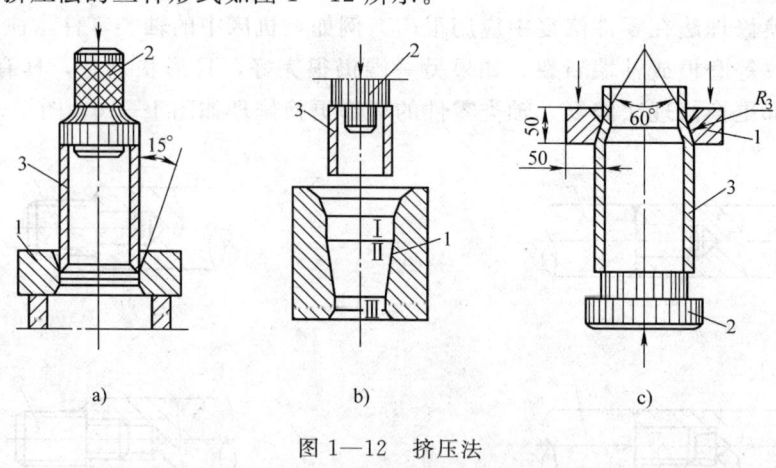

图 1—12 挤压法
1—模 2—冲头 3—零件

(3) 扩张法。主要是增大外径,补偿磨损尺寸。方法与挤压法相同,可热扩或冷扩。

3. 金属喷涂

金属喷涂技术包括热喷涂(简称喷涂)和热喷焊(简称喷焊)两种工艺方法。热喷涂是利用热源将喷涂材料加热至熔融状态,通过高速气流使其雾化,喷射到工件表面,形成涂层的加工方法,所形成的涂层为喷涂层。热喷焊是在喷涂过程中或喷涂后,加热喷涂层,使其熔化并润湿工件表面,通过涂层与基体的互溶和扩散,形成喷焊层的加工方法。

(1) 热喷涂技术在机械零件的修复技术中具有以下特点：

1) 喷涂材料范围异常广泛，几乎包括所有固体材料，如金属及其合金、塑料、陶瓷、金属陶瓷及复合材料等，因此可修复在各种环境条件下工作且具有不同要求的零件。

2) 选择合适的工艺，几乎能在任何材料零件上进行喷涂。

3) 涂层厚度可在较大范围内变化，从几十微米到几毫米。

4) 喷涂过程中零件温度可小于300℃，零件不会发生变形和组织变化。但喷焊时零件温度达900℃以上。

5) 热喷涂工艺灵活，适应性强，不受工件尺寸的限制。一些喷涂方法也不受施工场所限制，可以在野外现场施工。

6) 热喷涂生产效率较高，所以零件修复时间短，而且修复效果好，不仅可以恢复零件的尺寸和性能，而且可以改善其性能，延长其使用寿命。

热喷涂技术在机械零件修复技术中占有重要的地位。但热喷涂技术也有不足之处，一是喷涂层与基体结合强度不太高而且存在孔隙；二是喷焊件存在变形问题。

热喷涂技术根据所用的热源不同大致可分为火焰喷涂和喷焊、电弧喷涂、等离子喷涂和爆炸喷涂等，其中火焰喷涂和喷焊中广泛应用的是氧-乙炔火焰喷涂和喷焊。

(2) 涂层材料。涂层材料有金属、陶瓷、合金、塑料、复合材料等。不同的涂层材料可以使工件表面具有耐腐蚀、耐磨、抗氧化、耐高温、导电、绝缘、导热、隔热等各种功能。

(3) 喷涂方法

1) 氧-乙炔火焰粉末喷涂。该方法所用设备及工艺装备有喷枪（见图1—13）、氧气和乙炔储存器、喷砂设备、电火花拉毛机、表面粗化工具和测量工具等。

2) 氧-乙炔火焰线材喷涂。这种方法比前一种方法多一套机械无级调速气动送丝机构。

(4) 喷涂工艺

1) 喷前准备。涂层厚度（一般为0.4～1 mm）要根据选择的基层和工作层材料确定，以涂层厚度、材料性能、粒度确定涂层参数。

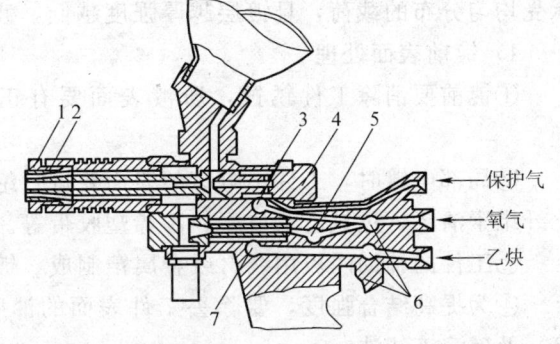

图1—13　大型喷涂枪
1—固定帽　2—喷嘴　3—送粉气阀　4—粉末流量阀
5—氧气阀　6—快速控制阀　7—乙炔阀

2) 表面预处理。用溶剂或清洗剂清理工件表面，若有油渗入铸铁、铸铜表面，可以烘烤。锈层可酸洗、打磨或喷砂。表面可采用喷砂、开槽或切螺纹（$R_a 6.3$～$12.5\ \mu m$）、滚花纹、电火花拉毛粗化等。

3) 喷涂。喷前预热一般为80～100℃，铜、铝件为300～400℃。喷粘接层在0.1 mm左右，然后喷工作层。喷枪速度为15～25 m/min，基体温度不应超过250℃。喷涂后的工件要冷却，形状复杂或涂层较厚的工件要有缓冷措施。

4) 喷涂后的处理。喷涂所产生的孔隙一般采用封孔剂填充,封孔剂有环氧树脂、酚醛树脂、聚氨酯等。涂层按要求进行机械加工。

(5) 喷焊

喷焊是对喷涂的再处理。受冲击载荷的零件,表面硬度、耐磨性好的易损件,或大型简单的易损件,在喷涂后把表面加热到900℃,使涂层再次熔融,以达到需要的性能要求。

1) 喷焊用自熔性合金粉末

① 镍基合金粉末。对硫酸、盐酸、碱、蒸汽等有较强的耐腐蚀性,抗氧化温度达800℃。

② 钴基合金粉末。可在700~750℃保持较好的耐磨性,抗氧化温度达800℃。

③ 铁基合金粉末。耐磨性好,耐腐蚀。

2) 喷焊工艺。喷焊工艺有重熔程序,其他工序同喷涂一样。

4. 电镀

电镀修复是利用电解的方式,使电解液中的金属离子在零件表面上还原成金属原子并沉积在零件表面上,形成具有一定结合力和厚度的镀层的一种修复方法。利用这种修复技术可获得满足工程上许多特殊要求的表面修复层,常用于修复磨损失效的零件并赋予工件表面一定的耐磨性能、防腐性能及一些其他的性能。

(1) 镀铬。镀铬是最常用的零件修复技术。它的主要优点是铬与基体金属有较好的结合强度,镀铬层的摩擦因数低、硬度高、抗氧化、化学稳定性高;缺点是较脆,只能承受均匀分布的载荷,且镀层越厚强度越低,疲劳强度也降低。镀铬的工艺如下:

1) 镀前表面处理

① 镀前要消除工件锈蚀,所镀表面要有正确的几何外形,一般都要进行磨削处理。

② 局部电镀时,工件不电镀的表面要进行绝缘处理,常用的绝缘材料有赛璐珞、硝化纤维素清漆、过氯乙烯清漆、乙烯塑胶带等。

③ 工件的辅助阴极用线材或金属箔制成,镀铬的阳极材料为铅板。

④ 为提高结合强度,要除去工件表面的油脂和氧化皮。常用有机溶剂(苯、丙酮等)及碱溶液清洗。

2) 电解槽中的电解液成分。CrO_3,150~250 g/L;H_2SO_4,0.75~2.5 g/L。工作温度55~60℃。

3) 镀层厚度。镀层厚度一般在0.2~0.3 mm。

4) 镀铬零件的热处理。对镀铬层超过0.1 mm的重要零件,要进行热处理,即放在180~250℃的矿物油或空气中,时间为2~3 h。

(2) 不对称交流—直流低温镀铁。工业交流电的两个半波对称相等,不能镀层。不对称交流的两个半波一大一小,较大的半波使工件呈阴极,可镀上一层镀层,较小的半波使工件呈阳极,可电解一小部分镀层。镀铁是在低温下进行(4℃即可),不需要特殊的加热设备。它是用较大的电流密度进行电镀,因而有利于提高镀层的硬度(可达63~65HRC)和耐磨性,镀层厚度可达2 mm。

5. 刷镀

刷镀是在工件表面快速沉积金属的技术。如：一轴的轴径设计尺寸为 $\phi 40^{+0.02}_{-0.008}$ mm，该部分轴的宽度 $B=30$ mm，表面粗糙度为 $R_a 0.4$ μm，材料为 45 钢，现尺寸为 $\phi 39.74$ mm，要求采用刷镀技术修复至原设计尺寸。

(1) 专用电源。TDK—150 电源，电源阴极接工件，电源阳极接刷镀笔（由导电手柄和阳极组成）。

(2) 工、辅具准备。磨石及金相砂纸，用于打磨工件和修整镀层；涤纶胶纸，用于遮蔽不刷镀轴径；25~50 mm 外径千分尺—测量轴颈尺寸；塑料积压瓶—盛装镀液、自来水及辅助材料；CY60X30 型石墨阳极、TDB—T（Ⅱ）型导电手柄、棉花、TD 型套管和橡皮筋—组成镀笔；防锈水—防止镀后工件氧化。

(3) 工件表面的机械处理。电源 TGY—1，正极性，10~15 V→自来水冲→一次活化 THY—2，反极性，6~12 V→自来水冲→二次活化 THY—3，反极性，15~18 V→自来水冲。

(4) 刷镀。无电擦拭 TDY101，5~10 s→刷过渡层 TDY101，正极性，15 V，15 m/min，$\delta = 2$ μm→无电擦拭 TDY102，5~10 s→刷镀镀层 TDY102，正极性，15 V，15 m/min，至规定厚度。

(5) 镀层机加工到设计尺寸。用绿碳化硅砂轮磨削。

6. 粘接

把损坏或磨损的零件表面用黏合的方法进行修复的工艺称为粘接，用这种工艺可部分代替焊修、铆接、密封和恢复尺寸。粘接工艺有以下的优缺点：

(1) 粘接工艺的优点

1) 工艺简单，操作容易，与铆接相比可省去许多机械设备，成本低廉，使用方便。

2) 密封性能好，还具有耐水、耐腐蚀和绝缘的性能，对于一些承受较大压力的气密和封闭结构，采用焊—粘、铆—粘等连接形式，不但可以提高接头的密封性，还可以提高接头的承载能力。

3) 粘接接头的应力能比较均匀地分布在全部粘接面上，没有热影响，从而改善了金属薄板（特别是有色金属）由于焊、铆、螺栓连接引起的应力集中问题和局部翘曲变形而造成的强度下降问题。

4) 对于各种金属材料和非金属材料的连接，两种不同性质的金属以及金属与非金属材料之间的连接，均可采用。

5) 可消除铆接、焊接或螺栓连接引起的应力集中，抗疲劳性好。和铆接相比，有时疲劳寿命提高了十几倍。

(2) 粘接工艺的缺点

1) 粘接接头抗冲击、抗弯、抗剥离强度低，因此，用于受力较大、受力复杂的部位需要机械辅助加固。

2) 耐老化（光、热、湿、介质）性能差，有变硬、变脆、剥离等倾向。

3) 有些粘接剂的性能虽然优良，但粘接工艺复杂，需特殊的表面处理，使用不方便，而且粘接质量较难控制。

4) 有机粘接一般不能耐高温，多在 100℃ 以下使用；只有少数耐热性较好的高温粘接剂，其最高使用温度可达 300℃ 左右。无机粘接剂的最高使用温度可达 600～1 200℃。

5) 目前缺乏有效的无损质量检验方法来检查粘接质量是否达到要求。

(3) 粘接的方法。粘接的方法有热熔粘接法（将热塑性塑料表面加热到 150～230℃ 的粘接方法）、溶剂粘接法（同类塑料粘接时将相应溶剂涂、滴于粘接处的粘接方法）、胶粘剂粘接法（利用胶粘剂把两种材料或两个制件黏合在一起的粘接方法）。

(4) 粘接的工艺。粘接强度的高低，不仅与选择粘接剂的品种和粘接接头的形式有关，而且还与粘接工艺有密切的关系。涂胶表面不清洁、有残留油污和锈迹等、涂胶后溶剂挥发不彻底、固化过程中压力不均匀或固化温度偏差较大等情况都会影响粘接强度。严格按照粘接工艺规范操作，是保证高的粘接质量的前提。粘接的一般工艺流程如下：

初清洗→确定粘接方案→粘接面或粘接接头的机械加工→被粘接件的表面处理→粘接剂的准备→配胶→涂胶→晾晒→加压力合拢→固化→质量检验→修整加工。

7. 修复工艺的选择和工艺规程的制定

(1) 修复工艺的选择。零件的修复工艺多种多样，各有其特点和适用范围。对于一个损坏的零件，可能有几种修复工艺可供选择，究竟选用哪一种较为合适，这是在修理前必须慎重考虑的问题。一般来说，一个具体零件的修复过程应遵守以下基本原则：

1) 工艺合理。工艺合理指的是该修复工艺能满足待修机械零件的技术要求，具体应考虑以下几个方面。

①所选择的修复工艺对机械零件材质的适应性。

②各种修复工艺所能提供的覆盖层厚度。

③覆盖层的机械性能。

④修复工艺应满足机械零件的工作条件。

⑤要考虑到下次修复的便利。

2) 经济性好。在保证机械零件修复工艺合理的前提下，应考虑到所选修复工艺的经济性。但单纯用修复成本衡量经济性是不合理的，还要考虑用某工艺修复后机械零件的使用寿命。因此，必须两方面同时结合起来考虑并综合评价。同时还应注意尽量组织批量修复，这有利于降低修复成本，提高修复质量。

3) 生产可行。许多修复工艺需配置相应的工艺设备及技术人员，也涉及到整个维修组织管理和维修生产进度。所以选择修复工艺要结合企业现有的修复用装备状况和修复水平进行，要注意不断更新现有修复工艺技术，通过学习、开发和引进，结合实际采用较先进的修复工艺。

表 1—1 是各种修复工艺的部分性能指标，表 1—2 是各种修复工艺的使用范围。可供选择工艺时参考。

(2) 工艺规程的制定。工艺规程根据所选修复工艺的操作规程和修复零件的具体情况制定。如龙门刨床工作台导轨面粘接聚四氟乙烯塑料板的工艺规程如下：

表 1—1　　　　　　　　　各种修复工艺的性能指标

工艺名称	覆盖厚度（mm）	结合力（MPa）	工件变形量（mm）	生产率（kg/h）
金属喷涂	0.1～3.0			2.5～38
氧—乙炔火焰喷焊	0.5～2.0	24.5	1.2～2.30	4～12.0
手工电弧堆焊	0.1～3.0	392～785	0.09～1.32	0.4～4.0
埋弧堆焊	0.5～2.0			1.8～45.0
气体保护焊	0.8～4.0	392～686	0.8～1.00	1.56～4.4
管状焊丝堆焊	2.5～3.0			2.0～20.0
振动堆焊	0.5～5.0	392～932	0.02～0.58	0.6～4.4
等离子堆焊	0.1～2.0	392～932	0.08～1.00	2.0～18.0
电脉冲堆焊	0.4～0.75			1.0～1.5
镀铬	0.05～1.0	245	0	0.007～0.025
镀铁	0.1～5.0	196	0	0.011～0.085
刷镀	0.001～2.0	68.6 以上	0	
粘接	0.05～3.0	19.6～41.2	0	

表 1—2　　　　　　　　　修复工艺使用范围

修复方法	应用范围	修复方法	应用范围
手工电弧焊	裂缝、碎裂处的补焊，衬板、银块、补丁的银焊，耐磨材料的堆焊	二氧化碳气体保护电弧堆焊	在各种条件下工作，直径大于 16 mm 的各种钢件的堆焊
自动和机械化电弧焊	裂缝、碎裂处的补焊，衬板、银块、补丁的银焊，薄板的焊接	化学与电解镀镍、镀锌	修复磨损量不超过 0.05 mm 的零件的内外表面
氩弧焊	铝和耐腐蚀钢的焊接与堆焊	镀铜	耐蚀防护层
气焊	裂缝的补焊，碎裂处的银焊，薄板的焊接	锌和锌铁合金电刷镀	修复磨损的铜与铜合金零件的内外表面
接触焊	薄板的焊接	聚合物电镀热喷涂（熔）	修复零件的圆柱形内外表面
摩擦焊	对焊接质量有较高要求时，各种不同形状构件的对头焊接	火焰粉末喷涂（用乙炔气或丙烷—丁烷气）	用于对涂层耐磨性和结合强度有较高要求的内外圆柱表面
铝热焊	大尺寸零件的焊接	火焰粉末喷熔（用乙炔气或丙烷—丁烷气）	用于对涂层耐磨性和结合强度有较高要求的内外圆柱或特形表面
埋弧堆焊	对堆焊材料有较高要求，堆焊层厚度大于 1 mm，直径大于 50 mm 的零件的堆焊	等离子粉末喷涂、等离子实心焊丝喷涂	同上

续表

修复方法	应用范围	修复方法	应用范围
气体火焰保护电弧堆焊	在各种条件下工作的钢件和铸铁件的堆焊	离子—等离子喷涂	喷涂厚度小于 0.02 mm 的特种耐磨层与保护层
振动电弧堆焊	在各种条件下工作,对疲劳强度要求不高的钢件的堆焊	爆炸喷涂	喷涂各种耐磨层
采用管状焊丝或药芯带极的电弧堆焊	在受强烈磨粒磨损、冲击载荷以及在摩擦副内工作的零件上堆焊	电弧喷涂	喷涂对结合强度要求不高的内外圆柱表面
氩弧堆焊	铝件与耐蚀钢件的堆焊	采用修复尺寸、单配修复尺寸	恢复形状及配合要求。较昂贵的零件加工至消除磨损痕迹,较便宜而不稀缺的零件则按主要件的尺寸加以修配,保证给定的配合类型
接触堆焊	磨损量小于 1 mm 的光滑圆柱形内外表面的堆焊	采用标准修复尺寸	相配零件为给定修复尺寸的,按照标准修复尺寸来修复待修零件
气焊堆焊	对耐磨性有较高要求,有局部磨损的圆柱形及特形表面的堆焊件	截去与银焊易损部分	耕作、挖土及改良土壤机器的工作机件的修复
等离子堆焊	对耐磨性和疲劳强度有较高要求的重要零件的堆焊	镀层	修复零件的外表面(经预先机械加工和不经预先机械加工)
镀铁	主要用于修复磨损量不超过 0.2～0.5 mm、表面硬度高以及对镀层与基体的结合强度要求不高的零件的内外表面	银焊附加块和衬垫	修复特形轮廓尺寸(拖拉机主动轮等)
镀铬	修复磨损量不超过 0.2 mm、耐磨度要求高的零件的内外表面	装设衬套和补偿垫	修复孔,恢复尺寸链
		装入卷制环并胀大	修复孔

1) 计算和确定塑料板的厚度(一般为 1 mm 左右为宜,不要超过 2 mm)。

2) 用丙酮清洗工作台导轨面和塑料板粘接面。

3) 按比例配制导轨胶,冬天最好要在一定温度下配制,以稀化导轨胶。

4) 均匀涂抹导轨胶,被贴导轨面应纵向均匀涂抹,塑料板应横向涂抹,以利于粘接牢靠。

5) 粘接时应从一端向另一端缓慢挤压,且塑料板要拉直,特别是长导轨粘接后两端最好翻转并固定,以增加承受剪切力的能力。因导轨胶属厌氧型,粘接后要用重物压紧,通常在室温下要压 24 h 以上,直到导轨胶固化。

6) 清理飞边,刮去流出的导轨胶,錾通油孔并剔出合适的油槽。

三、安装工艺及修理工艺

1. 安装工艺

设备的安装主要分两大类：单台机械设备的安装，即按厂房的平面布置来安装设备，只需精平、找正；生产过程自动化联动（流水线）机械设备的安装，则要求设备不但要遵循单台机械设备安装的技术要求，而且还要遵循设备或部件间的相互关系和方位要求，以及被加工零件输送装置、检查装置与设备的连贯要求。

安装的程序是：吊运就位→安装（找正、精平、灌浆）→清理润滑→检验→调整→试运转→交付使用。

这两大类安装都需要有一定的安装工艺。

(1) 单台机械设备的安装工艺

1) 安装前的准备

①组织准备主要是人员分工明确，各负其责。技术准备包括技术资料（施工图、设备图、说明书、工艺卡、操作规程等）的准备和确定安装步骤及方法（安装工艺）。

②准备起重工具、专用工具、安装材料等。

③开箱、清点、保管。

④设备的基础检验。按地基图的要求验收基础。

2) 安装工艺

①设备的定位。按厂房设备安装的要求（平面布置图）定位。

②地脚螺栓、垫铁的安装。

③设备的找正。设备的找正要根据其形状、性能、精度要求等采取不同的找正方法，如线坠、水平仪（条形、框架型）、光学自准直仪、激光等。有的设备还需要找中心、找标高，都应选用合理、准确、可靠的找正方法。

④灌浆。灌浆是指将设备底座与基础表面的空隙及地脚螺栓孔用混凝土或砂浆灌满。灌浆后洒水，养护1周（具体时间可根据水泥牌号、温度确定）。一般灌浆都采用压浆法。

⑤检查精平情况。

⑥设备的检验、调整和试运转。检验的主要项目是安装后设备是否达到技术要求，金属切削设备要检验几何精度，有的设备要检验转动机构（轴承、轴瓦、滑动轴承等）、传动机构、运动变换机构等的装配精度是否达到技术要求。检验不合格的项目应予以分析，属于安装问题应进行调整。空运转试车要求按设备说明书或工艺要求的技术条件和程序进行。

(2) 联动机械设备的安装工艺。联动机械设备的安装，安装前的准备工作同单台设备一样，关键在于安装工艺。

1) 吊运安装前应将流水线中每台设备的地脚垫铁按施工图要求找好标高。

2) 安装就位后，初步精平每台设备的自身精度，并测出每台设备的方位。

3) 以一台适中的设备为基准，调整其他各台设备的准确方位。

4) 校正并调整每台设备的自身精平。

5)复查联动设备所要求的方位(即设备上下、左右、前后的位置及尺寸)。

联动设备安装工艺的其他方面与单台设备安装工艺一样。空运转试车时应该先单台试车,最后再进行成线联动的空运转试车。只有从流水线上的第一台至最后一台之间所有的设备、输送装置都符合流水线的自动化或半自动化及其他要求,流水线才能投入生产。

2. 修理工艺

(1)设备的大修工艺包括的内容如下:

1)整机的拆卸程序、拆卸中应检测的数据及拆卸注意事项。

2)主要零部件的检查、修理、装配工艺以及技术标准。

3)总装配程序及装配工艺,以及应达到的技术条件,需要的工、检、量具。

4)关键部位的调整工艺及技术条件。

5)精度标准及检测方法。

6)试车程序及要求。

7)修理过程中的安全措施。

(2)修理工艺范例。介绍 Z35 型摇臂钻床的修理工艺:

1)传动系统图及轴承配置图。

2)修理的准备工作。列出所需的工具及仪器。

3)主要部件的拆卸顺序。首先要检查外立柱回转时的松动间隙,实际上是检查链式滚柱轴承及弹簧钢带的磨损情况,若大于 0.08 mm,则考虑更换滚柱或钢带,然后按修理工艺规定的拆卸顺序进行拆卸。

4)主要部件的修理顺序。底座→立柱部件→立柱初步拼装→摇臂→摇臂和立柱装配→主轴箱部件→主轴箱与摇臂的装配。

主轴箱部件的装配:

①主轴变速箱的装配和调整。

②主轴进给箱的装配与调整。

③主轴及主轴部件的精度检验工艺。

④主轴套筒修复工艺。

⑤导向套加工工艺。

⑥主轴箱与摇臂配刮工艺及检验精度。

5)摇臂钻的精度检验标准及试车规范。

第三节 物料、工具、量具准备

→ 能够设计、制作一般专用工具

→ 能够使用光学量仪

→ 能够制定毛坯准备方案

一、机床修理专用工具的设计与制作

1. 量棒的设计与制作

量棒又称检验棒、心轴,在机修作业中用于测量机床主轴的径向圆跳动、轴向窜动,各传动轴之间的同轴度、平行度和相交角度,轴线与平面的平行度、垂直度,同时也是轴线之间距离测量的基准。量棒是一种应用十分广泛的量具,按结构形式和用途可以分为带标准锥柄量棒、圆柱形量棒和专用量棒。因为前两种量棒已成为标准系列,已有专业化工厂生产并出售,所以这里介绍的是机床修理专用量棒的设计与制作。

(1) 量棒的设计

1) 设计任务书的提出。生产技术部门根据量棒的检验对象(机床型号)、检验项目、检验精度要求等,提出设计任务书。设计任务书是量棒设计的纲领性文件。

2) 原始资料收集。设计者根据设计任务书收集量棒设计的原始资料,内容包括:
①量棒标准图册。
②被测机床的检验精度标准。
③被测机床的测量空间尺寸以及被测轴与量棒的连接尺寸。
④量棒需要的缓急程度以及量棒的重复使用次数。这些因素可决定是否做简易量棒或者量棒是否需要入工具库长期保存。

3) 原理方案的设计。根据设计任务书进行量棒结构尺寸的构思,主要内容包括:
①量棒的结构形式。
②量棒的尺寸要素(长度、直径、质量)。
③量棒与被测量轴的连接。
④量棒在测量中的固定和拆卸方法。

4) 原理方案评价。邀请机修钳工技师或工程技术人员以及机床托修单位的有关人员对两个以上的原理方案进行评价、分析,确定最佳原理方案。

5) 量棒结构设计。按最佳原理方案设计量棒的结构形状、尺寸及其精度、硬度等。

6) 绘制量棒的零件图和装配图。

(2) 量棒的制造

1) 量棒制造工艺人员应参加量棒设计的评价,并对量棒设计的工艺性提出建议。

2) 简易量棒多用在生产急需时,加工工序应尽量减少;需保存供长期使用的量棒,必须编制完善的加工工艺。

3) 量棒的精度要求是设计者根据检验要求计算确定的,制作中不得任意降低。

4) 为了确保量棒尺寸的稳定性,要求:
①粗加工工序和精加工工序必须分开。
②工艺中要加入 2~3 次人工时效(一般为油效),以充分消除内应力。
③淬火时应垂直吊挂,有条件时可采用盐炉淬火。

(3) M120W 型万能外圆磨床砂轮主轴中心线与工件主轴中心线的等高度测量量棒的设计和制作

1) 设计任务书

①适用机床。M120W 型万能外圆磨床。

②检验项目。砂轮主轴中心线与工件主轴中心线的等高度。

③测量精度。等高度允差 0.2 mm。

④相配测量工具。工作台随机附件桥板、百分表、强力磁性表座。

⑤设计一组与砂轮主轴和工件主轴相配的量棒。

2) 原始资料收集

3) 原理方案的设计

①第一方案。设计一套状检验量棒，固定在砂轮主轴装砂轮的锥面（锥度 1∶3）上，并用压紧砂轮的螺母防松紧固。因为螺母尺寸较大，所以量棒直径也较大，如图 1—14 所示。

设计一带莫氏 3 号锥度的量棒装入工件主轴莫氏 3 号锥度锥孔内，由于要测量工件主轴中心线与砂轮主轴中心线的等高度，所以要求两个测量直径相等，如图 1—15 所示。

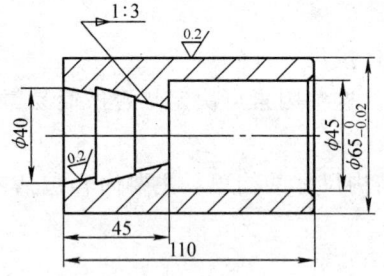

图 1—14 砂轮主轴检验套

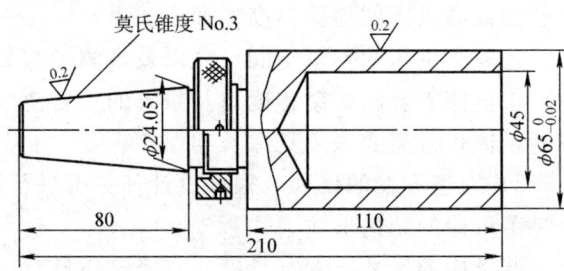

图 1—15 工件主轴检验量棒

②第二方案。采用刮削砂轮主轴轴瓦的研棒作为砂轮主轴量棒。工件主轴孔中插入标准莫氏 3 号锥度心轴，在心轴外面做一过渡套，过渡套内孔直径与心轴外径 d 相等，外径等于研棒的外径 D，如图 1—16 所示。

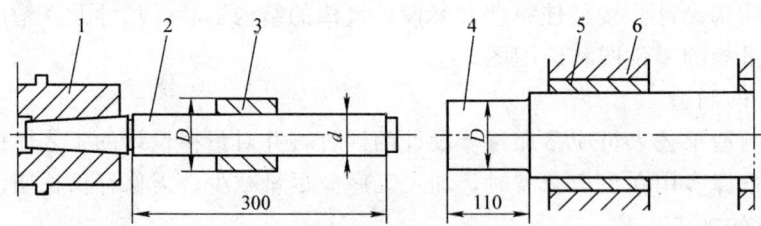

图 1—16 量棒的第二方案

1—工件主轴 2—莫氏 3 号锥度心轴 3—过渡套 4—主轴轴瓦研棒 5—主轴轴瓦 6—砂轮架

4) 原理方案评价

①第一方案。优点：能够与被测量轴可靠紧固，测量误差较小；工件主轴量棒工作面长度较短（110 mm），占用测量空间小；砂轮主轴检验套除用作本项检验外，还可用来检验砂轮主轴中心线对工作台面移动的平行度，允差在 100 mm 长度上为 0.015 mm。

缺点：制造困难，工艺性差，特别是砂轮主轴检验套，磨内锥孔时装夹困难。

②第二方案。优点：制造周期短、成本低，由于利用了原有的量具，只需加做一个

过渡套就能进行测量，且过渡套制造工艺简单。

缺点：测量时必须将砂轮主轴从砂轮架中抽出，然后再装入研棒，操作烦琐，容易将脏物带入轴瓦内；轴瓦与主轴研棒间存在径向间隙，影响测量精度；工件主轴用莫氏3号锥度标准心轴的工作面长度为300 mm，对测量空间占用太多；莫氏3号锥度心轴与过渡套间的配合间隙及过渡套内、外圆的同轴度误差都将影响本项测量值的准确性。

③评价结论：采用第一方案。

5) 量棒结构设计。量棒的外形简图如图1—14、图1—15所示。

①工件主轴检验棒增加一个圆螺母，以供从工件主轴孔中拆卸量棒。

②两量棒的工作外径均为$\phi 65_{-0.02}^{0}$ mm，长度为110 mm，圆度、同轴度误差均控制在$\phi 0.003$ mm以内。

③材料均选用45钢，淬火硬度为42～45HRC。

6) 绘制量棒零件图和装配图

7) 量棒的制造工艺路线（过程）

①备料，45钢热轧圆棒料。

②粗车，$\phi 45$ mm孔一次车成，其余外圆留磨量（直径上）1 mm。

③热处理，调质32～38HRC。

④精车，螺纹成形，锥度为1∶3的锥孔留磨量（直径上）1 mm，两端加工中心孔或倒$2\times 60°$锥面。

⑤表面高频淬火42～45HRC。

⑥人工时效。

⑦在车床上修中心孔或60°锥面，要求跳动量不大于0.02 mm。

⑧半精磨内锥面、外圆面、外锥面，留精磨量（直径上）0.2～0.3 mm。

⑨人工时效。

⑩在车床上修中心孔或60°锥面，要求跳动量不大于0.005 mm。

⑪精磨成形。

2. 研磨棒的设计与制作

研磨棒在机床修理中常用于修复圆柱孔、圆锥孔的圆度、圆锥度和表面粗糙度的超差。研磨棒按结构形式可分为固定尺寸研磨棒和可调研磨棒；按其长度可分为长研磨棒（长度与直径之比在2∶1以上）和短研磨棒（长度与直径之比小于2∶1）。下面以修复M120W型万能外圆磨床尾座孔用的研磨棒为例说明研磨棒的设计与制造过程。

(1) 研磨棒结构确定。尾座孔研磨棒由两支组成：短的可调研磨棒如图1—17所示，用于粗研并消除孔的局部形状误差；长的固定尺寸研磨棒用于精研并达到孔的精度和表面粗糙度要求。

(2) 研磨棒主要尺寸参数的确定

1) 长度。可调研磨棒的长度与直径之比为1.5∶1；固定尺寸研磨棒的长度比被研磨的尾座孔长度长1/3。

2) 锥度取米制锥度1∶20。

3) 直径。粗研用的可调研磨棒外径比被研磨孔的最小直径小0.02～0.03 mm；精

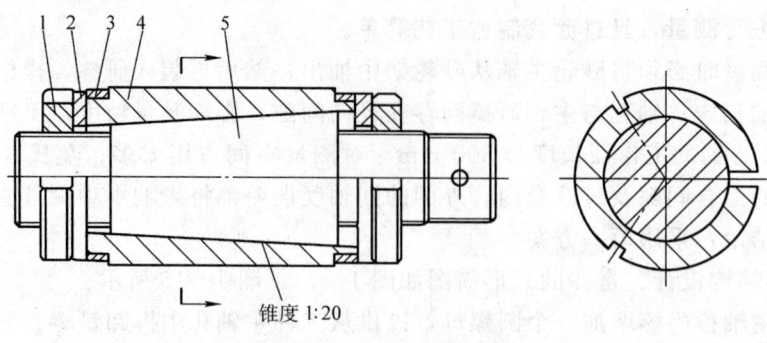

图1—17 可调研磨棒
1—圆螺母 2—垫圈 3—套圈 4—研磨棒胀套 5—锥度心轴

研用的固定尺寸长研磨棒外径比被研磨孔的最小直径小0.005~0.010 mm。

4) 材料。固定尺寸长研磨棒和可调研磨棒的研磨棒胀套均采用材质均匀且无砂眼、气孔的铸铁棒;锥度心轴采用45钢,经热处理调质,硬度为35~38HRC。

5) 连接方式。固定尺寸长研磨棒的一端钻一横向孔,直接穿入绞杠;可调研磨棒的一端也钻一横向孔,穿入一根接长杆后再与绞杠相连接。

(3) 研磨棒的制作

1) 研磨棒都是在机修作业过程中,根据被研磨孔的实际测量尺寸临时配制的。一般精度要求的研磨棒,可选用一台精度较高的车床一次车成;较高精度要求的研磨棒,采用粗车加精磨的加工工序进行加工。

2) 研磨棒材料一般在作业前预先准备半成品或粗车、留磨量,也可以采用以前用过的较大尺寸的研磨棒进行改制。

3) 可调研磨棒每次外径尺寸重新调整后,必须对外圆进行重磨。这是因为经过调大直径的外圆轮廓不可能保持很好的圆度,使用时必须再磨圆,所以每次的直径调大量应等于研磨棒工作需要的直径增加量加上重磨加工余量。

4) 固定尺寸长研磨棒的外径上可车削一条大导程的螺旋沟(与轴套内的螺旋油槽相似),用于贮存研磨剂,提高研磨效率。

3. 机修专用工具设计原理评价要点

对原理方案进行评价时,可遵循以下基本要点:

(1) 满足功能要求。实现预期的使用功能(包括测量、切削、夹紧等)是设计的根本目标,功能是对设计产品的某一特定的运行要求,只有满足了功能要求的设计,才能进行其他项目的评价。

(2) 工作安全可靠。工作安全可靠是指在预定的使用寿命周期内,该工具必须保持正常的工作可靠性。此外,设计者也要考虑使用的安全性,因为机修钳工使用的多为手持工具,自身的质量不能过大(例如检验棒和研磨棒的设计要尽量减轻其质量,可设计成中空结构,长度以满足最短使用要求为限)。

(3) 良好的工艺性。设计方案只有通过制造和装配以后,才能实现设计者的意图。为了确保设计预定功能全部实现,设计者必须具备丰富的制造和装配工艺知识。

(4) 操作方便,维修容易。操作方便、省力、维修容易而且维修工作量小,是设计者要达到的重要目标。

（5）造型美观，结构紧凑。造型美观的工具会明显提高工作效率；结构紧凑不但减轻了工具的质量、节省了材料、减少了制造费用，还会减小工具占用的操作空间，对操作、搬运和储存都是有益的。

（6）经济适用。降低成本是企业的经济目标之一，对于设计必须做成本分析，去除多余的功能，达到价格、性能最佳组合。

二、专用量仪的工作原理及使用注意事项

1. 声级计

（1）工作原理。声级计是用来测量噪声等级的仪器，它既可单独使用，又可与相应的仪器配套进行频谱分析、振动测量等。声级计测得的噪声是经仪器听感修正后的声压级。声级计由传声器、放大器、衰减器、频率计权网络以及有效值指示表头等部分组成。

声压信号经传声器转换为电压信号，通过放大器放大后，经计权网的处理，表头上可显示分贝值。声级计测得的噪声是经具有三种频率的计权网络处理后得到的。有三种声级即 A 声级、B 声级、C 声级，因为 A 声级较接近人耳对声音的感觉，所以最常用。声级计的测量范围是 40～120 dB。

（2）使用注意事项

1）一般应在距声源 1 m，高 1.5 m 处安放仪器。若噪声大或设备危险，可取 5～10 m 或更远处为测点。若机器很小，测点可选在距声源 10～50 cm 处。

2）记录时，一定标明测点、测量仪的型号和声源的工作状态。

3）噪声的反射面在距声源 2～3 m 以上，为避开反射面的影响，测点应远离反射面。此外，还要注意物理环境的影响，如电磁场、振动、温度、湿度及风向等。

2. 测振仪

（1）工作原理

1）与速度传感器、加速度传感器联用，测量轴承振动。传感器称为一次仪表，测振仪称为二次仪表。

①与速度传感器联用，测量轴承振动。速度传感器又称拾振器。磁电式速度传感器（见图 1—18）是用铝架 4 将永久磁铁 2 固定在外壳 6 内，外壳 6 与永久磁铁 2 形成磁回路。工作线圈 7 在外壳 6 和永久磁铁 2 间的气隙的右边，阻尼环 3 在左边，它们通过心杆 5 连接起来，用两个弹簧片 1 和 8 支承在外壳上。

测量时，使传感器与轴承一起振动。由于弹簧片的作用，线圈与外壳产生相对运动，从而使线圈在工作气隙中切割磁力线而产生感应电动势，电动势的大小与切割速度成正比。电动势的信号由接头传给测振仪，经电路变换后，即可在测振仪面板上显示出振动速度值。

②与加速度传感器联用，测量轴承振动。压电式加速度传感器（见图 1—19）的压电晶体 3 装在质量块 2 和基座 4 之间，始终被弹簧 1 压紧。当传感器与轴承同振时，质量块 2 靠惯性作用在压电晶体 3 上。压电效应在压电晶体 3 表面产生电信号，该信号由

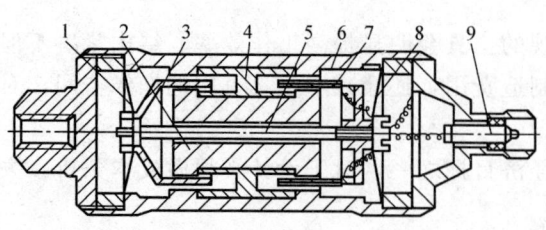 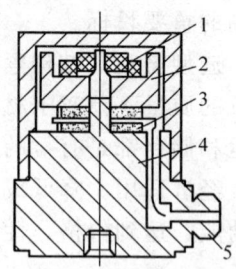

图1—18 磁电式速度传感器　　　　　图1—19 压电式加速度传感器
1、8—弹簧片　2—永久磁铁　3—阻尼环　4—铝架　　　1—弹簧　2—质量块　3—压电晶体
5—心杆　6—外壳　7—工作线圈　9—接头　　　　　　4—基座　5—输出接头

输出接头5传送给测振仪，经电路放大和变化后，可得振动值。

2）将位移传感器与测振仪联用，测量轴振动。涡流式位移传感器（见图1—20）的端部是一个电感线圈1。测振仪输入的高频电流使线圈产生磁场，并在附近轴表面2感应出涡电流（在轴的金属体内自成回路的电流）。晶体线圈的电感值随之变化，引起线路的阻抗变化，输出电压就相应改变。测量时，被测轴的振动使传感器与轴之间的距离δ改变。而当被测轴的尺寸、材料确定后，输出电压的变化只由δ而定。这样，轴的振动就以变化的电压形式传递给测振仪，从而显示出振动位移。

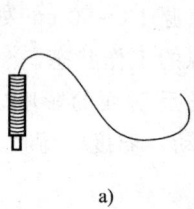

图1—20 涡流式位移传感器
1—电感线圈　2—轴表面

（2）使用方法

1）测量轴承振动

①与速度传感器联用时，应把速度传感器放在轴承对振动反应最直接、最灵敏的位置上。如测量垂直振动值时，应选轴承宽度中间位置的正上方为测点；当测量水平振动值时，应选轴承宽度中央的中分面为测点；测量轴向振动值时，应选轴心线附近的端面为测点。这样安装后与测振仪联用进行测量。

②与加速度传感器联用时，用螺杆把加速度传感器通过基座下的螺孔固定在轴承上，有时也用永久磁铁将传感器与轴承吸在一起，然后与测振仪联用进行测量。

2）测量轴振动和轴向位移。用涡流式位移传感器测量轴振动时，测点在轴承的壳体上；测量轴向位移时，测点选在轴肩的两侧。但传感器与轴表面之间的距离通常为1～1.5 mm。因为距离大了将超出测量范围，距离小了易使传感器端部被碰坏。传感器这样安装后，与测振仪联用，便可测量。

（3）使用注意事项

1）测振仪要与速度传感器、加速度传感器、位移传感器等一次仪表联用，才能发挥其作为二次仪表的作用。

2）在与一次仪表联用时，一定要保证一次仪表的测点选择正确，否则将影响测量结果。

3）在与位移传感器联用时，轴的被测表面要有较高的几何精度、较小的表面粗糙度值和较均匀的材料金相组织。否则会产生机械或电气上的障碍，从而影响测量精度，甚至无法实现测量。

3. 温度测量仪

温度测量仪是用来监测温度的仪器，可对设备内部温度进行监测，如测循环水温；也可对表面温度进行监测，如测轴承座外壁温度等。

（1）分类及工作原理。温度测量仪按测量时与被测物体接触与否可分为接触式温度测量仪和非接触式温度测量仪。

1）接触式温度测量仪。测温元件与被测物体必须接触可靠，通过传导和对流两种热传递方式实现热平衡，进而把测量信息平稳输出（既可近距离输出，又可远距离输出）。它的特点是使用较方便，但其精度受接触程度的控制，接触可靠，精度较高（表面测温时，可将感温元件嵌入或焊在被测物上）；而反应时间受传感器热容量控制，装置越大，反应越慢。常用的接触式测温仪有如下几种：

①液体膨胀式温度计。这种温度计通常以水银和酒精作测温介质，根据介质随温度的变化而膨胀或收缩的原理工作，精度较高（0.5~2.5级），但易损。水银温度计测温范围为−35~+350℃，而酒精等有机液体温度计测温最大范围可达−200~+200℃。此类温度计使用时，要避免温度的骤变，并注意避免断液、液中气泡和视差现象的发生。在精密测量时，要考虑测量部分与露出部分的温差的影响。

②压力推动式温度计。压力推动式温度计通常以液体、气体或低沸点液体的饱和蒸气为测温介质，依据被封闭的介质受热后体积膨胀或所受压力的变化来推动传动机构，实现温度值的输出。它的精度不高（1级、1.5级、2.5级），测温范围因介质而异。应注意的是，使用这种温度计时要将温包全部没入被测介质中，以减少测温误差。小型压力推动式温度计常用于内燃机和机械设备的冷却水、润滑油系统的测温。

③热电阻温度计。它是用铂、铜、镍等金属导体或半导体制成的热敏电阻为测温介质，通过上述测温介质的电阻随温度的变化值在测温回路的转换，显示出被测的温度值。虽然金属热电阻的阻值随温度的变化呈较规则的直线性，而且重复使用时，一致性较好，但阻值变化与温度变化的同步性差，所以不能测点温和进行动态测试。热电阻温度计常制成部位监测计，如轴承测温计，其传感器输出为 $1~mV/℃$（灵敏度）。依据半导体热电阻元件对热的敏感性，可将它制成小型、灵敏度高、可测点温的测温仪，但它的缺点是电阻的阻值随温度的变化是非线性的，而且重复使用的一致性较差，其传感器输出为 $10~mV/℃$。

④热电偶温度计。热电偶温度计是以铜/康铜、镍铬合金等热电偶为测温介质的，

通过热电偶的两种导体接触部位的温度差产生的热电动势进行测温。电动势的大小与温度成正比,可用普通的电压表、电位差计测出电动势,灵敏度为 40 mV/℃。这种温度计用于测量高温或应用于温度骤变的场合。

⑤示温片、示温漆、示温涂料是以视觉式测温材料制成的示温片、涂料为测温介质。粘贴或涂抹在被测物表面的上述介质,随物体表面温度的变化而发生变色,依据变色程度,便可知被测物表面温度。这种测温方式较经济、便捷,可用于低精度的测量,也可用于测定外形复杂或运动的物体的表面温度。示温片和示温涂料又分可逆和不可逆两种。不可逆示温片的示温范围在 30~600℃;可逆示温片示温范围在 40~70℃,误差 ±1℃;而不可逆示温涂料的示温范围可达 40~1 350℃,误差是 ±5℃。示温片可贴于晶体管、变压器、电动机、电缆上进行示温,为了进行温升比较,可在不同位置贴多枚。可逆性的示温片可对电器、机械设备作经常性温测,涂抹式示温材料适用于大面积、表面凹凸不平或形状复杂对象的示温,如交换器、锅炉、内燃机等。

2)非接触式测温仪。这种测温仪是通过接收热辐射的能量来实现测温的。测温元器件与被测物不接触,故其温度可大大低于被测介质的温度,而且其动态特性较好,可测运动、小目标、热容量小、温度变化快的对象表面温度及温度场的分布。它的不足之处是受物体的辐射率、环境状况的影响较大,故精度不高。根据测取温度的不同,辐射测温仪可分为亮度测温仪和比色测温仪两大类。亮度测温仪测取的是亮温,比色测温仪测取的是色温。

常用的非接触式测温仪有:

①光学高温计。它属亮度测温仪,用加热的灯丝作测温元件。测温范围 700~3 200℃。它利用物体表面颜色同仪器内加热的灯丝作亮度对比来测量温度,误差小于 2%。需要注意的是,仪器物镜与目标距离不得小于 700 mm,只有在灯丝仅现下部时,仪表读数才是正确的。它适用于被测温度高于热电偶所测范围及热电偶难以装置的场所。

②全辐射温度计。它属亮度测温仪,测温元件为热电元件或硫化铅元件,测温范围 40~4 000℃。它是通过上述测温元件来测量发热物体表面温度,一般应在 10~80℃下固定使用,若在 80℃以上的环境中,要进行水冷,如在空气中杂质较多的环境中使用,则要进行通风。

③比色测温仪。又称颜色高温计,包括双色测温仪和多色测温仪等。它依据辐射功率随光谱波长的变化规律来测量,该温度为色温。它受发射率影响较小,能克服恶劣环境的影响。其中应用较广的是双色测温仪,它是由两个窄波段处的目标辐射率产生的探测器信号,通过电路系统的比较处理而实现测温的。

④红外测温仪。其工作原理是被测物体发出的红外线,经透镜聚集后,射在红外探测器上而产生一个正比于辐射能量的电信号,该信号经放大、处理、变换而示温。它的优点是体积小、重量轻、携带方便、灵敏度高、响应快、操作简单,适用于现场热态监测和红外诊断。

(2)主要技术指标和选用方式

1)主要技术指标

①精度。精度就是对国际通用温度标准值的不确定度或误差,也称作允许误差。它的三种表示方法及其运算公式如下:

$$绝对误差=实测值-标准值$$
$$相对误差=(绝对误差/实测值)\times 100\%$$
$$引用误差=(绝对误差/量程上限值)\times 100\%$$

例如,一测温仪的测温范围是800～1400℃,若绝对误差=±14℃,则-14℃≤测量值误差≤14℃;若相对误差=±1%,则-8℃≤测量值误差≤8℃;若引用误差=±1%且量程上限值=1400℃,则-14℃≤测量值误差≤14℃。

②稳定性。稳定性就是一定时间间隔内其示值的最大可能变化值,也称复现性,表示测温仪示值的可靠程度。稳定性有短期(时间间隔24 h,一个月等)和长期(时间间隔半年、一年等)之分。

③温度分辨率。温度分辨率表示测温仪辨别被测温度变化的能力。它与测温仪的温度灵敏度、噪声电压和显示机构的误差有关。当了解被测温度的变化比了解其真实温度更重要时,必须知道温度分辨率。

④响应时间。响应时间是指被测温度从室温达到测温范围上限温度时,统一模拟信号输出的时间,也可以是测温示值达到稳定值的某一百分数时,所需的时间,如1 s (63%)即指达到稳定值的63%需1 s的时间。而显示机构存在的响应时间的取舍,视具体情况定。

⑤距离系数。距离系数是指测温仪探头到被测目标的距离和垂直于探头光轴方向的投影圆面积的最小允许直径之比,或者用视场表示,即探头中心对被测目标最小允许投影直径的张角。

2)测温仪表的选用

①接触式与非接触式测温方法的比较

a. 接触式测温要求有良好的热接触,且接触时不破坏被测温度场;而非接触式测温要求知道物体的发射率且检测器要充分吸收物体的辐射能。

b. 接触式测温易破坏被测温度场,故小于限制值的物体不能测温。运动物体不能测温,因为响应慢不能进行瞬时测温。另外,检测器数随测量范围变宽而增多,而且也不能同时测量多个物体。接触式测温的这些缺点,恰恰是非接触式测温极易实现的。

c. 接触式测温可测物体内部温度,而非接触式测温却无法实现测量。接触式测量过程简单,而非接触式测温过程要求严格。

②选用程序。根据上述接触式测温仪和非接触式测温仪的比较,结合作业条件选择出是采用接触式的还是非接触式的,再根据测温范围、精度等级、分度值范围及主要技术指标来选择具体规格和型号。

4. 水准仪

精密水准仪带有平行玻璃板测微器。平行玻璃板安装在望远镜前,可前倾后仰地旋转,通过这一旋转,可使水平视线上、下平移。当用望远镜照准水准尺后,十字丝的横丝一般不会恰好与尺上某一整分划线对齐,这时,旋转平行玻璃板使视线平移,就能将横丝对齐水准尺上的一条整分划线。由于平行玻璃板是通过一传动杆与测微分划尺相连，其旋转量与视线的平移量相对应，可以从测微分划尺上读出。这样，将水准尺上横丝所对应的分划线的读数（单位为 m、dm、cm）和测微分划尺上的读数（1 mm、0.1 mm、0.01 mm）组合在一起，即为一个完整的读数。精密水准仪的特点是：望远镜的放大倍率不小于 40 倍；水准管分划值小于 2″/2 mm；带有平行玻璃板测微器读数装置，最小分划值可达 0.05 mm；带有专用的精密水准尺。

（1）精密水准尺。精密水准仪配有精密水准尺。在精密水准尺木质尺身槽内，镶嵌一铟钢带尺。在同一铟钢带尺面上，有左、右两排彼此错开的刻线，左面一排分划格表示奇数值，标注数字为分米数；右面一排分划格表示偶数值，标注数字为米数。小三角形指示半分米处，长三角形指示整分米的起始线，如图 1—21 所示，分划的实际间隔为 5 mm，但表面标注值为实际长度的 2 倍，因此读数必须除以 2。

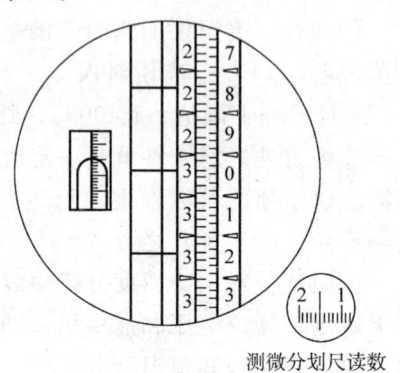

图 1—21 水准仪读数

（2）精密水准仪的读数方法。望远镜照准水准尺，转动微倾旋钮使水准仪的水准管符合水平位置。这时视线水平，再转动光学测微器手轮，带动物镜前的平行玻璃板转动，使水准尺的像在十字丝面上垂直移动。当十字丝的横丝一侧的楔形丝精确地夹住最靠近中丝的分划线后进行读数。图 1—21 所示的尺上直接读数为 304 cm，再由测微目镜中的测微分划尺上读出读数 150（即 1.5 mm），则全部读数为 304.150 cm（3.041 50 m）。实际读数应除以 2，得到：3.041 50/2＝1.520 75 m。

5. 光学平直仪

（1）结构和工作原理。光学平直仪的结构如图 1—22 所示，工作原理如图 1—23 所示。将平直仪本体和反射镜 1 分别置于被测导轨面的两端，光源射出的光束经滤光片 10、分划板 12 形成十字像，经过棱镜 13、平镜 11 和物镜 2，变成平行光射到反射镜 1 上，若光线与反射镜 1 垂直，则光线仍按原路反射回来，使十字像位于视场基准线的中心，并在目镜 6 中显示出来。若导轨的直线度有误差 Δ_1，使反射镜倾斜了 α 角，此时光线便不能按原路反射回来，十字就不能在视场基准线的中心出现，而是相差一个 Δ_2 的距离。位置偏移量 Δ_2 可由下式计算：

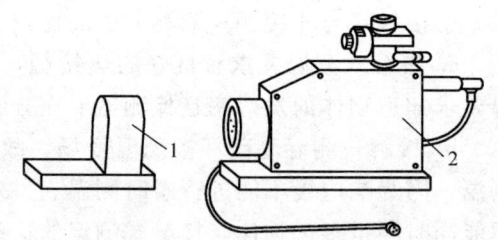

图 1—22 光学平直仪
1—反射镜　2—光学平直仪本体

$$\Delta_2 = \frac{2\Delta_1}{L} f = \frac{2 \times 0.001}{200} \times 400 = 0.004 \text{ mm}$$

式中　Δ_1——导轨直线度误差，mm，此处为 0.001 mm；

　　　L——反光镜垫板长，mm，此处为 200 mm；

　　　f——物镜焦距，mm，此处为 400 mm。

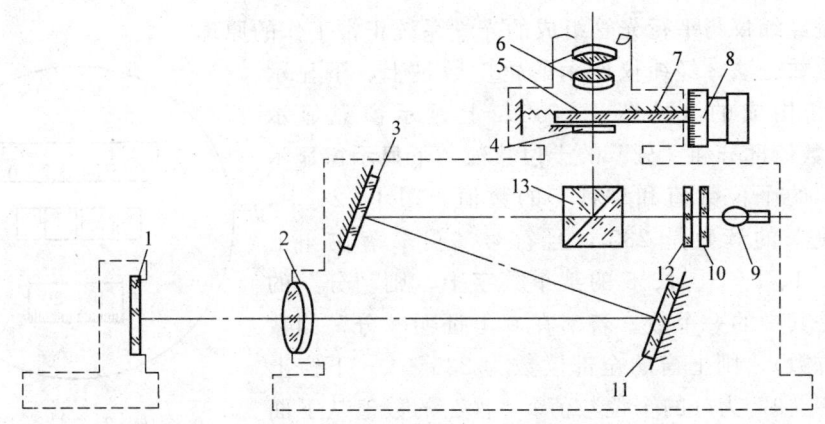

图1—23 光学平直仪工作原理
1—反射镜 2—物镜 3—平镜 4—固定分划板 5—可动分划板 6—目镜 7—测微螺杆
8—测微手轮 9—光源 10—滤光片 11—平镜 12—分划板 13—棱镜

转动测微手轮8，可以调整目镜中视场基准线与十字像对正。测微手轮8转1周为100格，刻度值为0.005 mm/1 000 mm，相当于1 000 mm的长度上，其一端抬高0.005 mm。

(2) 使用方法

1) 将反射镜放在导轨一端的垫铁上，在导轨另一端外放一升降可调支架，支架上固定着光学平直仪本体。

2) 移动反射镜垫板，使其接近光学平直仪本体。左右摆动反射镜，同时观察目镜，直至反射回来的亮十字像位于视场中心为止。

3) 将反射镜垫板移至导轨最远端，按上述方法调整，直至达到理想效果为止。

4) 从起始点开始每隔200 mm移动一次反射镜，依次测量。每次转动手轮，使目镜中的指示线处于亮十字像的中间，并记录微动手轮上的读数值。

5) 目镜座有水平和垂直两个位置，分别用来测量水平面内的直线度和垂直面内的直线度。

(3) 使用注意事项

1) 光学平直仪有多种技术规格，具有不同的示值方式（角度值或线值）、测量精度和测量长度，使用前，先要看清说明书，以免误读或超距离测量。

2) 测量时，反射镜与光学平直仪本体底平面应擦拭干净。

3) 反射镜与光学平直仪本体调整合适后必须固定，以免在读数过程中产生位移，使读数值发生改变。

6. 经纬仪与平行光管

经纬仪常与平行光管组成一个光学测量系统，对坐标镗床的水平转台、万能转台等回转工作台的分度精度进行测量。平行光管的作用是设定一个测量的参考系。

(1) 工作原理。经纬仪前方的平行光管提供的固定参考目标，经物镜和调焦透镜成像，落在角度分划板的分划面上。在角度分划板的后面设置了倒像镜，它将分划面上原本倒位的实像正过来。这个正过来的实像，再通过目镜放大，就成了目标的放大了的虚像。这就是经纬仪与平行光管组成的光学系统正常工作的原理。

（2）读数方法。经纬仪所示的角度数是上、下显示窗读数之和构成的（见图1—24）。上显示窗只显示"度"的整数值部分和"分"的十位数值；下显示窗显示的是"分"的个位数值和"秒"的数值。图1—24中，上窗的"度"的读数是235°，且符号"∩"落在4上（∩落在0、1、2、3、4、5的某个数字上，则"分"的十位数就是其中的一个数。若落在0上证明"分"的数值只有个位数），则上窗的全部读数为235°40′。下窗上面所示数字"9"为分的个位数值。"秒"的数值从下面的小格中读出。如果指示标记落在第16格和17格中间，则秒的值为16.5″。下窗总读数为9′16.5″。这样读数就是：235°40′+9′16.5″=235°49′16.5″。

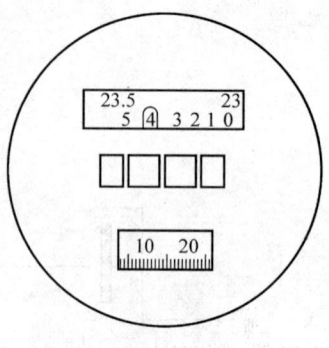

图1—24 读数视场

（3）检查精密转台误差

1）调转台自身水平。把水平仪放在转台中央，每次调整都使转台转360°，直至水平仪的所示误差小于0.02 mm/1 000 mm为止。

2）将经纬仪固定在转台的中央。经纬仪与转台的回转中心不重合度小于0.01 mm（见图1—25）。

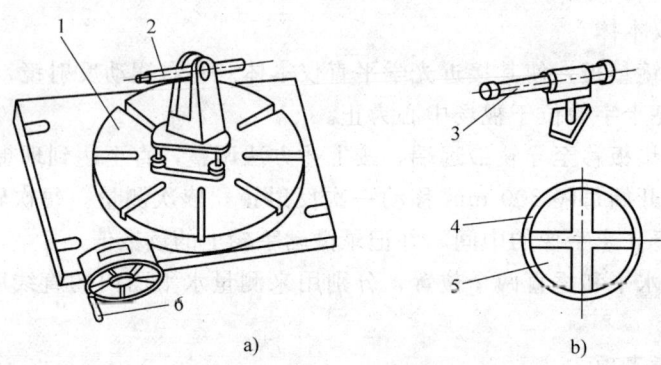

图1—25 用经纬仪检查精密转台分度误差
1—被检查的精密转台 2—经纬仪 3—平行光管 4—平行光管十字架 5—经纬仪目镜 6—手轮

3）调水平。通过调整螺钉，调经纬仪自身水平，同时，将其镜管调成水平。

4）调零位。将刻度盘和游标调至零位。

5）调整平行光管。将平行光管放在距经纬仪3 m处左右，接通平行光管灯光电源，以调整好的经纬仪为基准，调整平行光管，使其光轴与经纬仪望远镜管光轴同轴。把经纬仪目镜调到能看清分划板影像的程度，同时应在望远镜的分划板上可以见到平行光管中的十字线，并用微动手轮调整望远镜管，使平行光管十字线对准分划板。

6）测量。测量时，使转台顺时针或逆时针等角度转动。以平行光管为参考目标，观察望远镜管，调整照准部件微动手轮，使分划板和十字线重新对准，这样就可读数了。例如，每隔5°进行测量，则顺时针测量时应按0°、5°、10°、…、350°、355°、0°、顺序测量。需要注意的是，转一周后，转台应回到或接近零位，否则说明测量误差大，应重新检查。

7) 求分度误差。检查2~3次，认真记录各次测得值。计算正、反时针测量中各分度点的读数平均值，从中减去起始读数的平均值所得的差，即为各测点的误差值。其中绝对值最大的正负值之差，就是最大分度误差。

三、金属毛坯的准备

1. 铸造毛坯

(1) 铸造工艺图。从零件图开始，通过铸造工艺分析，在零件图上用各种工艺符号表示出其铸造工艺方案，就是铸造工艺图。铸造工艺图是指导模样和芯盒设计、生产准备、造型和铸件检验的基本工艺文件，其内容包括：

1) 浇注位置和分型面。浇注位置即铸件浇注时在铸型中所处的位置。分型面是砂型之间的分界面。浇注位置与分型面密切相关，一般在确定分型面的同时也要考虑浇注位置。

2) 浇注系统。浇注系统是把金属液引入铸型的一系列通道。浇注系统的优劣对铸件质量有很大影响，良好的浇注系统能使金属液充型连续而平稳，阻止熔渣、砂粒进入型腔，并对铸件凝固顺序起调节作用。

3) 型芯固定方法。通常用芯头与芯座配合使型芯在铸型中定位和固定。当某些铸件因结构限制而没有足够的芯头来支承型芯时，可用金属芯来支承型芯。

4) 其他工艺参数

①加工余量。需要切削加工的零件表面必须在铸件上留有合适的加工余量。

②起模斜度。造型时为了使模样容易从铸型中取出和造芯时型芯容易从芯盒中脱出，平行于起模方向的模样上或芯盒内壁上要有100∶1~20∶1的起模斜度。

③铸件线收缩率。铸件在铸型中凝固后从高温冷却至室温的过程中要发生线性收缩。为了使铸件符合尺寸要求，就要在铸件尺寸上增加线收缩量。一般灰铸铁线收缩率为0.7%~1%，铸钢为1.3%~2%。

④不铸出的孔和槽。当零件上孔或槽的尺寸小或壁薄时，一般不予铸出，而由机械加工制出。一般灰铸铁最小铸出孔径为30 mm，铸钢为50 mm左右。

⑤铸造圆角。为了便于造型和有利于增加铸件强度，零件的两壁交角处在铸件上都做成圆角，称为铸造圆角。

(2) 铸造工艺图举例。灰铸铁支座的零件图、铸造工艺图（省略了加工余量和芯头工艺参数值）、模样图、芯盒图、合型图和铸件图如图1—26所示。

1) 采用简单的两箱造型如图1—26b所示，以法兰面作为分型面，铸件大部分在下砂箱中铸出。

2) 采用中注式浇注系统，内浇道设在下砂箱的分型面上，如图1—26e所示。

3) 需要机械加工的表面留出加工余量3~4 mm，4个螺钉孔不铸出。

4) 根据灰铸铁材质，模样尺寸留1%的线收缩量。

5) 零件外形为圆锥的部分不必另加起模斜度，仅在法兰四周沿高度方向留3°的起模斜度。

6)零件各转角处已有过渡圆弧,只需在添加了加工余量后的顶面与外锥面相交处用小圆弧过渡。

7)用一个圆柱型芯形成铸件的中心通孔,用上、下两个芯头与芯座固定型芯,如图1—26e所示。

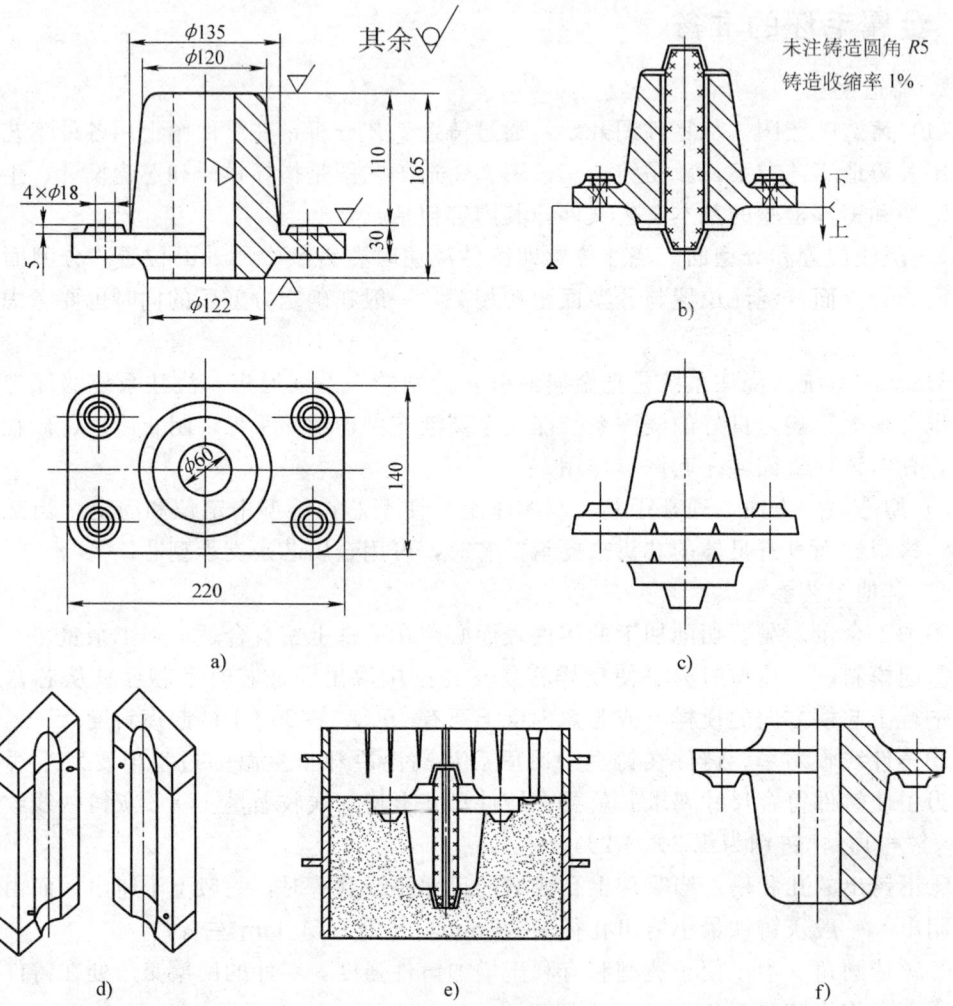

图1—26 支座的铸造工艺
a)零件图 b)铸造工艺图 c)模样图 d)芯盒图 e)合型图 f)铸件图

8)由于铸件法兰与圆锥相交处比较厚大,而且内浇道开在法兰边缘,使得铸件法兰与圆锥相交处最后凝固,此处必须考虑设置冒口补缩,以免铸件产生缩孔。

(3)铸件常见缺陷

1)孔眼

①气孔。圆形或梨形的光滑孔洞,位于铸件内部或露出铸件表面。

②缩孔。集中孔洞或细小分散孔洞,多位于铸件最后凝固的厚大部位内部,孔的内

壁粗糙。

③渣眼。形状不规则且内含熔渣的孔洞，多位于铸件在浇注中最后充型的上表面。

④砂眼。形状不规则且内含砂粒的孔洞，位于铸件表面或内部。

2) 形状尺寸不合格

①偏心或歪斜。铸件上孔的位置偏移或歪斜。

②浇不足。铸件未浇满，轮廓残缺。

③抬型。铸件分型面上有厚飞翅，铸件高度增加。

④变形。铸件发生翘曲。

3) 表面缺陷

①冷隔。铸件表面有未完全融合的圆弧状接口缝隙。

②粘砂。烧结的砂粒粘连在铸件表面上。

③夹砂。铸件表面突起局部片状物，与铸件之间夹有一层型砂。

④铁豆。包含金属小珠的孔眼。

4) 裂纹

①热裂。铸件开裂，裂纹表面呈氧化色。

②冷裂。铸件开裂，裂纹表面发亮。

2. 锻造毛坯准备

(1) 锻造工艺图。锻造工艺图又称锻件图，它是在零件图的基础上考虑了加工余量、锻造公差、工艺余块之后绘制而成的图样。锻造工艺图包括：

1) 锻件基本尺寸。在零件图尺寸的基础上加上加工余量所得到的尺寸称为锻件的基本尺寸。

2) 机械加工余量。成形时为了保证机械加工最终能获得所需要的尺寸而允许保留的多余金属部分称为机械加工余量。

3) 锻件公差。经锻制而成的锻件，其尺寸不可能正好达到锻件尺寸要求，允许有一定的限度偏差，上、下偏差之和称为锻件公差。

4) 余块。在锻造某些难以锻出的部位添加一些大于机械加工余量的金属体积，以简化锻件的外形及锻件的制造过程，这些添加的金属体积称为余块。

5) 台阶。轴类锻件的某一段直径（或非圆形锻件的尺寸）大于邻接的一段或两段直径（或尺寸）时，则大直径（尺寸）部分称为台阶。

6) 法兰。在锻件上的台阶部分长度为直径的 0.25~0.5 倍，而直径至少为其邻接部分最大直径的 1.5 倍的部分，称为法兰。

7) 凹挡。锻件某一部分的直径（或非圆形锻件的截面尺寸）小于其邻接两部分直径（或尺寸）的部分，称为凹挡。

(2) 锻造工艺图举例。在锻造工艺图中，锻件的外形用粗实线表示，零件（粗、精加工）的外形用双点画线表示。锻件的基本尺寸与公差注在尺寸线的上面，零件图上要求的尺寸则注在尺寸线的下面括号内。台阶轴的锻造工艺图如图 1—27 所示。图中 1、2、3、4、5 分别表示锻造工艺图要考虑的几个要素，实际作图时不要将它们画在图样上。

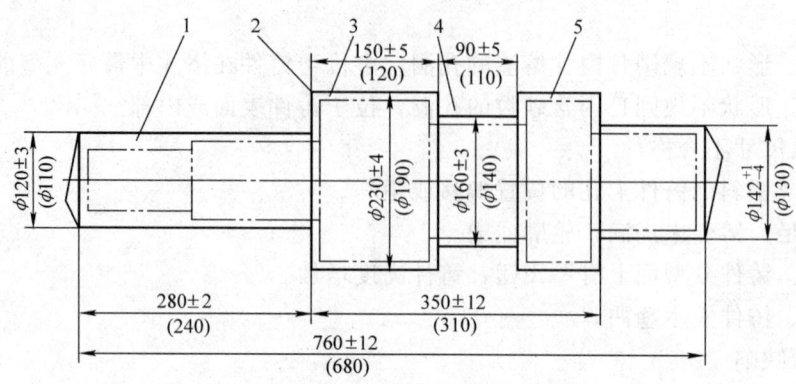

图 1—27 台阶轴的锻造工艺图
1—余块 2—台阶 3—机械加工余量 4—凹挡 5—法兰

以上为自由锻件的工艺图,如果绘制模锻件,还应考虑分模面的选择、模锻斜度和圆角半径等。

(3) 常见锻件缺陷

1) 凹坑。锻件表面有局部凹陷。

2) 未充满。原坯料尺寸偏小,致使锻模型腔不能充满。

3) 厚度超差。原坯料尺寸偏大致使锻不足,锻件高度超差。

4) 尺寸不足。锻件尺寸偏差小于负偏差。

5) 错移。锻件上下部分发生错移。

6) 压伤。锻件局部被压损伤。

7) 翘曲。锻件中心线和分模面有弯曲偏差。

8) 残余毛边。锻件分模面有残余毛刺。

9) 发裂。沿锻件轴向有细小长裂纹。

10) 端裂。坯料端部出现裂纹。

11) 夹杂。坯料断面上有耐火材料等杂质熔入。

3. 焊接毛坯准备

焊接是一种永久性连接金属材料的工艺方法。在机器中,如金属切削机床的床身、箱体、罩壳,桥式起重机的大梁、小车,鼓风机外壳、叶轮,工业炉窑外壳,锅炉与压力容器等都采用了焊接结构形式。所以,在设备修理时必然涉及焊接毛坯的准备。

金属在焊接过程中也会产生多种缺陷,主要缺陷有:

(1) 气孔。气孔是指在焊接过程中,熔池里溶解的气体凝固时未能逸出,残留在焊缝中形成的孔穴。

(2) 裂纹

1) 热裂纹。在熔池冷却至固相线附近的高温区所产生的裂纹称为热裂纹。

2) 冷裂纹。在接头冷却至较低温度下出现的裂纹称为冷裂纹。

(3) 夹渣。焊渣残留在焊缝中称为夹渣。

(4) 未焊透和未熔合

1) 未焊透。未焊透是指焊缝根部未完全熔透的现象。

2) 未熔合。未熔合是指焊缝金属与母材之间、多层焊时的各焊道之间未完全熔化结合的现象。

(5) 咬边。沿着焊趾的母材部位形成凹陷或沟槽的现象称为咬边。

(6) 烧穿。熔池内金属液自底部漏出形成穿孔的缺陷称为烧穿。

(7) 焊瘤。熔化金属液满溢到熔池外面形成的金属瘤称为焊瘤。

(8) 焊缝表面成形不良。主要表现为焊缝外形尺寸超过规定范围、高低宽窄不一、背面下凹,焊缝纵向弯曲等。

单元考核要点

考核类别	考核范围	考核点	重要程度
理论知识	劳动保护与作业环境准备	安全检查	★★★
		各配合工种的安全操作规程	★★
	技术准备知识	机械传动知识	★★★
		液压(气压)传动知识	★★★
		电气系统基础知识	★★
		零件的修复技术	★
		设备修理、安装工艺制定	★★★
	物料、工具准备知识	设备修理用量棒、研磨棒设计制作知识	★★★
		量具、量仪的使用	★★★
		修理用毛坯的准备	★
操作技能	生产现场的安全检查	机修作业的安全操作	★★★
		特殊环境作业的安全防护	★★★
		各配合工种作业的安全防护	★★★
	检验棒的设计制作	选定几何精度检验方法及所用测量工具	★★★
		设计检验棒	★★★
		制定检验棒工艺方案	★★★
	基本操作试题	高级工所应具备专业技能	★★★
		按时完成作业能力	★★★

单元测试题

一、单项选择题(下列每题的选项,只有1个是正确的,请将正确答案的代号填在横线空白处)

1. 安全检查是推动企业_____工作的重要方法。

   A. 安全管理　　　B. 劳动保护　　　C. 文明生产　　　D. 安全生产

2. 起重工起吊重物时，应先吊_____mm，检查无异常时再起吊。
   A. 200　　　　　B. 500　　　　　C. 100　　　　　D. 1 000
3. 检修蒸汽安全阀时，应先_____。
   A. 打开减压阀　B. 关闭进气阀　C. 打开放气阀　D. 打开旁通阀
4. 为了保证液压系统的压力稳定，应采用_____对压力进行控制。
   A. 溢流阀　　　B. 减压阀　　　C. 顺序阀　　　D. 定压阀
5. 金属喷涂修复钢制零件前，应将零件预热至_____℃。
   A. 60～80　　　B. 80～100　　 C. 100～120　　 D. 120～150
6. 经刷镀修复后的零件，要用_____冲洗镀层，相关部位做防锈处理。
   A. 碱性溶液　　B. 酸性溶液　　C. 自来水　　　D. 煤油
7. 量棒的精度要求是设计者根据_____要求计算确定的。
   A. 检验　　　　B. 使用　　　　C. 设备　　　　D. 工作
8. _____一般用于消除孔的局部形状误差。
   A. 长研磨棒　　B. 短研磨棒　　C. 可调研磨棒　D. 固定研磨棒
9. 制作灰铸铁毛坯时，要考虑_____的铸铁线收缩率。
   A. 0.3%～0.5%　B. 0.5%～0.7%　C. 0.7%～1%　　D. 1%～1.3%
10. 铸铁缺陷有气孔是指_____。
    A. 圆形或梨形的光滑孔洞　　　　B. 集中或细小分散的孔洞
    C. 内含熔渣的孔洞　　　　　　　D. 内含砂粒的孔洞

二、判断题（下列判断正确的请打"√"，错误的打"×"）

1. 连续的安全检查能够及时地发现问题，及时进行纠正，以防止发展成为严重的问题或事故。（　　）
2. 有压力的蒸气管道不能检修，修理时必须先关紧进气阀门，打开放气阀门，确认管路内没有压力后方可开始检修。（　　）
3. 金属喷涂是利用火焰、电弧等热源，将金属或非金属材料加热到熔融状态后焊接到工件表面的一种零件修复方法。（　　）
4. 经过修复的机械零件必须保持足够的强度和刚度，但其使用寿命和使用性能会受到一定的影响。（　　）
5. 量棒不能用于测量中心线与平面的平行度和垂直度。（　　）
6. 研磨棒按其结构形式，可以分为固定尺寸研磨棒和可调尺寸研磨棒。（　　）
7. 精密水准仪是采用平行玻璃板测微器进行读数的。（　　）
8. 光学平直仪可以用来检查金属切削机床床身导轨面在水平面和垂直面内的直线度误差。（　　）
9. 金属铸造时，浇注系统设置的优劣，对于阻止熔渣、砂粒进入型腔，并对铸件凝固的顺序起着调节作用。（　　）
10. 铸件开裂，裂纹表面呈氧化色称为热裂；裂纹表面发亮称为冷裂。（　　）

三、简答题

1. 试述经纬仪与平行光管组成的光学系统的工作原理。

2. 对机修专用工具设计原理有何评价要点？
3. 常见铸件缺陷有哪些？

四、技能题

1. 刷镀修复金属零件轴承孔

(1) 内容及操作要求

1) 正确进行刷镀表面预处理操作。
2) 工件刷镀面积及镀层厚度的计算及确定。
3) 工具和辅具准备及确定刷镀工艺参数。
4) 正确选用刷镀液及计算镀液的需要量。
5) 刷镀操作。
6) 镀层沉积厚度的确认。
7) 工件刷镀后处置。

(2) 准备工作

1) 材料准备。刷镀修复轴承座1件，材料为铸铁，内孔直径约为100 mm，表面粗糙度小于 $R_a6.3\ \mu m$，电净液 TGY—1，活化液 THY—2、THY—3，刷镀液 TDY101、TDY102，防锈涂液（防锈油），清洗用丙酮。

2) 设备、工具准备。自来水水源、专用刷镀电源 TDX—150、CY60×30 型石墨阳极、TDBⅠ(Ⅱ)型导电柄、TD 型套管、橡皮筋组成的刷镀笔、油石及金相砂纸、涤纶胶纸、100~150 mm 外径千分尺、50~160 mm 内径百分表、塑料杯、塑料盘、塑料挤压瓶、毛刷、钢丝刷、医用纱布。

(3) 考核时限

1) 基本时间。刷镀前准备时间 60 min，正式操作时间按刷镀层厚度进行计算确定，刷镀后处理时间 15 min。

2) 时间允差。每超出基本时间 10 min，从总分中扣除 1 分，不足 10 min 按 10 min 计，超过 40 min 终止考核。

(4) 评分项目及标准（见表 1—3）

表 1—3　　　　　　　刷镀修复金属零件轴承孔评分要素及评分标准

序号	评分要素	配分	评 分 标 准
1	正确进行刷镀表面预处理	15	未采用电净液 TGY—1 扣 3 分 未进行第一次自来水冲洗扣 3 分 未采用 THY—2 进行一次活化处理扣 3 分 未采用 THY—3 进行二次活化处理扣 3 分 未进行最后自来水冲洗干净扣 3 分
2	正确测量并计算工件刷镀表面积及镀层厚度	10	刷镀面积计算错误扣 5 分 刷镀厚度测量、计算错误扣 5 分
3	工具、辅具准备，确定刷镀工艺参数	14	正确准备刷镀工具、辅具，错误 1 项扣 1 分，总分 6 分 错误确定工艺参数 1 项扣 2 分，总分 8 分

续表

序号	评分要素	配分	评 分 标 准
4	正确选择刷镀液及计算刷镀液需要量	16	选用刷镀液错误1项扣4分,总分8分 计算刷镀液需要量1种错误扣4分,总分8分
5	刷镀操作	15	刷镀过程及操作方法应准确无误,否则无分
6	镀层沉积厚度的确认	20	刷镀层不均匀性每差0.01 mm扣2分,总分10分 刷镀厚度与计算厚度每差0.01 mm扣2分,总分10分
7	工件刷镀后处理	10	未用防锈水清洗扣5分 未涂防锈油扣5分

2. 检验棒的设计制作

万能外圆磨床几何精度"头架回转时主轴中心线的等高度"专用检验棒的设计与制作。

（1）内容及操作要求

1）选定几何精度检验方法及所用测量工具。

2）设计专用量棒。

3）正确制定量棒的制作工艺方案。

（2）准备工作

1）文件资料准备。M120W型万能外圆磨床说明书、图册、验收标准，量棒标准图册，机械设计手册。

2）设备、工具准备。M120W型万能外圆磨床1台，2 m钢卷尺、游标卡尺、300 mm钢直尺各一支，钳工常用工具一套。

（3）考核时限

1）基本时间。准备及熟悉设备、资料时间60 min，正式操作时间180 min。

2）时间允差。准备及熟悉设备统一开始、统一结束，正式操作每超出基本时间10 min，从总分中扣除1分，不足10 min按10 min计，超过40 min终止考核。

（4）评分项目及标准（见表1—4）

表1—4　　　　　　检验棒的设计制作评分要素及评分标准

序号	评分要素	配分	评 分 标 准
1	正确选择检验方法及测量工具	20	检验方法确定正确得10分,出现错误扣4分,出现原则性错误不得分 选择测量工具错误1项扣5分,总分10分
2	专用量棒设计	48	量棒外形设计总分8分,设计错误1项扣2分 量棒尺寸及公差标注总分8分,遗漏及标注错误1项扣2分 量棒形位公差标注总分8分,遗漏及标注错误1项扣2分 量棒表面粗糙度标注总分8分,遗漏及标注错误1项扣2分 量棒材料确定总分8分,选用不当扣4分,出现原则性错误不得分 选用热处理规范错误扣4分,出现原则性错误扣8分

续表

序号	评分要素	配分	评 分 标 准
3	正确制定量棒的制作工艺方案	32	正确确定工艺顺序得 8 分，错、漏 1 项扣 2 分，出现原则性错误 1 项扣 4 分 正确选用加工设备得 8 分，错、漏 1 项扣 2 分，原则性错误 1 项扣 4 分 加工余量分配合理得 8 分，错误 1 项扣 2 分 热处理工序安排合理得 8 分，错、漏 1 项扣 2 分，原则性错误 1 项扣 4 分

单元测试题答案

一、单项选择题
1. B 2. A 3. B 4. A 5. B 6. C 7. A 8. B 9. C 10. A

二、判断题
1. √ 2. √ 3. × 4. × 5. × 6. √ 7. √ 8. √ 9. √ 10. √

三、简答题（略）

四、技能题（略）

第 2 单元

作业实施

- 第一节　精密、大型机床设备的安装/51
- 第二节　设备的保养及故障排除/58
- 第三节　设备修理/91
- 第四节　精密零件制造/122

设备安装质量的好坏将直接影响其运行质量，所以选择正确的安装方法是很有必要的。

机器设备的维护保养是设备在使用过程中自身运动的客观要求。由于设备运动、磨损、内应力引起的物理和化学变化，必然使机器设备的技术状况不断变化，不可避免地出现干摩擦、零件松动、声响异常等现象。这些现象都是设备隐患，如果不及时处理，将会造成设备过早磨损，甚至造成事故。因此，只有做好设备的维护保养工作，及时检查和改善设备使用状况，才能保证其正常运转。

设备的修理是通过修复或更换磨损零件、调整精度、排除故障、恢复设备原有功能而进行的技术活动。设备修理要针对不同企业和不同设备、不同的生产条件采取不同的修理方式，同时还要根据不同修理范围、修理工作量，确定不同修理类别。

第一节 精密、大型机床设备的安装

培训目标

→ 能够进行大型、精密设备的安装、搬迁及对机械设备安装的场地、环境、条件进行选择和测定
→ 能够对恒温、恒湿的环境进行控制

一、精密、大型设备安装基础的要求

1. 用木屑吸干基础油腻并清理干净，去除表面松软部分直到出现坚硬、无油质的水泥层为止。放置设备调整垫铁部位应平整、清洁和坚硬。

2. 用热碱水刷洗基础表面并擦干，然后，重新浇灌符合规定要求的水泥浆。

3. 水泥浆处于半固态时，放置好调整垫铁，并使其表面与水泥基础表面完全接触，同时用水平尺1和检验平尺2找正调整垫铁3的上平面，如图2—1所示，应满足如下要求：

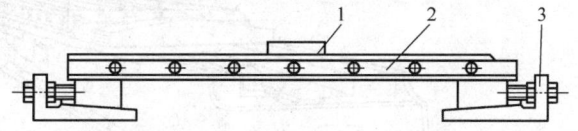

图2—1 调整垫铁的找正
1—水平尺 2—检验平尺 3—垫铁

调整垫铁纵向和横向水平度允差为0.2 mm/1 000 mm，两面相邻调整垫铁在同一平面内的允差为0.3 mm/1 000 mm。图2—2所示为修整前后的基础。

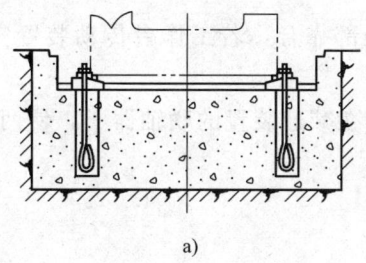
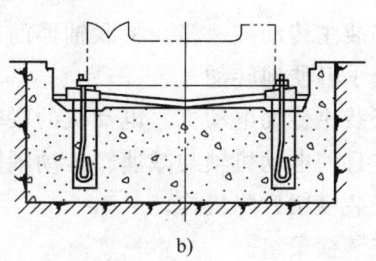

图2—2 修整前后的床身基础
a) 修前 b) 修后

二、精密、大型机床的安装

1. 龙门刨床的安装

龙门刨床具有龙门式框架，如图2—3所示，在横梁和立柱上共布置了4个刀架，每个刀架都可单独调整，能进行多刀切削。龙门刨床的工作台由液压驱动，切削平稳，机床刚度高，加工精度和表面质量都比较高，适于大型工件的加工。B210型龙门刨床的安装、调试按下列程序进行：

（1）准备安装机床的地基。机床的地基必须按图样施工，并预先留出地脚螺栓孔。

（2）安装及调整床身的工作精度。利用精密的水平仪及水平调整螺钉，在纵、横方向调整床身并做好记录。

（3）安装立柱及顶梁。正确地安装立柱并检验床身的位置。

（4）安装两侧刀架及平衡锤。保证侧刀架的托板能自由地作垂直移动，用起重机吊着环首螺钉提升平衡锤并小心地放入立柱中。

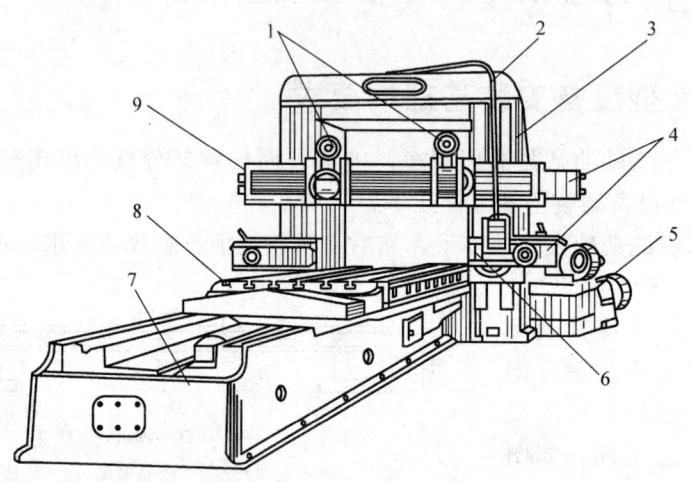

图 2—3 龙门刨床
1—立刀架 2—顶梁 3—立柱 4—进给箱 5—液压系统
6—侧刀架 7—床身 8—工作台 9—横梁

（5）安装主传动减速箱。将联轴器的接盘全部靠合，若工作台传动装置安装正确，其轴能够用手轻便地转动。

（6）安装主传动电动机。电动机的联轴器套在减速装置的联轴器上，使两个圆周间隙相等，并且使电动机轴与减速箱传动轴同心。

（7）安装横梁升降机构。

（8）安装横梁组。

（9）安装润滑床身导轨、传动机构的液压泵及全部润滑装置。在床身导轨上装两根检验棒，棒上放直尺，在刀架上固定千分表，当沿横梁导轨水平移动时，千分表的触针沿直尺滑行，在刨削宽度内允差为 0.03 mm。

（10）装配电气设备。必须按照机床原理图、装配图及电器说明进行装配。

（11）灌注水泥浆。上述的机床装配及主要检查都做完后，用水泥浆灌注床身及立柱的地脚螺栓孔。必须注意均匀地灌注水泥浆，经过 5～7 天，待水泥硬化后，拧紧地脚螺母，在拧紧地脚螺母时必须保持机床所调整的精度不变。

（12）开动机床，安装工作台。开动机床前必须按要求向各部位注油，了解各操纵手轮及手柄的用途之后，以手动检查各机构的工作情况。必须用手转动机床主传动电动机轴，如果该轴能自由转动则可开动主传动电动机。检查工作台传动机构工作及导轨的润滑情况。必须试验主传动电动机是否能换向旋转，并检查各机构的工作情况，如全部机构工作很好，就可安装工作台。机床装配完毕后，机床的安装精度允差及各部位相互位置的允差，均不得超过机床精度试验记录中所规定的数值。然后开动机床，机床工作30～40 min 后，检验床身、油槽中的油量，油量不足时必须增添到位。

机床最后检验完毕，可将工作台刨去一层。

2. 桥式起重机的安装、调试

在现代工业企业中，起重机是用来从事起重和搬运工作的机械。桥式起重机如图2—4所示，是实现生产过程机械化和自动化、减轻工人劳动强度、提高生产效率的重要设备。桥式起重机的安装、调试须按下列程序进行：

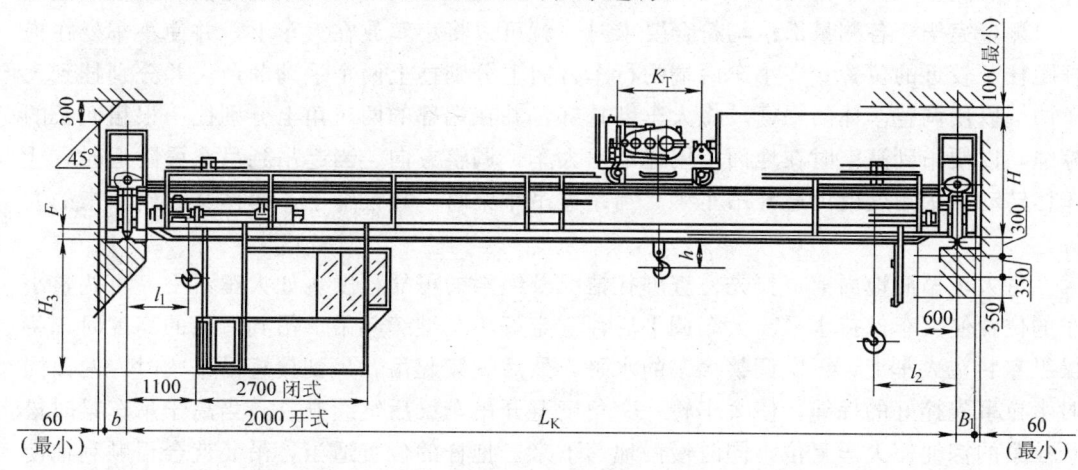

图 2—4　5～10 t 通用桥式起重机外形图

（1）安装前的准备工作。桥式起重机是分成几大件运来的，可以分件吊装，也可以整体吊装。有条件采用整体吊装时，应尽量采用整体吊装。

1）按照随机所带的装箱单清点零部件数量和所带文件。根据外观检查的结果，对照安装架设附加图和有关技术文件中的技术要求，认真研究安装方案和安装架设的具体程序，做好清洗、组装准备工作。

2）穿滑轮，立抱杆，安置卷扬机。抱杆应立在靠近车间大门、距车间纵向中心轴线 1～1.5 m 处，以便缩短运输距离、留有桥身运输组装回旋余地和整体吊装时使大车保持水平。卷扬机应放置于适合运输和起吊的位置。

3）桥式起重机的搬运。对于大梁之类的大型件，目前施工现场多用排子垫上滚杠，用卷扬机拖拉的办法搬运。可将大车的左、右两扇按顺序和方向分别运到抱杆的两侧，放在事先铺好的临时轨道上准备组装，临时轨道一般位于吊车梁的下面。小车应运到抱杆距柱子较近且靠近抱杆处的大梁旁边，以便大车组装好后，把小车吊起来放在大车上。端梁分别运至大梁两端进行组对。

4）轨道制作主要是轨道调直和接头，调直后对轨道进行编号。两条轨道上从端部或伸缩缝处算起，轨道接头至少要错开 500 mm，以使运转平稳。

5）吊车梁放线及检查。检查吊车梁的相对标高、预留孔的情况、水平度的偏差等，

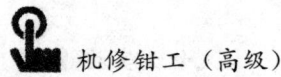

并弹出中心线以作为轨道安装的基准。

(2) 桥式起重机与轨道的安装

1) 轨道的安装。在吊车梁所弹的中心线上铺好橡胶垫,将轨道放在垫上并用鱼尾板将轨道连成一体,大致调成一条直线后用压板、螺栓将轨道与吊车梁连接起来,并校正轨道的水平度和直线度。两条轨道都安装好之后应检查两轨间的距离,轨距允差不应超过±5 mm。

2) 车体的组装及起吊。大梁运到临时轨道上后,将大梁与端梁连接处的钢板端部调平,螺栓孔对正后穿上螺栓并拧紧螺母,测量大车的对角线长度差不超过5 mm。此外,还要测量大、小车相对两轮中心距及大车上的小车轨距,并按规定测量其他数值。

测量完毕,各测量部位均符合要求时,就可以将小车放在大车上,并使小车处在抱杆距柱子较近的位置。在小车两端的行车方向上分别挂上两个手动葫芦,并分别挂到大车两端以便调整车体的平衡。将大车绑扎好,并在端部的两对角上分别拴一根粗而长的棕绳,以便吊到高空时在地面上用绳牵引大车,调整方向。当起吊到吊车梁附近时,让车体转动一个角度就可避开吊车梁。当超过吊车梁时,放松绳子,车体又回到原来的方位。

将大车吊离地面前,要先检查绑扎情况及绳索的可靠程度。如大车不平,可调整小车的位置使大车保持水平。大车调平后,固定好小车继续起吊。吊到适当的高度时,将操纵室装在大车上,再次调整大车的水平,然后继续起吊。吊到接近吊车梁时,两面同时牵拉事先拴好的棕绳,使大车转一个角度避开吊车梁后继续升高,当高于吊车梁时松开拉紧的棕绳使大车复位,同时慢慢地落下来。抱杆的位置适当,吊装就会很顺利地使大车准确落在轨道上,否则就需要用松紧拖拉绳使抱杆偏斜的方法让大车的轮子落在正确位置上。

3) 安全装置的安装。为保证起重设备能够安全运行,在起重机的起升和运行机构中设有限位开关以及过载和零位等安全保护措施。为配合起重设备的需要,使用单位必须设有终点挡架、起重机安全尺和安全挡块等装置。

(3) 试运转。起重机吊装好以后要进行试运转,目的在于检查设备本身在设计、制造中以及安装后的质量情况。试运转分无负荷、静负荷和动负荷3个阶段。在试运转过程中还要检查主梁和端梁的连接质量,吊钩钢丝绳在轮毂绳槽中的位置是否正确,以及制动器工作时的可靠性。

3. 铸铁冲天炉的安装

铸铁冲天炉如图2—5所示。铸铁是广泛应用的铸造合金,它的铸造性能好,主要是用冲天炉熔炼的。

Q12t/h二次送风外水套水冷冲天炉是焊接而成的,焊脚高度不能小于焊件的最小厚度。其安装必须按下列程序进行:

(1) 安装柱子和底座框架时,要测量柱子上平面的水平度和与柱子中心线的垂直度,并调整底座与冲天炉安装中心线的同轴度。

(2) 地脚螺栓处应按土建基础图样要求浇灌混凝土。

(3) 底座、炉底和外壳下部安装时,应对各连接面的水平度、与冲天炉中心线的垂直度和有关定位尺寸进行测量调整。现场焊接时，应对称均匀地焊接，以防变形。

（4）冲天炉进风方式改进两次，由原切线进风改为上部两侧进风。其风箱与风管部分的连接，仍在安装现场进行配焊。

（5）分水装置的进水、排水管可以分件制造，现场进行配接。

（6）金属槽（即出铁槽）、出渣槽和挡渣板可以分件制造，现场配接安装，各台冲天炉的挡渣板根据现场情况分别安装固定。

（7）冲天炉的外壳中部结构有两种，安装时应根据加料中心线的不同角度进行配装。

（8）一次风箱和二次风箱均应和现场C362型风量风压自动控制仪连接，以显示控制风量风压，也可在两处风箱上配接风压表。

（9）炉体外表面刷银灰色耐热漆。

三、恒温及恒湿环境控制

1. 恒温及恒湿环境控制的要求

（1）恒温与恒湿。室内空气通过制冷系统的蒸发器进行降温、降湿，空气中的含湿量就失去了一部分（凝结在蒸发器上）。降温处理后的空气再通过电加热器升温，直至达到恒定的干球温度和湿球温度，从而达到恒温、恒湿的效果。

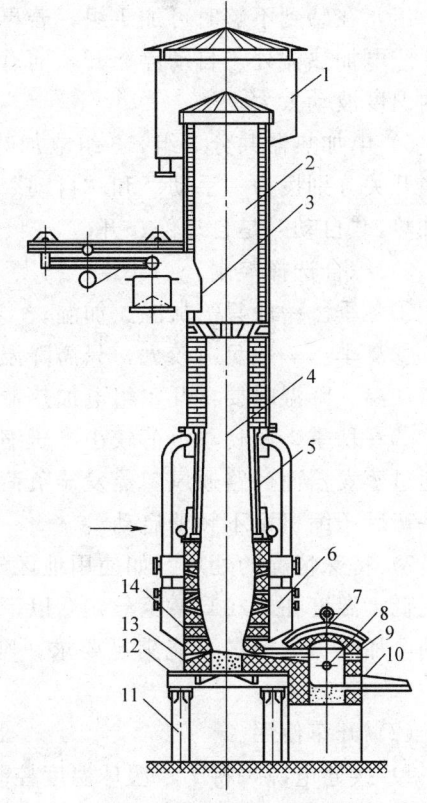

图2—5　冲天炉结构简图
1—除尘器　2—烟囱　3—加料口　4—炉身
5—炉胆　6—风箱　7—过桥　8—出渣口
9—前炉　10—出铁口　11—支柱　12—炉底板
13—炉底门　14—风口

（2）恒温与恒湿环境控制的要求。试验室、计量室、生产车间及恒温恒湿的贮藏室等，需要建立具有特定的恒定温度与相对湿度条件的人工气候室。温度范围在20~25℃，控制精度最大误差为±1℃；相对湿度为50%~70%，控制精度最大误差为±10%。

2. 主要控制方法

SH—30B型恒温恒湿设备的使用与调节方法如下：

（1）开车前的准备工作

1）使用前应先根据空调室内所需的干球温度和相对湿度，在空气温度图上查取湿球温度或直接查表。

2）分别调节干、湿球控制器的接触点温度于相对干、湿球温度之上。

3）根据季节和室内热、湿负荷的变化，选择"压缩机""加热""加湿"各控制转换开关的工作位置。

4）电加热器选用的一般原则是：电加热器一年四季都可能用到，在有降温、降湿要求时，因为压缩机不但因室内干球温度过高而运转，很大部分是由于降湿而运转，因此干球温度会低于要求而需要加热。如用1组电加热器能维持室内的干球温度,则尽量用1组,在感到不够时可加1组,若再不足时可将3组电加热器都用上。但此时尽量只使1组电加热器处于自动停、开,而有1组或2组电加热器做固定加热用,这样可避免室内温度波动太大。

5)电加热器共分3组,3组电加热器由控制箱分别用3个转换开关控制,这3个转换开关分别拨为"手动"和"自动"位置,可根据环境气候自由选择,"手动"是固定加热,"自动"是自动停、开。

6)综合选择控制。

①冬季。一般只需加温、加湿。

②夏季。一般负荷较大,只需降温、降湿,压缩机可以开1台或2台,当雨天、阴天需加温、降湿时要再开1组电加热器。

③春秋季。春秋季负荷较小,压缩机只开1台,将二次回风叶打开,使一部分回风不通过蒸发器而旁路通风。蒸发器负荷小,节约能源,春秋季也可开1组电加热器,冷热平衡后压缩机可不频繁启动。

7)特殊情况的处理。如使用地区气候特殊,则需特殊处理。例如,有些地区冬季气温低,温度在-20℃甚至-40℃以下时,若使用场所无采暖设备,由于设备原来所采用的电加热器的容量不能满足要求,则使用单位需自行适当增加电加热器于通风管路中。

(2)开车使用

1)接通电源,将干、湿球温度控制器调节到要求的位置。

2)当必须使用压缩机或电加热器时,应先开通冷却水进水阀门等。

3)按要求将控制转换开关拨至所需要的工作位置,设备就能按要求的干、湿球温度而自动工作。

四、设备的安装环境

1. 高处

凡在坠落高度基准面2 m以上(含2 m)有可能坠落的高处进行的作业,均称为高处作业。

高处作业分为4个级别,2~5 m为一级高处作业,5~15 m为二级高处作业,15~30 m为三级高处作业,30 m以上为特级高处作业。高处作业还可分为一般高处作业和特殊高处作业两类。特殊高处作业又可分为强风、异温、雪天、雨天、夜间、带电、悬空、抢救高处作业8种。一般高处作业是指特殊高处作业以外的高处作业。

高处作业时要系好安全带,戴好安全帽,正确使用个人防护用品,不准投掷工具和材料。接近高压线或裸导线排,或距离低压线少于2.5 m时,必须停电并在电闸上挂"有人工作,严禁合闸"的警告牌。登高梯子要符合安全要求,梯脚要防滑,上下端要放置牢靠,与地面夹角不应大于60°。脚手板单人行道宽度不得小于0.6 m,上下坡度不得大于1∶3,板面要钉防滑条和安装防护栏杆。板材要经过检查,保证强度足够。使用安全网要张挺,注意质量。

2. 水下或潮湿

进入水下或潮湿环境工作的危险性更大，如水下焊割时要查明工件的性质和结构特点，查明作业区的水文、气象特点及周围环境。水面风力超过6级、作业区的水流速度超过0.1 m/s时，禁止水下焊割作业。潜水焊割不能悬浮在水中作业，可事先安装操作平台，或在构件上选择一个安全的位置作为工作平台。潜水焊割工与水面支持人员之间要有通信装置，在焊割前向支持人员报告一切准备工作就绪，确保安全并取得允许后才能作业。同时对所有的使用器具进行严格检查，焊割炬要进行绝缘性、水的密封性和工艺性能检查。氧气管要用1.5倍工作压力的蒸汽或热水清洗，胶管内外不得黏附油脂。气管与电缆每隔0.5 m捆扎牢固，特别是入水后要整理好供气管、电缆、设备、工具和信号绳等，使其处于安全位置。在任何情况下都不允许让熔渣溅落在潜水用具上，损坏这些装备工具。

3. 高温

在工业生产中，常遇到高温（38℃以上）、高温伴强辐射热，以及高温伴有高湿的异常气象条件，在这种环境下所从事的工作都是高温作业。如炼钢、炼铁、轧钢、有色金属冶炼，机械制造工业的铸造浇注、热处理，玻璃、耐火材料，各种锅炉房等。在炎热的夏季，特别是在南方，露天作业（如建筑、搬运等）会受到高温和太阳辐射的影响，容易引起中暑。

改善高温作业劳动条件，对保护劳动者的健康、促进生产发展具有重要意义。高温作业按夏季室外通风设计计算温度可分为两类，每类按劳动时间和室内外温差又可分为4级，高温作业分级标准是劳动保护工作的管理标准。

4. 粉尘或有害、有毒物

有毒物是指进入人体血液后能导致疾病或死亡的一切物质。在工业生产过程中，有毒物常以固体、液体、气体形态存在于作业环境之中。

（1）气体。常温、常压下呈气态的物质，如氯、氨、一氧化碳、二氧化硫等。

（2）蒸气。由固体升华或液体蒸发时形成，如碘蒸气、苯蒸气、水银蒸气和丙酮蒸气等。

（3）雾。混悬于空气中的液体微粒，如硫酸、铬酸、氰化物和盐酸雾等。

（4）烟。直径小于0.1 μm的悬浮于空气中的固体微粒，如熔融金属的汽化物，燃料及有机物的不完全燃烧时产生的氧化锌、氯化铵、氧化铜等烟尘，电焊时产生的金属烟尘等。

5. 低温

冷处理的常用温度为-80～-60℃，特殊情况下冷处理温度甚至达-120℃。冷处理主要设备有两类：一类是机械式冷冻机，温度一般可达-80～-60℃，用氨制冷时要防止管路泄漏，否则其刺激性气味将污染工作环境，机房内禁止抽烟，以免引起燃烧和爆炸；另一类为绝热箱，直接用冷却剂汽化来获得低温。用干冰（固体二氧化碳）汽化时可获得-75～-65℃的低温，用液态空气蒸发可获得的低温为-183℃。冷处理时首先应将工件仔细清洗和去油，再进行烘干，因为油和水有可能与冷却剂（特别是液氧）发生激烈的化学反应，甚至引起爆炸。搬运或倾倒冷却剂时不能用手接触，要穿戴好防护用品，防止冷却剂溅出对皮肤造成伤害（其症状与烫伤一样）。使用绝热箱时严格遵守绝热箱冷处理操作规程，防止事故发生。

6. 噪声

声音是由物体的振动而产生的，不论是什么状态的物体在周期性位置变化时都可以发声，振动的固体、液体或气体称为声源。一般工厂发声的机械设备都称为噪声源。下列范围内的噪声不会对人体造成危害：频率小于 300 Hz 的低频噪声，允许强度为 90～100 dB（A）；频率在 300～800 Hz 的中频噪声，允许强度为 85～90 dB（A）；频率大于 800 Hz 的高频噪声，允许强度为 75～85 dB（A）。噪声超过上述范围将对人体造成伤害。这表明噪声对人体危害程度与频率及强度有关，噪声频率越高，强度越大，对人体造成的危害也越大。

在很强的噪声中工作或常在噪声环境中工作，会引起听觉障碍，甚至耳聋。此外，噪声对中枢神经系统和血管系统也有不良影响，能引起血压升高、心跳过速，使人厌倦烦躁等。

第二节 设备的保养及故障排除

→ 能够判断精密、大型、复杂设备运行中的常见故障并加以排除
→ 能够进行设备二级保养，掌握典型液压系统的维修方法

一、精密、大型复杂设备运行中的常见机械故障及排除方法

1. 万能外圆磨床运行中的常见机械故障及排除方法

(1) 磨削工件表面有螺旋线。主要原因是砂轮圆周面上有凹凸现象，使磨削过程中砂轮与工件表面仅部分接触。产生原因及排除方法为：

1) 砂轮修整不良或修整砂轮后未倒边角。此时可调整工作台在移动速度为 20～40 mm/min 的状态下重新修整砂轮，修后用白刚玉油石倒角。

2) 由于床身导轨面局部磨损或机床安装时床身导轨直线度调整不好，致使修整后砂轮的外圆表面微呈圆锥状。此时可将工作台拆去，对床身导轨的直线度重新进行调整或修复。

(2) 工件表面有直波纹（多角形）。主要原因是砂轮架相对于工件头架—尾座系统有周期性振动存在。产生原因及排除方法为：

1) 砂轮主轴与轴承之间的间隙过大，使主轴旋转时在轴承中漂移量增加，砂轮主轴与轴承系统的刚度降低。此时可让砂轮主轴先空运转，直至达到机床说明书要求的工作温度后再进行磨削加工，或调整砂轮主轴与轴承间的间隙至 0.005～0.008 mm（热间隙）。

2) 砂轮法兰盘锥孔与砂轮主轴外锥面配合接触不良，磨削时受径向切削力的作用导致砂轮产生径向圆跳动。此时可以砂轮主轴外锥面为基准，用刮刀修刮法兰盘锥孔，使其接触面积达到80%以上。

3) 砂轮静平衡精度不高，致使砂轮旋转相对工件的振幅增加。此时要求操作人员重新从机床上拆下砂轮进行平衡。

4) 砂轮头架电动机旋转时振动过大。此时应先检查 V 带是否长短不一，或新旧 V 带混装，如有这些情况，应更换长短一致的新 V 带。将电动机转子连同 V 带带轮一起进行动平衡，使不平衡量引起的砂轮头架振动幅度不大于 0.003 mm。电动机与砂轮头架之间应采用减振材料如橡胶板、木板或海绵泡沫板衬垫隔振。

(3) 磨削工件圆周是鼓形或鞍形。主要原因是机床安装水平发生变化，此时可以重新调整床身导轨在水平面内及垂直面内的直线度精度，使之达到机床安装要求。

(4) 磨削工件圆度超差。产生原因及排除方法为：

1) 工件主轴锥孔及尾座套筒锥孔与前后顶尖锥柄接触不良，导致磨削加工时在切削力的作用下工件产生晃动。此时可检查上述接触处是否有毛刺，如发现毛刺可用刮刀修去。

2) 前后顶尖的工作部分局部磨损。此时可修磨顶尖，有条件的可采用硬质合金顶尖。

(5) 内圆磨削时工件内孔表面呈多角形。产生原因及排除方法为：

1) 工件主轴轴承间隙过大或三爪自定心卡盘法兰座在工件主轴上配合松动。此时可检查工件主轴轴承间隙，并调整至要求。重新紧固工件主轴上的三爪自定心卡盘法兰座及卡盘的连接。

2) 如发现工件在卡盘内松动或卡不紧时，应检查卡盘的卡爪口是否磨损，若发现磨损可修磨卡爪口，或用紫铜箔垫入卡爪口后再夹紧工件。

(6) 磨削工件内孔表面有鱼鳞纹。产生原因及排除方法为：

1) 内圆磨具砂轮接长轴的径向圆跳动量太大。此时应检查内圆磨具主轴锥孔的径向圆跳动，如超差，可用锥度研磨棒重新修研主轴锥孔。砂轮接长轴锥度上的螺纹配合间隙要大一些，使螺纹拧紧时对锥面同轴度干扰减小。砂轮接长轴与内圆磨具连接后径向圆跳动量不得大于 0.01 mm。

2) 如发现内圆磨具轴承有间隙，可将内圆磨具轴承按预加载荷要求重新配磨隔垫。

(7) 磨削工件内孔圆度超差。产生原因及排除方法为：

1) 工件主轴轴承的间隙过大。此时应重新调整主轴轴承的间隙。

2) 工件主轴轴颈的圆度超差。此时可重新修磨工件主轴轴颈至图样上规定的要求，刮（或配研）轴承配合孔并调整主轴与轴承的配合间隙。

(8) 操作砂轮架快速进退手柄时，砂轮架不动作或误动作。产生原因及排除方法为：

1) 若是控制砂轮架进退的交流电磁铁失灵（如线圈烧毁、接触点脱焊、电磁铁铁心与滑阀不同轴等），可更换交流电磁铁及调整电磁铁铁心与滑阀的同轴度等。

2) 若是控制行程的凸轮过渡曲线局部磨损，致使误动作，可将凸轮过渡曲线修整成圆弧形。

2. 龙门刨床运行中的常见机械故障及排除方法

(1) 床身导轨严重磨损或拉毛。产生原因及排除方法为：

1) 由于地基刚度不足或机床一个侧面置于日光直接照射下，造成床身导轨变形，使局部导轨单位面积上的载荷过重，致使导轨面严重磨损或拉毛。此时可重新调整床身基础水平，必要时可在合适位置重新安装。

2) 机床长期加工短工件或承受过分集中的载荷，使床身导轨局部磨损严重。此时可要求操作人员在工作台面上均匀安排短工件加工和集中载荷的工件加工，使导轨各部分的磨损量基本上趋于均匀一致。

3) 润滑油不清洁或润滑油路堵塞。检查润滑油的质量及保持润滑系统的油路畅通。

4) 机床维护不良，导轨面上落入切屑或脏物，致使导轨面研伤。要求操作人员经常维护导轨，清除脏物，有条件时可对导轨面加装防护罩。

(2) 工作台运动不稳定。产生原因及排除方法为：

1) 龙门刨床润滑工作台的油管集中在床身导轨中部，当润滑油压力超过工作台的重量时，就会将工作台面顶起，从而使工作台在床身导轨上移动时，出现起伏不稳状态。此时可用钢丝疏通工作台导轨的回油孔。如工作台无回油孔，可用手电钻在工作台导轨的两个端面上加钻4个回油孔（每个端面相对于导轨面各钻一个回油孔），与工作台导轨的油槽接通。这样，当润滑油的压力过大时，润滑油就可以从导轨两端的回油孔排出，不致因润滑油压力过大而造成工作台运动不稳定的状况。

2) 工作台下面的齿条与齿轮箱的斜齿轮啮合时接触不良，或两块齿条板间接头处齿距不符合规定的要求。此时可用涂色法检查齿条与斜齿轮的啮合接触区，并用压铅法检查齿轮齿条的啮合间隙。

①发现接触不良时，可适当扭动齿轮箱的位置，直至达到最佳接触后，重新铰两圆锥销孔，用定位销固定。

②用齿轮箱与机床之间的两块调整垫板的厚薄量的变动来调整齿条和齿轮的啮合间隙，直至达到要求。

(3) 横梁分别在上、中、下位置时，与工作台上平面的平行度超差。产生原因及排除方法为：

1) 横梁夹紧装置与立柱夹紧面接触不良，由于横梁夹紧时受力分布不均匀，致使横梁移动时，其平行度发生变化。此时可检查夹紧装置与立柱表面的接触情况，并修刮横梁夹紧装置工作面，直至接触良好。

2) 由于两根横梁升降丝杠的磨损量不一致，或在相同的高度上丝杠螺距累积误差值正好方向相反，从而造成平行度超差。此时可检查升降丝杠磨损量，当发现丝杠磨损量过大时，可更换新丝杠，或将两根丝杠在同一台机床上采用相同的固定方式精车修正螺纹两侧面，并按修正车削量重新配作新螺母。

(4) 两段拼装的床身在接缝处有较严重的渗油现象。产生原因及排除方法为：将床身两段解体，在结合面涂密封胶后重新连接紧固，在密封胶尚未固化前，找正床身导轨的直线度精度。

(5) 精刨工件的表面粗糙度超差。产生原因及排除方法为：

1) 刨刀刀座与刀夹间的配合间隙过大,在刨削时,刨刀产生振动,从而加大了刨削工件的表面粗糙度值。此时可采用镶板的方法,加厚刀夹侧面尺寸,使之与刀座的配合间隙小于 0.015 mm。

2) 刀座与刀夹连接的圆锥销配合间隙过大,刨削加工时刨刀受到切削力的作用产生位置的变化,从而影响刨削工件的表面粗糙度。此时可以重铰锥销孔,或更换直径较大的圆锥销。

3. 滚齿机运行中的常见机械故障及排除方法

(1) 滚齿机刀架滑板升降时爬行。产生原因及排除方法为:

1) 油管阻塞,油质过脏,油压不稳。这时应检修溢流阀,冲洗油管,压力调整至 1.2~1.5 MPa。

2) 传动零件精度差,轴向窜动大。此时应检查丝杠、螺母等传动零件的精度,更换精度超差的零件。

3) 交换齿轮的啮合间隙过大。此时应重新调整齿轮啮合间隙,使一张描图纸刚好能从齿轮啮合处通过,且压痕均匀,再紧固好交换齿轮,不得松动。

4) 应仔细检查刀架立柱滑动导轨面与刀架滑板间是否有研伤,如发现研伤,则在研伤处进行刮研,并保持原有的精度。

5) 发现电动机 V 带过松时,应重新调紧 V 带,或更换新 V 带。

(2) 滚齿机刀架立柱齿轮"卡死"。产生原因及排除方法为:

1) 若齿轮装配时啮合间隙过小,应适当加大间隙。

2) 检查齿轮轴的轴向推力和弧齿圆锥齿轮旋向是否一致,因旋向不一致时会使轴向推力方向相反,若发现不一致时应立即进行调换。

(3) 滚齿机工作时噪声、振动过大。产生原因及排除方法为:

1) 主传动部分的齿轮、轴承精度过低,应更换轴承,配研或更换齿轮,调整好齿轮(特别是交换齿轮)的啮合间隙。

2) 检查机床基础及机床安装情况,若机床安装地基不稳固,则应重做基础后,再次安装机床,调整机床水平。

3) 切削用量选用不当,应根据加工工艺规范,合理选择切削用量。

(4) 工件齿距累积误差超差

1) 齿圈径向圆跳动超差,产生原因及排除方法为:

①当用顶尖装夹工件定位时,由于顶尖与工作台旋转中心不同心,致使齿圈产生径向圆跳动。此时应以工作台旋转中心为基准,重新安装、找正顶尖。

②加工齿轮轴工件采用中心孔定位时,由于顶尖或中心孔制造精度低,致使工件定位不稳定,产生偏心。此时可提高顶尖及中心孔的制造精度,装夹时注意保护中心孔。

2) 公法线长度变动量超差,产生原因及排除方法为:

①机床分度蜗杆副精度低或蜗轮安装误差造成加工工件运动偏心。此时可用研磨法修复分度蜗杆副的制造精度,消除蜗轮装配误差。

②机床工作台定心圆锥形导轨副的间隙过大,造成工作台运动中心漂移。此时可适度修刮工作台环形导轨面,以减小工作台圆锥形导轨副的配合间隙。

③工作台下压板间隙过大,造成工作台运动中心漂移。此时可修磨压板,减小间隙。

④刀具主轴在轴承中轴向窜动过大,或轴承损坏。此时可修整立轴轴向定位精度,换新轴承。

(5) 齿形误差超差

1) 齿轮两侧的齿形,一侧外凸于标准渐开线,另一侧内凹于标准渐开线,这是由于滚刀安装时没有对准工件回转中心,造成滚刀左右齿廓的实际压力角不等,压力角大的一侧齿形内凹于标准渐开线,压力角小的一侧齿形外凸于标准渐开线,使整个齿形呈不对称分布。此时移动或转动滚刀,改变滚刀相对于工件的位置,即可消除不对称分布。

2) 齿形母线凹凸不平,产生原因及排除方法为:

①刀具主轴轴向窜动超差。此时可调整刀具主轴的轴向间隙,减小窜动量。

②分度蜗杆轴向窜动超差。此时可调整蜗杆的轴向间隙,减小轴向窜动量。

③齿形一侧的齿顶部分多切,另一侧的齿根部分多切,这是由于滚刀刀杆轴向窜动或是滚刀端面与内孔的垂直度精度超差,滚刀夹持时产生歪斜。此时可重新找正滚刀位置,调整滚刀刀杆间隙,防止刀杆轴向窜动。

(6) 基节超差。产生原因及排除方法为:

1) 齿坯安装偏心。此时可重新找正齿坯,使之与工作台旋转中心同心。

2) 滚刀架回转角度不够准确。此时可重新调整滚刀架回转角度。

3) 工件齿形渐开线符合要求,但由于滚齿机分度蜗轮的齿距误差大,造成基节超差。此时可修复或更换新的分度蜗轮。

(7) 齿向误差超差。产生原因及排除方法为:

1) 由于滚刀架在立柱导轨上移动的方向与工件轴线不平行,或是工件上、下顶尖中心连线相对机床工作台旋转中心线有一个夹角。此时可在上、下顶尖间顶紧一圆柱形量棒,实际测量误差值,调整上、下顶尖位置,进行修复消除。

2) 夹具制造、安装精度低。此时可重新制造精度较高的夹具或重新调整夹具。

3) 加工斜齿圆柱齿轮时,差动交换齿轮计算误差过大。此时可重新计算差动交换齿轮,修正误差。

(8) 加工齿面的表面粗糙度值超差

1) 齿面有裂纹,产生原因及排除方法为:

①齿坯材料硬度不均匀。此时可检查齿坯的硬度,要求硬度均匀一致。

②当发现滚刀磨钝时,可将滚刀轴向移位或重磨滚刀。

③切削用量选择不当,切削液的冷却效果不佳。此时可请一位有经验的操作人员重新试切。

2) 齿面有啃齿痕,产生原因及排除方法为:

①由于垂直丝杠上端的液压油缸中液压油的压力调得过低,致使刀架垂直移动时产生爬行,将齿面啃出一块块斑痕。此时可按机床说明书要求重新调高液压油的压力。

②由于液压系统清洁度不高,脏物将溢流阀卡死,导致液压油的压力不稳定,致使

滚刀架垂直移动爬行造成啃齿。此时应清洗油路。

③滚刀架与立柱导轨间的斜铁调整得过松或过紧，导致滚刀架移动时产生爬行。此时可重新调整斜铁与立柱导轨间的间隙，要求 0.04 mm 塞尺插入深度不得大于 20 mm。

④刀具主轴上的两个轴承磨损，造成滚刀轴轴向窜动过大。此时应更换新轴承。

⑤分度蜗杆副的啮合侧隙未调整好。此时应修磨蜗杆座的垫板，重新调整侧隙。

3) 齿面出现平行于齿轮轴线的波纹（纵波纹），产生原因及排除方法为：

①滚刀在刀轴上安装时径向全跳动量过大。此时可重新装刀。

②滚刀心轴尾部锥套支承不好或间隙过大。此时可重新校正支承或重新调整间隙。

③滚刀或工件齿坯夹持不牢。此时可重新紧固滚刀及齿坯。

4) 齿面出现横波纹，产生原因及排除方法为：

①滚刀架与立柱导轨间斜铁间隙过小。此时可重新调整斜铁间隙。

②滚刀架垂直进给丝杠轴线与立柱导轨不平行。此时可重新以立柱导轨面为基准，找正垂直进给丝杠的安装位置。

③工作台圆锥形导轨面与床身锥孔配合过紧，致使工作台旋转阻力太大。此时可适度修刮工作台圆锥形导轨面，加大间隙。

④滚刀架垂直进给丝杠及分度蜗杆的轴承严重磨损，造成进给量不均匀。此时必须更换轴承。

5) 齿面出现斜波纹，产生原因及排除方法为：

①滚齿机的差动装置装配精度低或内部松动。此时可将差动装置从机床中拆下，重新进行修理装配。

②当加工齿数少、模数大、螺旋角大的工件或使用齿数较少的滚刀时，应当选用合适的切削方法（包括切削用量和冷却方式）。

6) 齿面出现鱼鳞斑，产生原因及排除方法是：

①如发现工件材料硬度偏高，可测定工件表面硬度，或采用硬质合金滚刀代替高速钢滚刀实现滚切加工。

②如发现滚刀磨钝，应及时重磨滚刀。

③如发现冷却效果不佳，可加大切削液对工件的冲刷，或选用效果较好的切削液。

二、机床液压系统的修理与故障排除

1. 液压基本回路故障的排除

液压回路中，常见的基本回路有压力控制回路、方向控制回路、调速回路、快速运动回路、速度换接回路和多液压缸间配合的工作回路。这些回路在工作中常出现的故障及排除方法如下所述。

（1）压力控制回路的故障分析与排除。压力控制回路，是利用压力控制阀来控制系统压力的回路。它可用来实现稳压、减压、增压和多级调压控制，以满足执行元件在力和转矩上的需求。

1) 调压回路。调压回路可以控制整个系统或某局部的压力，使其与载荷相适应，节省能源，减少油液发热。定量泵通过溢流阀调节供油压力，变量泵用溢流阀限定系统的最高工作压力，系统中有两种或两种以上工作压力时，采用多级调压回路。调压回路易出现的故障与排除方法有：

①二级调压回路中的压力冲击。在图2—6a中，当1YA不通电，系统压力由溢流阀2调节，1YA通电，由溢流阀3调节，回路由电磁阀4切换，压力由p_1切换到p_2时（$p_1 > p_2$），因电磁阀4与溢流阀3间的油路内切换前没有压力，电磁阀4切换（1YA通电）时，溢流阀2遥控口处的瞬时压力由p_1下降到几乎为零后再回升到p_2，系统产生较大的压力冲击。排除方法：将电磁阀4接在溢流阀3的出油口处（即图2—6b中电磁阀4'）。这样，从溢流阀2遥控口到电磁阀4'的油路里经常充满压力油，电磁阀4'切换时系统压力便不会产生过大的冲击。

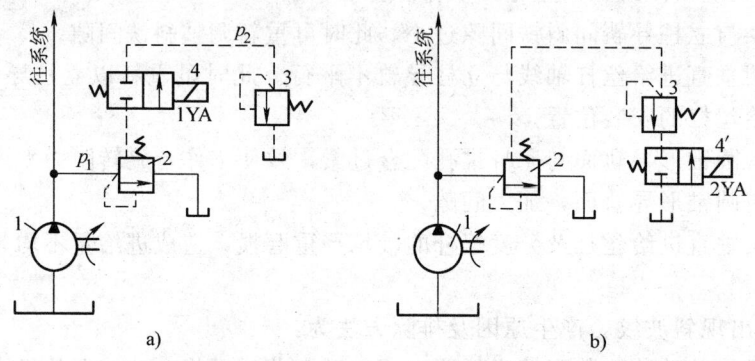

图2—6 双溢流阀式二级调压回路
1—液压泵 2、3—溢流阀 4、4'—电磁阀

②二级调压回路中，调压时升压时间长。在图2—7中，当遥控管路较长，系统卸荷（换向阀3处于中位）状态升压时，由于遥控管通油池，压力油要先填充满遥控管路后，才能升压，所以时间较长。排除方法：尽量缩短遥控管路，在遥控管路回油处增设一背压阀（或单向阀）5。

③主溢流阀故障。在遥控调压回路中，出现主溢流阀的最低调压值增高，同时产生动作迟滞的故障。其产生原因是由于从主溢流阀到遥控先导溢流阀之间的配管过长，遥控管内压力损失过大。排除方法：遥控管路长度应限制在5 m以内。

④遥控配管振动。在遥控调压回路中，出现遥控配管振动及遥控先导溢流阀的振动。排除方法：可在遥控配管途中（见图2—8中a处）装入一小流量节流阀并进行适当调节。

⑤其他故障。由于调压回路中，采用的是溢流阀，因而调压回路中的其他各种故障可参阅溢流阀的有关故障排除内容。

2) 保压回路。保压回路应用在液压缸运动到工作行程终端，要求在工作压力下停留保压某一段时间（从几秒至几十分钟），然后再返回的工作场合。保压回路常见的故障有：

①不保压。在保压期间压力严重下降，具体产生"不保压"故障的原因和排除方法如下：

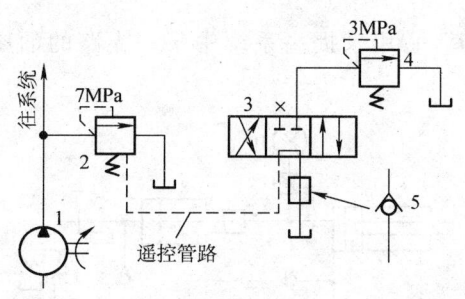 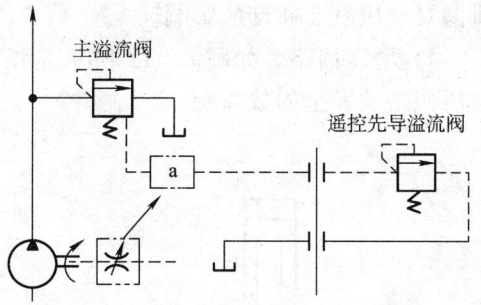

图 2—7　遥控管路过长使升压时间长　　　　图 2—8　消除遥控调压回路中的振动
1—液压泵　2、4—溢流阀　3—换向阀　5—单向阀

a. 液压缸的内外泄漏，造成不保压。排除方法：提高液压缸缸孔、活塞、活塞杆的制造精度和配合精度，有利于减小内外泄漏。

b. 各控制阀的泄漏，特别是靠近液压缸的换向阀泄漏较大，造成不保压。排除方法：保证阀芯与阀孔的加工精度、配合精度及密合锥面的密合程度。

c. 回路泄漏点过多，造成不保压。排除方法：回路设计要控制阀的数量，尽量减少接管及接头数量，以减少泄漏点。

d. 缺油。排除方法：不断补偿系统的泄漏，采用液压泵补油、蓄能器补油和应用小保压缸进行保压。

②保压回程中出现冲击、振动和噪声。其原因是保压过程中，油的压缩、管道的膨胀、机器的弹性变形储存有能量，在保压终了返回过程中，上腔压力及储存的能量未泄完，液压缸下腔压力已升高。这样，液控单向阀的卸荷阀和主阀芯同时被顶开，引起液压缸上腔突然放油，大流量，快泄压，导致系统冲击、振动和噪声。排除方法：控制液控单向阀的液控流量，以降低控制活塞的运动速度，延长泄压时间。可在液控单向阀的液控油路上设置一单向节流阀，如图 2—9 所示，使液控口的通过流量得以控制。

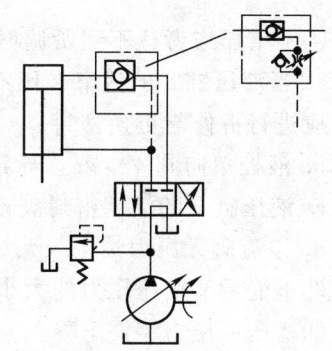

图 2—9　加装单向节流阀

3）减压回路。用以降低某一支路油压的回路为减压回路。这种回路的故障有：

①二次压力逐渐升高。在图 2—10 中，当液压缸 2 停歇时间较长时，减压后的二次压力会产生逐渐升高的故障。这是因为液压缸 2 长时间停歇后，有少量油液通过阀芯间隙经先导阀排出，保持该阀处于工作状态。当阀内泄漏较大时，高压油自减压阀进油腔向主阀芯上腔渗漏，通过先导阀的流量加大，使减压阀的二次压力（出口压力）增大。排除方法：可在减压回路中加接一安全阀，如图 2—10 中 b 处所示，确保减压阀出口压力不超规定值。

②减压回路中液压缸速度调节失灵。产生原因是图 2—10 中的减压阀 3 泄漏量大。排除方法：将节流阀 4 从图中位置处改为串联在减压阀 3 之后的 a 处，可避免减压阀 3

泄漏对液压缸 2 速度的影响。

4) 增压回路。如图 2—11 所示是增压回路，它用来提高系统中某一支路的油压。增压回路常发生的故障有：

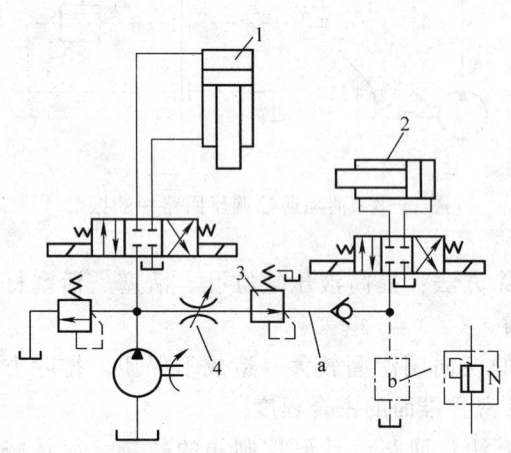 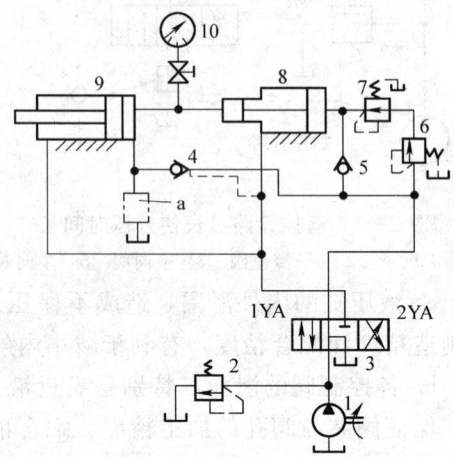

图 2—10 消除二次压力升高故障
1、2—液压缸 3—减压阀 4—节流阀

图 2—11 增压回路
1—液压泵 2、6—溢流阀 3—换向阀
4、5—液控单向阀 7—顺序阀
8、9—液压缸 10—压差计

① 不增压或者达不到所调增压力

a. 当液压缸 8 的活塞卡死不能移动，或液压缸 8 的活塞密封严重破损，造成不增压，应进行拆修与更换密封。

b. 液控单向阀 4 卡死，导致增压时液控单向阀 4 不能关闭，应拆修液控单向阀 4。

c. 液压缸 9 的活塞密封破损，使液压缸窜腔，应更换密封。

d. 溢流阀无压力油进入系统，请参阅溢流阀的有关故障排除。

② 不能调节增压压力的大小。排除方法参阅减压阀的有关故障排除。

③ 增压后压力缓慢下降。

a. 液控单向阀 4 的阀芯与阀座密合不良，密合面间有污物粘住，应拆开清洗后研合。

b. 液压缸 9、液压缸 8 活塞密封轻度破损，应更换密封。

④ 液压缸 9 无返回动作。排除方法是检查 2YA 是否断电；液控单向阀 4 的阀芯是否卡死在关闭位置；是否增压后液压缸 9 右腔的压力未卸掉，液控单向阀 4 打不开；是否油源无压力油，根据具体情况，予以排除。

5) 卸荷回路。卸荷回路用在工作部件短时间停止工作时，液压系统泵输出的油液全部零压或很低压力下流回油箱的场合。这种回路易发生的故障有：

① 换向阀的卸荷回路不卸荷。其产生的原因如图 2—12 所示，可能是二位二通电磁阀阀芯卡死在通电位置，或者是弹簧力不够、折断、漏装，使阀不能复位，电磁铁断电也不能使阀芯正常工作。

② 采用换向阀的卸荷回路不能彻底卸荷，产生故障的原因是电磁换向阀 2 规格过

小，或电磁换向阀 2 为手动时定位不准，换向不到位，使 P→O 的油液不能彻底畅通无阻，背压大。

③采用换向阀的卸荷回路。需要卸荷时有压，需要有压时卸荷。其原因如图 2—12a、图 2—12b 所示，图 2—12a 中的电磁换向阀 2 阀芯倒装成 O 型，图 2—12b 中的电磁换向阀 2 阀芯反装成 H 型。这时，应将电磁换向阀 2 的阀芯调头重新装配。

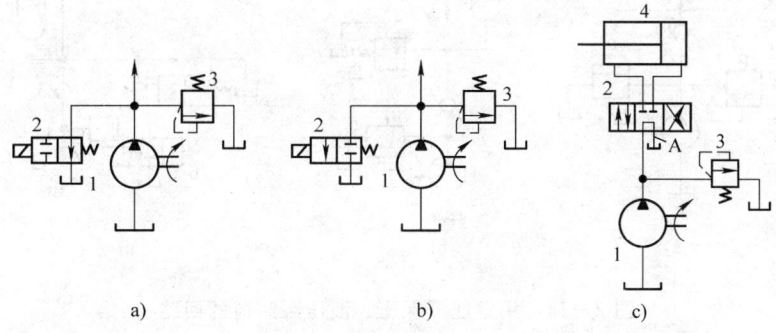

图 2—12　换向阀的卸荷回路
a) 电磁阀不通电时卸荷　b) 电磁阀通电时卸荷　c) 三位阀中位时卸荷（M、K、H 型等）
1—液压泵　2—电磁换向阀　3—卸荷阀　4—液压缸

④换向阀的卸荷回路中有冲击。因图 2—12c 中的三位四通阀用在大流量、高压力系统中容易产生冲击。排除方法：电磁换向阀 2 应采用带阻尼的电液阀，调节阻尼减慢换向阀的换向速度，以减少冲击。

⑤采用 M 型电液换向阀卸荷。在图 2—12c 中，采用 M 型电液换向阀，利用中间位置卸荷。由于中位时系统压力卸掉，再换向时，会因控制压力油压力不够而影响电磁换向阀 2 的换向可靠性。排除方法：可在图 2—12c 中的 A 处加装一背压阀，以保证电磁换向阀 2 的控制油压大小，使换向可靠。

⑥用电磁溢流阀使液压泵卸荷的回路。在图 2—13 中，采用的是电磁溢流阀卸荷，二位二通电磁换向阀接在先导式溢流阀的遥控口上，而不是接在主油路上，其余情况与图 2—12 基本相似。其产生的故障与排除方法同上所述。

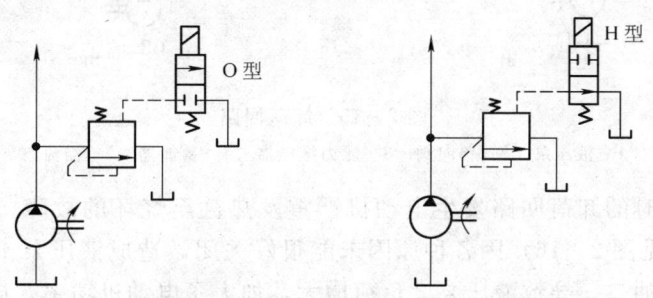

图 2—13　电磁溢流阀使液压泵卸荷

⑦用蓄能器保压并用液压泵卸荷的回路。如图 2—14a 所示，存在卸荷不彻底，有功率损失的故障。产生的原因是压力升高时，卸荷 2 如同溢流阀一样仅部分地开启使液压泵 1 卸荷，造成功率损失。排除方法：如图 2—14b 所示，利用小型液控顺序阀 2

作为先导阀控制溢流阀5的开启，可保证溢流阀5卸荷时的全开；采用图2—14c中所示的回路，蓄能器的压力先打开二位三通换向阀2，然后完全开启换向阀6，保证溢流阀5的完全开启，使液压泵1充分卸荷。

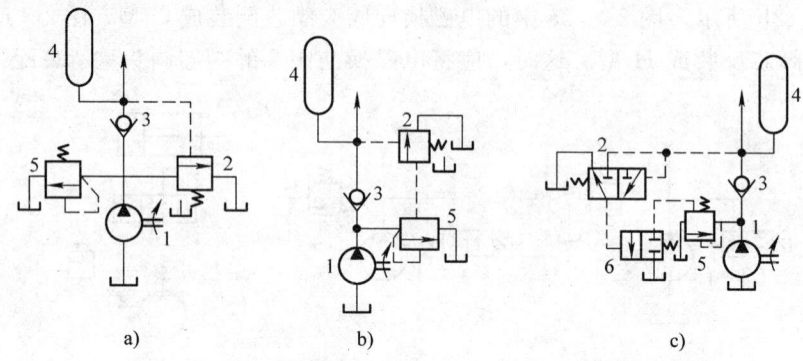

图2—14 用蓄能器保压、液压泵卸荷的回路
a) 1—液压泵 2—卸荷阀 3—单向阀 4—蓄能器 5—溢流阀
b) 1—液压泵 2—液控顺序阀 3—单向阀 4—蓄能器 5—溢流阀
c) 1—液压泵 2—二位三通换向阀 3—单向阀 4—蓄能器 5—溢流阀 6—换向阀

⑧蓄能器加压力继电器加电磁溢流阀构成卸荷回路。出现的主要故障是：工作中往往出现系统压力在压力继电器3的调定压力值附近波动，造成液压泵1和溢流阀5的工作不稳现象，如图2—15所示。排除方法：采用图2—15b所示的双压力继电器的差压控制可防止频繁切换现象。

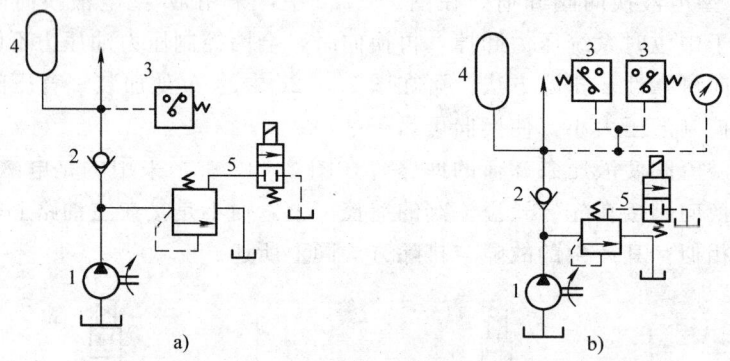

图2—15 卸荷回路
1—液压泵 2—单向阀 3—压力继电器 4—蓄能器 5—溢流阀

⑨双泵供油时的卸荷回路发生电动机严重发热甚至烧坏的故障。其原因是在工作时，单向阀3（见图2—16）因各种原因未能很好关闭，造成液压泵1出口的高压油反灌到液压泵2出油口，导致液压泵2负荷增大，加大了电动机功率。排除方法：拆修单向阀3，使之能可靠工作。

⑩双泵供油时的卸荷回路系统压力不能上升到最高工作压力。上述电动机发热的原因是此故障的主要原因之一。此外，卸荷阀4的控制活塞与阀盖相配孔因严重磨损或其

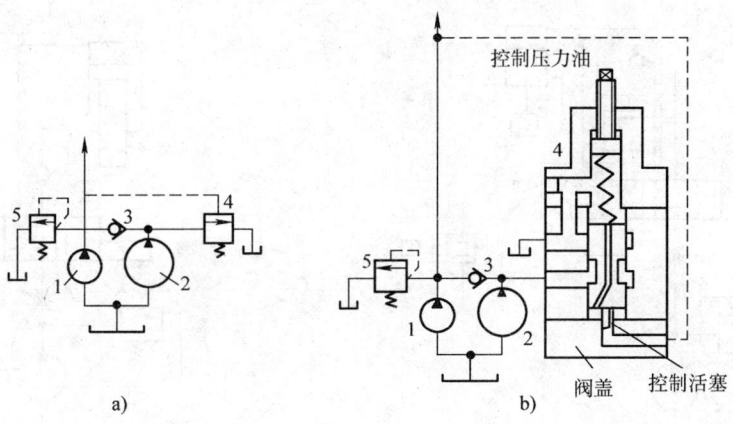

图 2—16 双泵供油卸荷回路
1、2—液压泵 3—单向阀 4—卸荷阀 5—溢流阀

他原因,导致配合间隙大,系统来的压力控制油通过此间隙漏往主阀芯下端,再通过主阀芯的阻尼孔、弹簧腔回油泄往油箱,使系统局部卸压,压力升不到最高工作压力。排除方法:更换控制活塞,保证配合间隙。

6) 平衡回路。平衡回路是设置一个适当的阻力,使之产生一个背压,用以与自重相平衡的回路。各种平衡回路的故障情况如下:

①采用单向顺序阀的平衡回路(见图2—17)的故障

a. 停位位置不准确,在图2—17中,换向阀处于中位时,液压缸6的活塞可在任意位置停留,但当限位开关或按钮发出停位信号后,液压缸6的活塞要下滑一段距离后才能停止。其产生原因是停位电信号在控制电路中传递的时间太长;液压缸下腔的油液在停位信号发出后还在继续回油。排除方法:检查电器元件的动作灵敏度,将二位三通换向阀4换成交流电磁换向阀,缩短停位信号传递时间;在图2—17单向阀5的外泄油道a处增加一个二位二通交流电磁阀7,正常工作时,3YA通电,停位时3YA断电,外部泄油通路堵死,保证液压缸6下腔回油无处可泄,使停位准确。

b. 液压缸停止(或停机)后缓慢下滑,主要是液压缸活塞杆密封的外泄漏、单向顺序阀及换向阀的内泄漏较大所致。排除方法:解决上述的泄漏可排除此故障。将图2—17中单向阀5改成液控单向阀,对防止缓慢下滑有益。

②液控单向阀平衡回路的故障及排除

a. 液压缸在低载荷下,下行平稳性差,如图2—18所示,当载荷小时,液压缸1上腔压力达不到必要的控制压力值,单向阀3关闭,液压缸1停止运动。液压泵6继续供油,液压缸1上腔压力又升高,单向阀3又打开,液压缸1向下运动。载荷小又使液压缸1上腔压力降下来,单向阀3又关闭,液压缸1又停止运动。如此不断,液压缸1无法得到低载荷下平稳运动。排除方法:可在图2—18中单向阀3和电磁换向阀2之间的管路上加接单向顺序阀来提高运动的平稳性。

b. 液压缸下腔产生增压事故。在图2—18所示的回路中,如果液压缸1上下腔的作用面积之比大于单向阀3的控制活塞作用面积与单向阀阀芯上部作用面积之比,则液控单向阀将永远打不开,此时液压缸1将如同一个增压器,下腔将严重增压,造成下腔

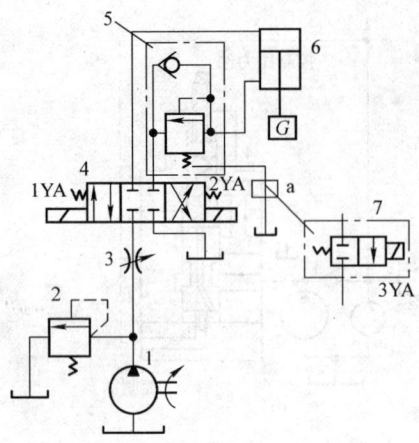
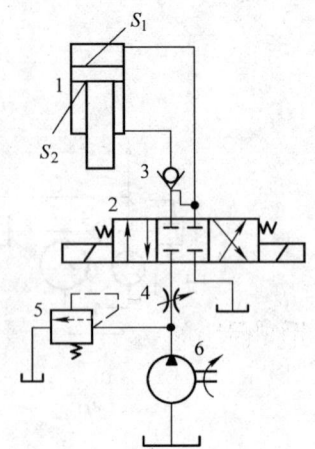

图 2—17 采用单向阀的平衡回路
1—液压泵 2—溢流阀 3—节流阀 4—二位三通换向阀
5—单向阀 6—液压缸 7—二位二通交流电磁阀

图 2—18 液控单向阀平衡回路
1—液压缸 2—电磁换向阀 3—单向阀
4—节流阀 5—溢流阀 6—液压泵

增压事故。排除方法：设计时，应合理选择上下腔的工作面积。

c. 液压缸下行过程中发生高频或低频振动，图 2—19a 为液控单向阀平衡回路。

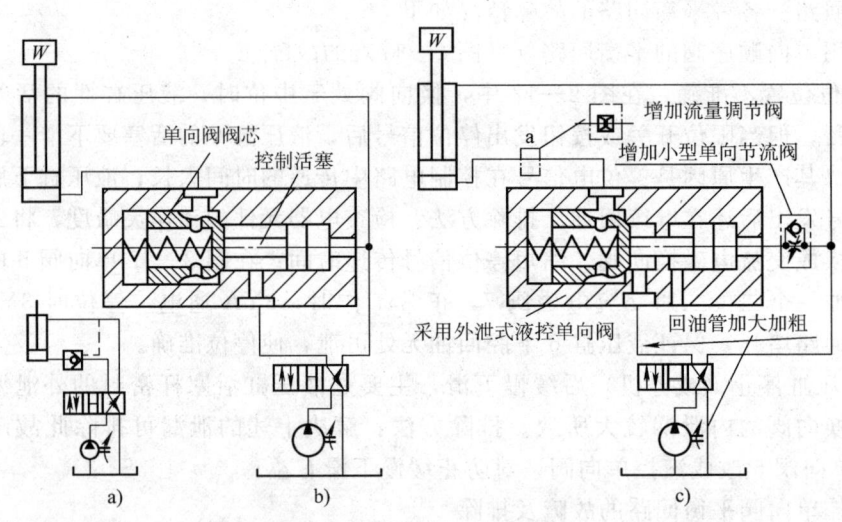

图 2—19 液控单向阀平衡回路

在图 2—19b 中所示位置时，单向阀的控制压力上升，打开单向阀，液压缸下腔回油，但此时因背压和冲击压力影响，单向阀的回油腔压力瞬时上升，又因单向阀为内泄式，当此压力比作用在控制活塞右端的压力大时，推回控制活塞，使单向阀关闭。单向阀一关闭，回油腔油停止流动，压力下降，活塞又推开单向阀，这种频繁重复导致高频振动并伴以噪声。

当液压缸活塞下降时，单向阀全开，下腔没有背压，泵来不及填充液压缸上腔，单向阀因控制压力下降而关闭。单向阀关闭后，控制压力再一次上升，阀又被打开，液压缸活塞又开始下降,管路体积也参与影响,使液压缸低频振动。

排除方法:如图2—19c中所示:可将内泄式液控单向阀改为外泄式,加粗、减短回油配管,在液压缸和单向阀之间增设一流量调节阀,在单向阀的控制油管路上增设一单向节流阀。

(2)方向控制回路的故障分析与排除。在液压系统中,方向控制回路可以控制执行元件的运动或停止状态及运动方向的改变。常见的方向控制回路有换向回路和锁紧回路。

1)换向回路。通过换向阀来改变液压缸的运动状态与运动方向,换向回路易出现的故障及排除方法如下:

①液压缸不换向或换向不良。产生此故障有泵方面的原因,也有阀、液压缸及回路方面的原因。排除方法:可参阅相关故障产生的详细原因和排除方法。

②三位换向阀中位机能产生的故障,见表2—1。

表2—1　　　　　　　　　换向阀的中位机能及其特性

型式	三位换向阀的中位机能			性能特点						
	滑阀状态	机能符号		系统保压（多缸系统不干涉）	系统卸荷	换向平稳性	换向精度	启动平稳性	油缸在任意位置可停性	可构成差动	换向冲出量
		四通	五通								
O 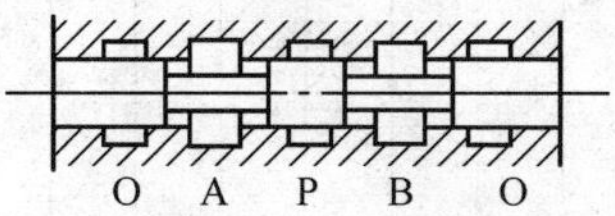 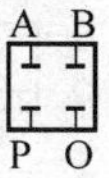 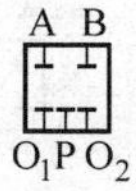		A B / P O	A B / O₁PO₂	○		○	○	○			
H	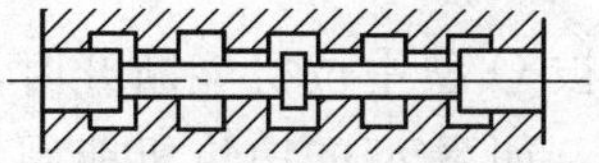	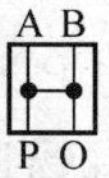 A B / P O 	A B / O₁PO₂		○	○		△	○		大
Y	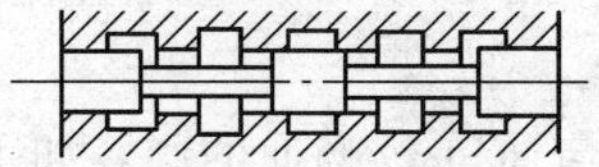	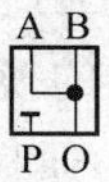 A B / P O 	A B / O₁PO₂	○		○	△		○		
J	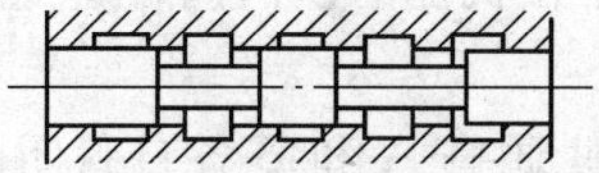	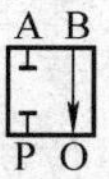 A B / P O 	A B / O₁PO₂	○		○					
C	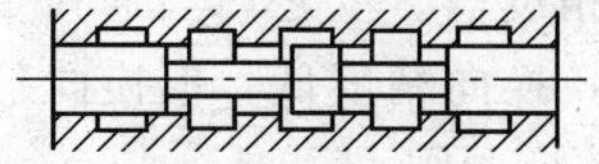	 A B / P O 	A B / O₁PO₂	○		○					
P	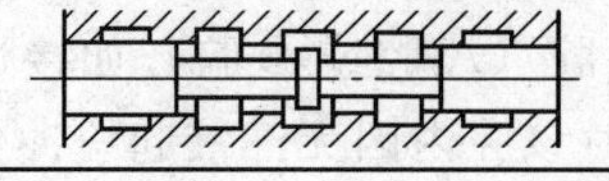	 A B / P O 	A B / O₁PO₂			○	○			○	存在

续表

型式	三位换向阀的中位机能			性能特点							
	滑阀状态	机能符号		系统保压（多缸系统不干涉）	系统卸荷	换向平稳性	换向精度	启动平稳性	油缸在任意位置可停性	油缸浮动	可构成差动	换向冲出量
		四通	五通								
K		A B / P O	A B / O₁PO₂	○		△	△				
X		A B / P O	A B / O₁PO₂	△	△						较大
M		A B / P O	A B / O₁PO₂		○	○	○	○			
U		A B / P O	A B / O₁PO₂	○		○		○		○	
N		A B / P O	A B / O₁PO₂			○					

○：好　△：较好　空白：差

　　a. 系统的保压与不保压问题。当液压泵的 P 通口被 O 型中位机能断开时，系统保压；当 P 通口与回油箱的 O 通口接通而又不太畅通时，如 X 型的中位机能阀，系统能维持某一较低的压力，供控制使用；当 P 与 O 畅通时，用 H 型和 M 型中位机能，则系统根本不保压。排除方法：正确选用中位机能的换向阀。

　　b. 系统卸荷问题。换向阀选择中位机能为通口 P 与通口 O 畅通的阀，如 H 型、M 型、K 型时，液压泵系统卸荷。排除方法：正确选用中位机能的换向阀，避免造成液压缸不能动作的故障。

　　c. 换向平稳性和换向精度问题。当选用中位机能使通口 A 和 B 各自封闭的阀，液压缸换向时易产生液压冲击，换向平稳性差，但换向精度高。反之，当通口 A 与 B 都与通口 O 接通时，换向过程中，液压缸不易迅速制动，换向精度低，但换向平稳性好，液压冲击小。排除方法：根据需要选择正确中位机能的换向阀。

　　d. 启动平稳性问题。当换向阀在中位，液压缸某腔（A 腔或 B 腔）如接通油箱停机时间较长时，该腔油液流回油箱出现空腔，再启动时该腔内因无油液起缓冲作用而不能保证平稳的启动。排除方法：使该腔内存有油液，就容易保证启动的平稳性。

e. 液压缸在任意位置的停止和"浮动"问题。当通口 A 和 B 接通时，卧式液压缸处于"浮动"状态，可以通过某些机械装置，改变工作台的位置；但立式油缸因自重却不能停在任意位置上。当通口 A 和 B 与通口 P 连接（P 型）时，液压缸除可实现差动连接外，还能在任意位置停止。当选用 H 型时，如果换向阀的复位弹簧折断或漏装，此时虽然阀两端电磁铁断电，但阀芯因无弹簧力作用不能回复到中位，因此这种阀控制的液压缸不能在任意位置停住。排除方法：注意中位机能的特性，正确使用换向阀。

③液压缸返回行程时，噪声振动大，经常烧坏电磁铁（交流），如图 2—20 所示，产生的原因是电磁换向阀的规格太小，连接换向阀 1 与液压缸 2 无杆腔的管路通径较小。排除方法：适当加大换向阀电磁铁的规格，适当加粗换向阀 1 与液压缸 2 无杆腔管路的通径。

④换向阀处于中间位置时，虽采用如 O 型机能之类的阀，液压缸

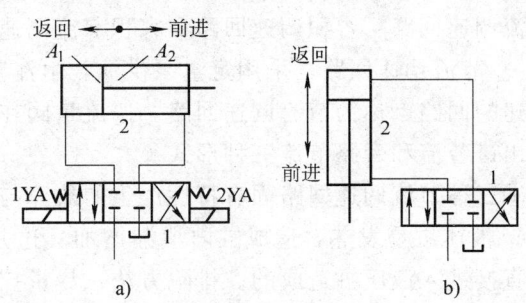

图 2—20 液压缸回程振动
1—换向阀　2—液压缸

仍然产生微动。产生微动的原因是液压缸本身的内、外泄漏量大或液压缸进出油口紧相接的阀内泄漏。排除方法：消除液压缸本身的内泄漏，采用图 2—21 和图 2—22 所示的锁紧回路。

2）锁紧回路。锁紧回路可以使工作部件在任意位置停留，并在停止工作时防止工作部件在受力情况下发生移动。

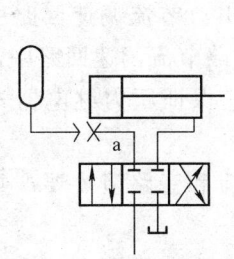

图 2—21 锁紧回路（一）

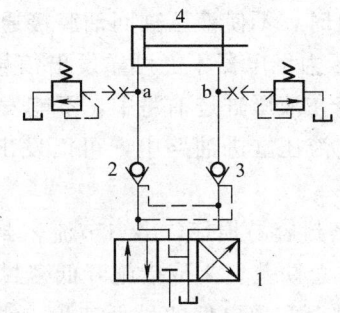

图 2—22 锁紧回路（二）
1—换向阀　2、3—单向阀　4—液压缸

①采用 O 型或 M 型阀。如图 2—20 所示，采用 O 型或 M 型阀时，阀芯处于中位，液压缸的进出口都被封死，但液压缸仍不能可靠锁紧。产生的原因是滑阀式换向阀内泄量大，或阀芯不能严守中位。排除方法：减少内泄漏，也可在回路中设置蓄能器补充油液。

②图 2—21 所示的回路为阀座式液控单向阀锁紧回路，当液压缸内油液封闭，有异常突发性外力作用时，管路及液压缸内会产生异常高压，导致管路及液压缸损伤。排除

方法：可在图 2—22 中的 a、b 处各增加一安全阀。

③换向阀的中位机能选用不对，液控单向阀不能迅速关闭，液压缸需经过一段时间后才能停住。在图 2—22 中，采用 O 型、M 型中位机能的阀，当换向阀处于中位时，由于液控单向阀的控制压力油被封死而不能使其立即关闭，直至由于换向阀的内泄漏使控制腔泄压后，单向阀才能关闭，这样，影响了锁紧精度。排除方法：在双向锁紧回路中，三位换向阀的中位机能应选用 H 型、Y 型为好。

（3）调速回路的故障分析与排除。调速回路是用来调节执行元件工作速度的。一般由节流调速回路、容积调速回路和容积节流调速回路组成。

1）节流调速回路。采用定量泵供油，由流量阀改变进入或流出执行元件的流量实现调速的回路，称为节流调速回路。按流量阀在回路中安放的位置不同，它又有进口节流、出口节流和旁路节流三种形式。

①三种节流调速回路固有特性产生的故障与排除方法如下：

a. 液压缸易发热，造成缸内泄漏增加。这是由于通过节流阀产生节流损失而发热的油直接进入液压缸造成的。排除方法：尽量控制节流损失产生的热量。

b. 不能承受负值载荷（与活塞运动方向相同的载荷），在负值载荷下失控前冲，速度稳定性差。产生此故障的原因是进口节流和旁路节流调速回路的回油路上没有背压阀。排除方法：在进口节流调速回路和旁路节流调速回路上加背压阀，但需相应调高溢流阀的调节能力。

c. 停机后工作部件再启动时冲击大。出口节流调速（旁路节流也同样）回路中，停机时液压缸回油腔内常因泄漏而形成空隙，再启动时泵瞬间的全部流量输入液压缸无杆工作腔，推动活塞快速前进，产生启动冲击，直至消除回油腔内的空隙并建立起背压力后，才转入正常。排除方法：启动时，不能直接让刀具加工工件，以免造成事故。另外，停机时，不使液压缸回油腔接通油池。

d. 压力继电器不能可靠发出信号或不能发出信号。出口节流调速回路中，压力继电器安装在液压缸进油路中，不能发出信号，而进口或旁路节流调速回路中，压力继电器安装在液压缸进油路中，可以发出信号。排除方法：应保证压力继电器安装位置正确。

e. 密封容易损坏，出口节流密封损坏情况比进口节流和旁路节流要严重些。排除方法：注意防范，采取措施降低密封摩擦力。

f. 难以实现更低的最低速度，调速范围窄，出口节流调速回路中，低速时通流面积要调得很小，节流阀口比较容易堵塞。排除方法：进口节流调速回路的节流口在相同速度条件下可调得大些。

g. 速度高、载荷大时刚度差。进口节流和出口节流在速度高、载荷大时，刚度也差；旁路节流方式在速度高、载荷大时，则刚度好些。排除方法：可根据需要选定回路。

h. 系统功率损失大，容易发热。进口节流和出口节流存在着节流损失和溢流损失，功率损失大，发热也相对较大。旁路节流只有节流损失，无溢流损失，且工作压力与载荷有一定的匹配关系，功率损失相对较小，发热也少些。排除方法：可根据需要确定回路。

②爬行。进口节流和旁路节流方式在某种低速区域内易产生爬行，而出口节流防爬性能好些。"进口节流＋固定背压"方式在背压较小时，还有可能爬行，抗负值载荷的能力也差。排除方法：提高背压值，可减少爬行，但效率降低，可采用自调背压方式解决。

③泵的启动冲击。三种节流调速方式在载荷下启动及溢流阀动作不灵时，均产生泵的启动冲击。排除方法：卸载启动及选用动作灵敏、超调压力小的溢流阀可以防止启动冲击。

④快进转工进的冲击——前冲。即运动部件由高速突然转到低速，在惯性作用下，前冲一段距离后才稳定低速运动。前冲产生的具体原因及排除方法有：

a. 流速变化太快，流量突变引起泵的输出压力突然升高，产生冲击。排除方法：采用正确的速度转换方法。其中，电磁阀转换方式冲击较大，转换精度较低、可靠性较差，但控制灵活性较好。电液动换向阀使用带阻尼的电流阀，通过调节阻尼大小，使速度转换过程减慢，可在一定程度上减少前冲。用行程阀转换，冲击较小；采用"电磁阀加电容器"，使电磁铁缓慢断电，此法简易可行。采用"电磁阀加蓄能器"回路，利用蓄能器吸收冲击压力。

b. 速度突变引起压力突变造成冲击。排除方法：在双泵供油回路快进时，用电磁阀使大流量泵提前卸荷，减速后再转为工进。

c. 进口节流时，调速阀中的定压差减压阀来不及起到稳定节流阀前后压差的作用，瞬时节流阀前后的压差大，通过调速阀的流量大，造成前冲。排除方法：在出口节流时，提高调速阀中定压差减压阀的灵敏性，或者拆修该阀并采取去毛刺清洗等措施，使定压差减压阀运动灵活自如。

⑤工进转快退的冲击。产生的原因有：压力突减，产生冲击；采用 H 型换向阀或多个阀控制时，动作时间不一致，使前后腔能量释放不均衡或造成短时差动状态。排除方法：调节带阻尼的电液动换向阀的阻尼，加快其换向速度；不采用 H 型换向阀，改用其他中位机能阀；尽量用一个阀控制动作的转换。

⑥快退转停止的冲击——后座冲击。行程终点的控制方式及换向阀主阀芯的机能选用不当造成速度突减，使缸后腔压力突升，流量的突减使液压泵压力突升，空气的进入，均会造成后座冲击。排除方法：采用带阻尼可调慢换向速度的电液换向阀或采用"电磁阀加电容器"进行控制；采用动作灵活的溢流阀，停止时马上能溢流；采用合适的换向阀中位机能；如 Y 型、J 型或 M 型；采取防止空气进入系统的措施。

2）容积调速回路。容积调速回路是由泵与马达（或液压缸）组成的，且以调节泵的排量或马达的排量来改变马达输出转速（液压缸的往复速度）的回路。其主要故障及排除方法有：

①液压马达产生超速运动。在图 2—23 中，由于受重物的重力、外界的干扰及换向冲击力等的影响，液压马达常产生超速（超限）转动的现象。排除方法：可在图 2—23 回路的基础上，增设一平衡阀（液控顺序阀），如图 2—24 所示。当出现液压马达超速转动时，平衡阀的控制压力下降，平衡阀关小液压马达的回油，起出口节流作用，从而

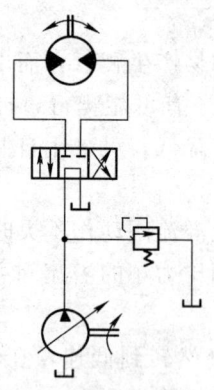
图 2—23 起重时易超速转动

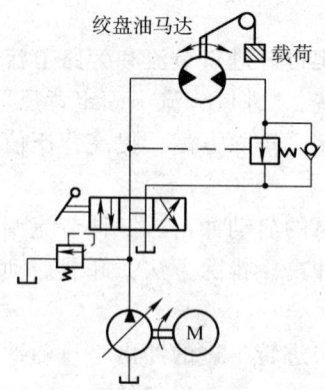
图 2—24 加装平衡阀回路

避免了液压马达的超速转动。

②液压马达不能迅速停机。这是由于马达的回转件和重物的惯性所致。排除方法：可在液压马达的回油路中安装一溢流阀，如图 2—25a 中溢流阀 5、图 2—25b 中溢流阀 6，使液压马达回油受到溢流阀所调节的背压力产生制动力而被迅速制动。

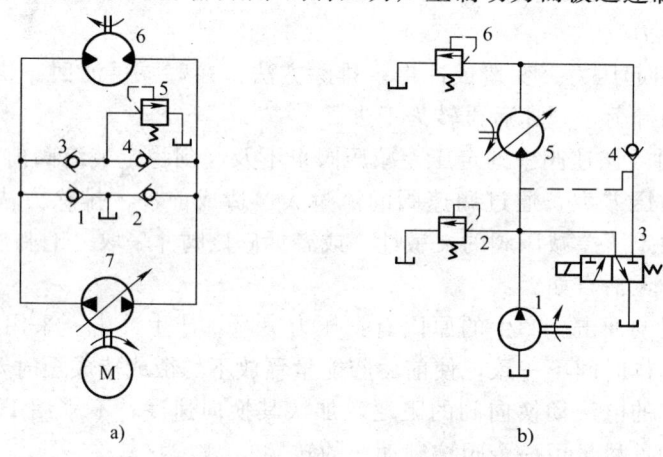

图 2—25 消除惯性产生的故障回路
 a) 变量泵油路：1、2、3、4—单向阀　5—溢流阀　6—液压马达　7—液压泵
 b) 定量泵油路：1—液压泵　2、6—溢流阀　3—电磁阀　4—单向阀　5—液压马达

③液压马达产生气穴。在图 2—25a 的回路中，当液压泵 7 停转，液压马达 6 因惯性继续回转，此时，液压马达 6 起泵的作用，由于是闭回路，就会产生吸空现象而导致气穴。排除方法：可设置单向阀 1 和 2，当液压马达 6 起泵作用而管内油被吸空时，大气压可将油箱内油液通过单向阀 1 或 2 压入管内，作为双向补油之用，避免气穴产生。

④液压马达转速下降，输出转矩减少。这是由于长时间使用后，泵与液压马达内部零件磨损造成输出流量不够和内泄漏增大所致。排除方法：参考泵与液压马达部分内容。

⑤闭式容积调速回路的油液易老化变质。这是由于闭式回路中，大部分油液很难与外界交换即被泵吸入送到液压马达再循环，加之回路的散热条件差，温度高，油液易老

化变质。排除方法：通过换向阀强制排油，使回路内油液与敞开式油箱进行油液交换，辅助泵仍然向闭式回路低压油管内补充油液，通过阀排出的热油经油冷却器冷却，可改善油的冷却条件。

3) 联合调速液压回路。联合调速液压回路是指调速方式为节流调速和容积调速相结合的调速回路。

①限压式变量泵加调速阀联合回路的故障及排除：

a. 液压缸活塞运动速度不稳定，这是限压式变量泵的限压螺钉调节不适合所致。排除方法：重新调节好泵的限压调节螺钉，使调速阀保持在 0.5 MPa 左右的稳定压差。

b. 油液发热，功率损失大，这是由于泵的限压螺钉调节的供油压力过高，多余的压力损失在调速阀的减压阀中，使系统发热增加，油液升温。排除方法：泵的供油压力调节为比液压缸工作压力大 0.5~0.6 MPa 较合适。液压缸载荷变化大且大部分时间在小载荷下工作的场合，宜采用差压式变量泵和节流阀组成的调速回路。

②差压式变量泵和节流阀组成的联合调速回路

a. 此种回路泵的输出油量始终与节流阀的调节流量相适应，故没有溢流损失。

b. 此种回路能自动适应载荷的变化，保证速度稳定。其油路结构如图 2—26 和图 2—27 所示。此种回路故障大多出在泵、液压缸及节流阀的本身。具体的排除方法可参阅相关部分内容。

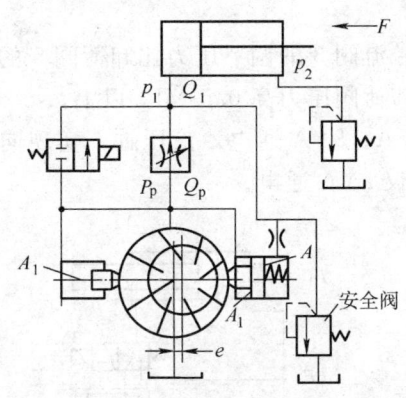

图 2—26 差压式变量泵—节流阀
进油节流联合调速回路

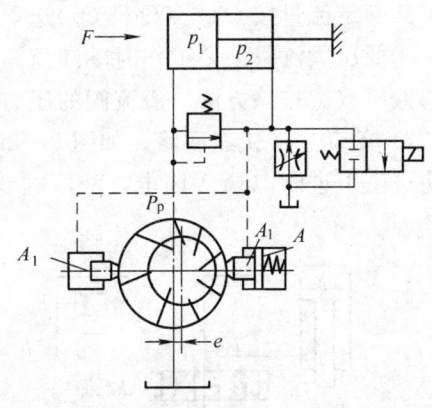

图 2—27 变量泵—节流阀回油
节流联合调速回路

(4) 快速运动回路的故障分析与排除。液压设备的执行元件（液压缸）在一次往复行程中要经过快进、工进和快退三个运动过程。在不增加泵的流量和缩小液压缸工作面积的情况下，实现上述运动过程，可采用快速运动回路，而各种快速回路又因不同的结构而各具特点。

1) 双泵供油快速回路如图 2—28 所示，系统中采用高压小流量泵和低压大流量泵双泵供油。快进时，低压大流量泵 2 输出的油经单向阀 4 和高压小流量泵 1 输出的油汇合共同向系统供油。工进时，系统压力增高，卸荷阀 5 打开，低压大流量泵 2 卸荷，单向阀 4 关闭，系统由高压小流量泵 1 单独供油。这种回路的故障与排除方法如下：

①电动机发热严重，甚至出现泵轴断裂。在图 2—28 中，单向阀 4 卡死在较大开度

位置或单向阀 4 的阀芯锥面磨损或有较深凹槽，工进时高压小流量泵 1 输出的高压油反灌到低压大流量泵 2 的出油口，使低压大流量泵 2 的输出载荷增大，导致电动机的输出功率大大增加而过载发热，有时烧坏电动机，甚至出现泵轴断裂现象。排除方法：修复单向阀，使之运动灵活，阀芯与阀座密合。

②工作压力不能升到最高。排除方法：可参考卸荷回路部分内容。

a．溢流阀 3、卸荷阀 5 出现故障，可导致系统压力上不去。排除方法：拆修溢流阀 3 和卸荷阀 5，恢复其功能。

b．高压小流量泵 1 使用时间较长，内泄漏较大，容积效率严重下降。排除方法：修复旧泵或更换成新泵。

c．液压缸 7 的活塞密封破损，造成压力上不去。排除方法：更换液压缸密封。

③液压缸返回行程。此时系统发热，时常有噪声、振动发生。在图 2—28 中，换向阀 6 的型号虽然按高低压泵的总流量选择，阀径较大。但回程（向下运动）时，回程腔作用面积（A_2）小，工作压力高，一般情况是低压泵卸荷，仅高压泵工作，这时工作腔的回油流量 $Q_回 = Q_1（高压泵流量） \times \dfrac{A_1（工作腔面积）}{A_2（回油腔面积）} = Q_1 K$，如果 $Q_回 \leqslant Q_1$（高压泵流量）$+ Q_2$（低压泵流量），则可通过换向阀顺利回油，但如 $Q_回 > Q_1 + Q_2$，则回油背压高，造成系统发热、噪声和振动。排除方法：可在图 2—28 中 a 处加装一小流量卸荷阀，其额定流量按 $Q_回 - (Q_1 + Q_2)$ 选取。

④低压大流量泵 2 工作时不卸荷。这是由于溢流阀 3 的调节压力比卸荷阀 5 的调节压力低所致。排除方法：溢流阀的压力至少要比卸荷阀压力高 0.5 MPa 以上。

2）差动连接快速回路。如图 2—29 所示，1YA、3YA 通电，液压缸 6 实现向右差动快进。工进时，3YA 断电，液压缸 6 快退时，仅 2YA 通电。

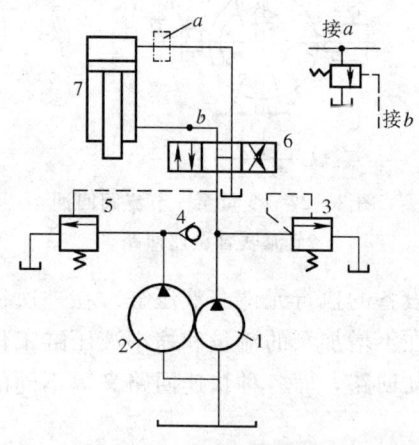 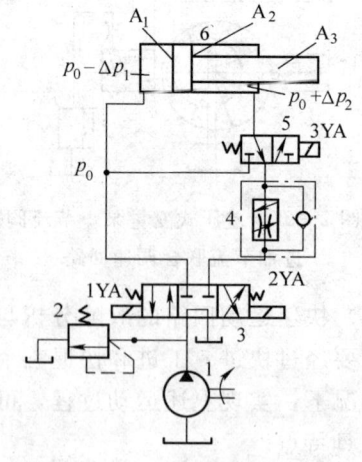

图 2—28　Y71—45 型塑料制品液压机油路
1—高压小流量泵　2—低压大流量泵　3—溢流阀
4—单向阀　5—卸荷阀　6—换向阀　7—液压缸

图 2—29　差动连接快速回路
1—液压泵　2—溢流阀　3—电磁换向阀
4—节流阀　5—换向阀　6—液压缸

这种差动连接快速回路易产生的故障及排除方法如下：

①液压缸不能差动快进。这是因为作用在活塞上的有效推力 F 较小所致。有效推力可按下式计算：

$$F = p_0(A_1 - A_2) - (\Delta p_1 A_1 + \Delta p_2 A_2) - \Delta F$$

式中　　A_1——活塞缸侧液压缸面积；
　　　　A_2——活塞缸侧液压缸有效面积；
　　　　p_0——汇流点的压力；
　　　　Δp_1——由汇流点到无杆侧进口之间的压力损失；
　　　　Δp_2——由有杆侧进口到汇流点的压力损失；
　　　　ΔF——液压缸本身的阻力损失；
　　　　F——有效推力（差动快进时的外载荷）。

排除方法：增大有效推力 F，即设法减少上式右边的各种相关因素。

②差动速度需调节回路。在出口节流控制中常常在液压缸有杆侧产生远大于泵压的高压。进口节流控制的油路，节流阀出口压力往往大于泵压而断流，不能调速，如图 2—30a 和图 2—30b 所示。排除方法：可采用图 2—30c 中的回路使差动速度控制正常。

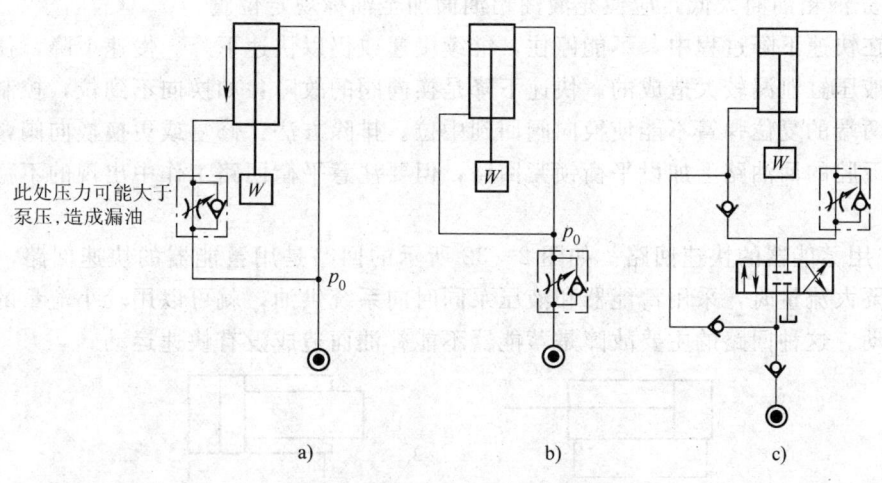

图 2—30　调节差动速度的回路

③差动回路中，快慢转换不平稳，有冲击产生。排除方法：参阅节流调速回路。

3) 靠滑块（活塞杆、活塞）自重下降的快速回路。如图 2—31 所示是靠滑块自重下降的快速回路，它是靠悬挂的重量（滑块、活塞及活塞杆）克服摩擦力和回油背压，迅速将液压缸下腔的油经换向阀压回油箱，实现快速下降（空行程）的。

此种回路易产生的故障及排除方法如下：

①无快速下降空行程或下降空程速度慢。具体产生原因及排除方法如下：

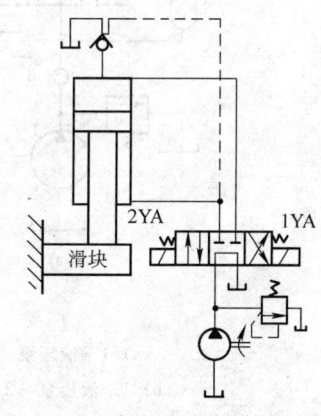

图 2—31　靠自重下降的快速回路

a. 活塞、活塞杆及滑块的质量小。排除方法：加大活塞、活塞杆及滑块质量，设计时就要定好。

b. 液压缸密封及滑块导轨的阻力太大；缸体内孔、活塞杆、活塞、缸盖孔拉毛或不同轴。排除方法：检查滑块导轨是否别劲，活塞及活塞杆密封是否压缩量过大，活塞与活塞杆、缸孔及缸盖孔是否加工同轴与安装同轴，活塞与缸盖上的密封槽是否加工偏心导致装上密封后单边有很大偏心摩擦载荷，是否有污物或毛刺卡住活塞与活塞杆（或柱塞）等，并根据检查的具体情况，予以处理。

c. 液压缸下腔的回油背压阻力太大。排除方法：可加大回油管径，减少弯曲部位，适当调小背压值等。

②快进（空行程）转工进时速度换接时间长。具体产生的原因及排除方法如下：

a. 充液阀的通径太小，应加大充液阀通径。

b. 充液阀的弹簧较硬，可适当降低较硬弹簧的刚度。

c. 充液管道尺寸偏小，可适当加粗充液管道的内径尺寸，疏通管道，推荐流速为 $3 \sim 4 \, m/s$。

d. 充液箱油面太低，应使充液油箱油面加至油标规定位置。

③在快速下降过程中，不能停住，继续慢速或仍以快速下降。慢速下降，往往是换向阀及液压缸泄漏较大造成的。快速下降是换向阀的故障：如换向不到位，控制电路或换向阀两端的复位弹簧不能使换向阀回到中位。排除方法：修复或更换换向阀，也可在液压缸下腔的回油路上加设平衡锁紧回路，但要注意平衡回路工作中出现的不稳定的影响。

4) 用蓄能器的快速回路。如图 2—32 所示的回路是用蓄能器的快速回路，当系统短期需要大流量时，采用蓄能器和液压泵同时向系统供油，就可以用较小流量的泵获得快速运动。这种回路的主要故障是蓄能器不能补油而造成没有快速运动。

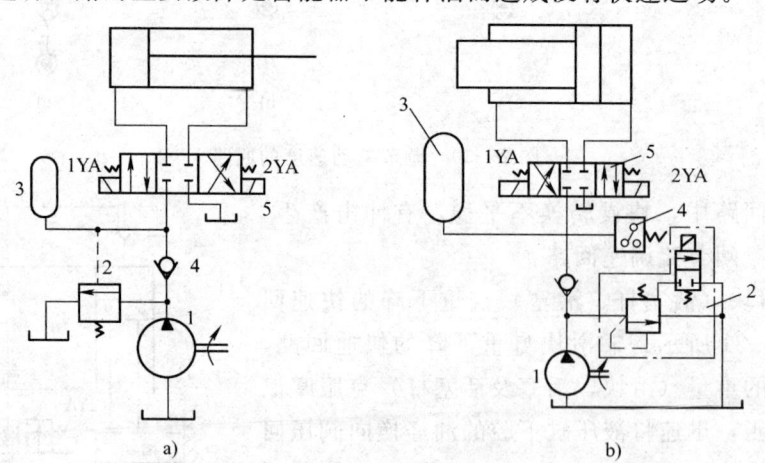

图 2—32 用蓄能器的回路
a) 1—液压泵 2—卸荷阀 3—蓄能器 4—单向阀 5—换向阀
b) 1—液压泵 2—溢流阀 3—蓄能器 4—压力继电器 5—换向阀

①蓄能器充油不充分。图 2—32 中，当换向阀 5 处于中间位置时，液压泵 1 不停向

蓄能器 3 供油贮能，如果充油时间太短，蓄能器 3 充油不充分，转入快进时所能提供的压力流量也就不充分。排除方法：要确保足够的时间给蓄能器 3 充油。

②蓄能器不能充油。当卸荷阀 2 或溢流阀 2 有故障时，造成换向阀 5 中位时，液压泵 1 总是卸荷，不能给蓄能器 3 充油，转入快进时也无油可释放。排除方法：修理或更换卸荷阀 2 或溢流阀 2，保证换向阀 5 处于中位时，液压泵 1 能充分使蓄能器 3 充油。

2. 查找液压系统故障的方法

为了保证液压元件和液压系统在出现故障后能尽快恢复正常运转，正确而果断地判断故障的原因并迅速而有效地排除故障是使用液压设备的重要环节。以下具体叙述一些通常查找液压故障的方法。

(1) 根据液压系统图查找。液压系统图是设备液压部分的工作原理图，它表示了系统中各液压元件的动作原理和控制方法，简称为，"抓两头，连中间"。抓两头——即抓动力源（油泵）和执行元件（油缸），连中间——即从动力源到执行元件之间经过的管件和控制元件。要对照实物，逐个检查（特别注意诸如发讯元件不发讯、发讯不动作，主油路与控制油路之间错接而干涉等问题），找出原因，着手排除。

以图 2—33 为例，说明如何查找液压故障。

假设故障为工件不夹紧，即液压缸 3 不能向左运动。

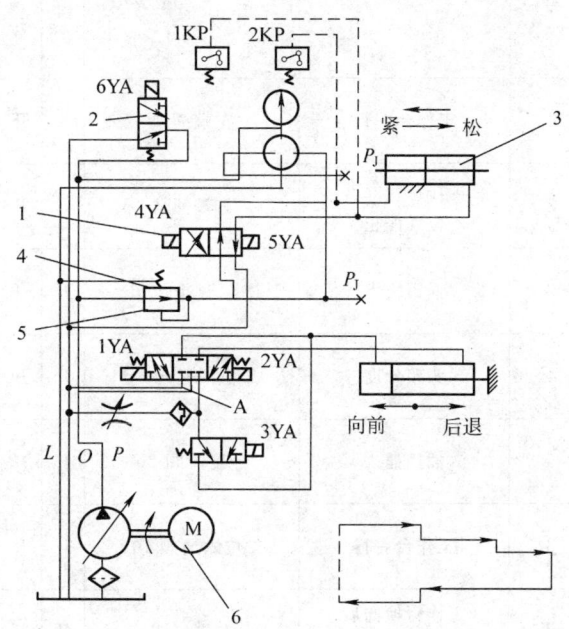

图 2—33 某组合机床液压系统图
1、2—电磁阀 3—液压缸 4—减压阀 5—单向阀 6—液压泵

查找时，对照液压系统图，先查动力源和执行元件，即查液压泵 6 和液压缸 3。检查液压泵 6 是否因无油液输出和压力不够造成液压缸 3 不动作，再检查液压缸 3 本身是否因某些原因不动作。如果动力源和液压缸 3 都正常，接着查找液压系统中间环节，即减压阀 4、单向阀 5 及电磁阀 1。从电磁铁动作表中得知，4YA 应该通电，电磁换向阀处于 ⊠ 工作位置（左位），否则不能夹紧。此时要确认 4YA 是否通电，如不通电，则要检查电器故障。另外，油路如果虽导通，但进入液压缸 3 右腔的压力油压力不足，也可能使液压缸 3 不动作，则要检查减压阀 4 是否卡死在小开度位置，引起压力不够。如果 6YA 不通电，液压泵 6 来的油经电磁阀 2 流回油箱而卸荷，液压缸 3 也无夹紧动作。

这样，利用液压系统图通过逐步分析，可找出无夹紧动作故障的原因。

(2) 利用动作循环表查找。通过将故障（现象）与动作循环表中有一一对应关系的三部分（见表 2—2），即表左边的动作循环过程内容、中间的循环过程中一个动作转到另一个动作的信号来源及表右边的各循环动作中各液压元件应处的正常位置进行对照，其原因即可查出。

以 M8612A 型花键轴磨床为例，表 2—2 为该机床的动作循环表。

表 2—2　　　　　　　　　　M8612A 型花键轴磨床动作循环表

循环序号	循环单元	引起循环单元转换的信号来源	有关液压控制元件的正常工作位置											
			开停阀 a	节流阀 b	导向阀 d	换向阀 c	分度开关 8F	联锁阀 7F	二位六通阀 10F	二位三通阀 9F	分度选择阀 1F	二位四通阀 6F	分度滑阀 2F	插销活塞 g	齿条活塞 h
1	工作台左行	左端撞块	开	开	左	左	开	上	右	右	分度	左	右	右	右
2	工作台在分度位置停止	右端撞块	开	开	右	中	开	下	左	右	分度	右	右	右	右
3	插销拔出	二位四通阀 6F	开	开	右	开	开	下	左	右	分度	右	右	左	右
4	头架分度	二位四通阀 6F	开	开	右	开	开	下	左	右	分度	右	右	左	左
5	插销插入	分度滑阀 2F	开	开	右	开	开	下	左	右	分度	左	左	右	左
6	工作台右行	二位六通阀 10F	开	开	右	开	开	上	右	右	分度	左	右	右	左
7	工作台换向后重复循环	左端撞块	开	开	左	开	开	上	右	右	分度	左	右	右	右

假设花键轴磨床工作台停在分度位置，而头架不作分度动作。查找时，可在表的左边找到循环序号 4 为头架分度循环，其转换信号来源为二位四通阀 6F，表的右边分别标明各相关件应处的正常位置，经一一对照检查，即可查出故障原因。

（3）利用因果图查找。将影响故障的各主要因素和次要因素编制成因果图，利用因果图进行逐件逐因素地深入分析排除，可查出故障原因。

如图 2—34 所示为液压缸泄漏的因果图，编制出因果图后，根据图中所列的逐项查找液压缸外泄漏的原因。

（4）通过滤油器查找。利用拆洗滤油器时，对滤芯表面上黏附的污物进行分析即可发现某些液压故障。如在滤芯表面发现铜屑粒，则可分析出液压系统的某些铜制的零件或液压元件有了严重的磨损和拉伤，进而可知道诸如柱塞泵的缸体、滑履这类用铜制造的零件发生了磨损。

（5）实验查找

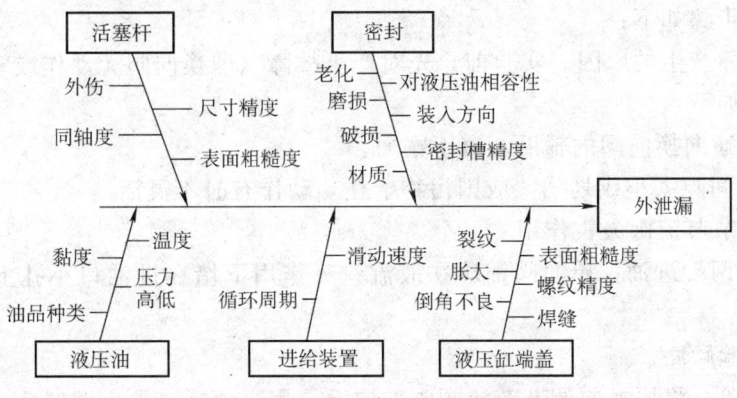

图 2—34　液压缸外泄漏因果图

1）方法。通过实验的方法来查找故障。具体的实验可根据故障的不同而设置，一般的实验方法有隔离法、比较法和综合法。

①隔离法。隔离法是将故障可能原因中的某一个或几个隔离开的实验方法。可能出现两种情况：一是隔离后故障随之消失，说明隔离的原因便是引起故障的真实原因；二是故障依然存在，说明隔离的原因不是该故障的真实原因，此时，应继续隔离其他原因进行查找。

②比较法。比较法是指对可能引起故障的某一原因的零部件进行调整或更改的实验方法。情况有两个：一是对原故障无任何影响，说明该原因不是故障的真实原因；二是故障现象随之变化，则说明它就是故障的真正原因。为更能说明问题，一般按有利于故障消失的方向调整变动零件。

③综合法。综合法是同时应用上述两种方法的实验方法，用于故障原因较复杂的系统。

2）应遵循的原则

①实验时，不能进行有损液压设备的操作。

②实验前，先对液压设备的工作原理、传动系统、结构特征等方面综合分析，推测产生故障的可能原因，再着手利用上述几种实验方法进行实验。

③实验应有明确的目的，并且对实验中可能出现的各种情况、原因、相应的措施都要有事先的充分估计和周密考虑。

④要科学合理地编排出实验顺序，原则上应"先易后难""先重要后次要"。

3）举例。如 M7120A 型平面磨床出现"工作台撞动撞块再拨动先导换向阀后，偶然出现不换向冲出撞缸"的故障，其工作台换向油路如图 2—35 所示。

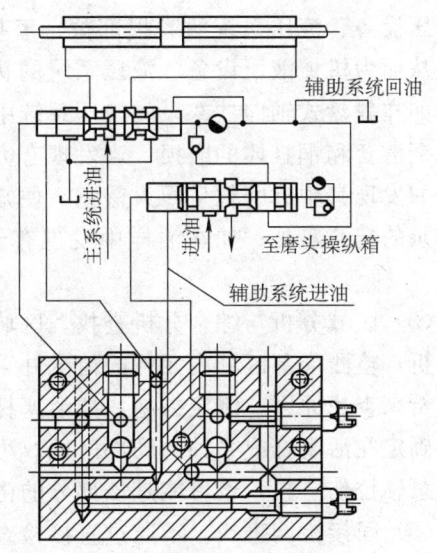

图 2—35　M7120A 型平面磨床工作台换向油路

具体实验步骤如下：

①分析故障产生的原因。实验前，先对产生故障（即换向阀无动作或动作迟缓）的可能原因分析如下：

a. 先导阀通向换向阀的辅助油路不畅通。

b. 换向阀间隙太小或划伤，或因污物卡住，动作有时不灵活。

c. 换向调节节流阀失去作用。

d. 换向阀两端进油，单向阀钢球在液流卷吸作用下堵在进油口小孔上，使进油受阻。

②编排实验顺序。

③进行实验。将原换向调节节流阀阀芯取下，用一短螺钉拧入原螺孔，以封住该螺孔口。这样相当于取消了节流阀。此时，机床工作故障仍无改变，即可排除原因。另一个实验方法是，在单向阀中加装一适当长度的细弹簧，以改变辅助油路通过单向阀将钢球托起时的力平衡关系。使钢球升起高度至换向阀端头进油小孔的距离足够大，摆脱液流的卷吸影响。此时，开动机床，长时间试车不再出现故障，而且，调节换向节流阀有明显的控制作用，说明故障由换向阀两端进油，单向阀钢球贴堵在进油口小孔上引起。

(6) 使用感官查找。此方法是通过人的感觉器官去检查、识别及判断设备工作中出现的故障，并且进行处理的一种方法。它可利用询问、眼睛看、耳朵听、鼻子闻、用手摸及多年的工作经验简便快速地对设备进行检查。利用手指的触觉，检查是否发生振动、冲击及油温升高等故障；用手触摸泵的壳体或液压油时，根据凉热程度判断液压系统是否有异常温升，并判明温升原因和升温部位。

(7) 应用铁谱技术查找。此方法是利用铁的磁性，将液体工作介质中各种磨损微粒和其他污染微粒分离和分析出来，再通过铁谱技术对微粒的相对数量、形态、尺寸大小和分布规律、颜色、成分以及组成元素等做出分析判断，再根据这些信息就可准确地得到液压设备、液压系统的磨损部位、磨损形式、磨损程度甚至液压元件完全失效的结论，从而为机械液压设备、液压系统的状态监控和故障诊断提供科学的、可靠的依据。

如在斜盘式轴向柱塞泵的液压系统中，油样经铁谱分析发现铜磨粒时，可能是来自油泵铜滑套和铜缸体的磨损；当发现有大量非金属杂质纤维时，可能是过滤器有部分损伤；如发现其中有磨粒呈回火蓝色，便知道柱塞泵中存有局部的摩擦高温，它可能来自液压泵的配流盘处；如在油样中发现有红色氧化铁磨粒，则可断定油液中混入了水分等。

(8) 区域分析与综合分析查找。区域分析是根据故障的现象和特征，进行局部区域的分析，检测局部区域内元件的情况并采取相应对策。综合分析是对系统故障作出全面的分析来查找原因，制定措施。如活塞杆处漏油或泵轴油封漏油的故障，因为漏油部位已经确定在活塞杆或泵轴的局部区域，可用区域分析的方法，找出原因可能是活塞杆拉伤或泵轴拉伤磨损，也可能是该部分的密封失效，可采取局部对策排除故障。

(9) 间接检测查找。不通过直接检查，而是通过测量其他的项目，间接地推断出故障发生的原因。如液压泵的磨损程度可通过间接地检测振动来做出判断。

(10) 利用检测仪表查找。通过某些仪器、仪表及器具对液压系统的检测，从中进行观察和记录,从而对故障做出比较准确的定量分析。例如通过系统中的压力表和压力表开关观察系统各部分的压力及压力变化状况,分析压力上不去下不来、压力脉动等故障的部位,进而查找原因。

(11) 利用设备的自诊断功能查找。通过设备上的电子计算机的辅助功能(M功能)、接口电路及传感技术,可对液压机床的某些故障进行自诊断,并在荧光屏上显示,然后根据显示的故障内容进行排除。如某企业引进的 HR5B 型加工中心机床,通过按 PARAM 键和 N 键,可在荧光屏上显示 PC 参数,每一个参数有 8 位数,操作者可根据每一位显示的数据是 "0" 还是 "1" 判断出是否有故障。

(12) 利用在线监测检修测试器查找。将一种检测时进入系统、正常工作时返回以恢复原工况的测试器连接在液压系统相应的部位,测得所需信息,根据信息的处理、分析来查找故障原因。在图 2—36b 所示的液压系统中,当液压缸 16 出现双向无动作故障时,可在液压回路图 2—36b 中的 11、13、18 三个位置处,连接上三个测试器,以对系统故障进行判断。故障诊断的分析过程如图 2—37 所示。

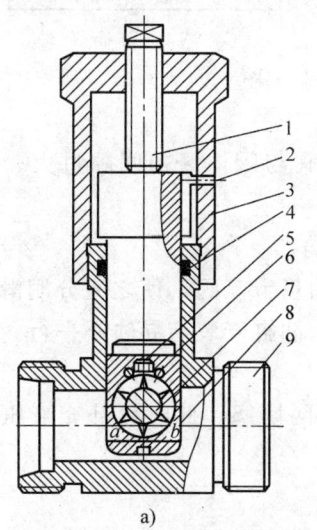
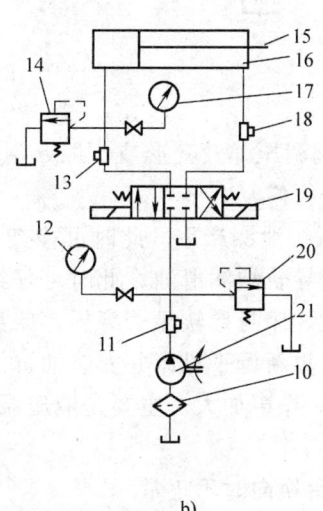

a)   b)

图 2—36 测试器及液压系统图
a) 测试器结构图 b) 液压系统图
1—螺栓 2—螺钉 3—顶盖 4—密封圈 5—磁敏电阻 6—侧板 7—叶轮
8—测试杆 9—测试座 10—过滤器 11、13、18—检测器 12、17—压力表
14、20—溢流阀 15—活塞杆 16—液压缸 19—换向阀 21—液压泵

3. 典型机床液压系统常见故障及排除方法
(1) M131W 型万能外圆磨床液压系统常见故障及排除方法
1) 工作台慢速移动时爬行
①液压系统存有空气。可在开车时打开放气阀,工作台快速全程往复运动排除空气后,关闭放气阀。
②系统工作压力低于 0.8~1.1 MPa。此时可用下述方法检查和排除故障:
a. 齿轮泵的轴向及径向间隙过大,不能建立正常的工作压力。此时可修理或更换

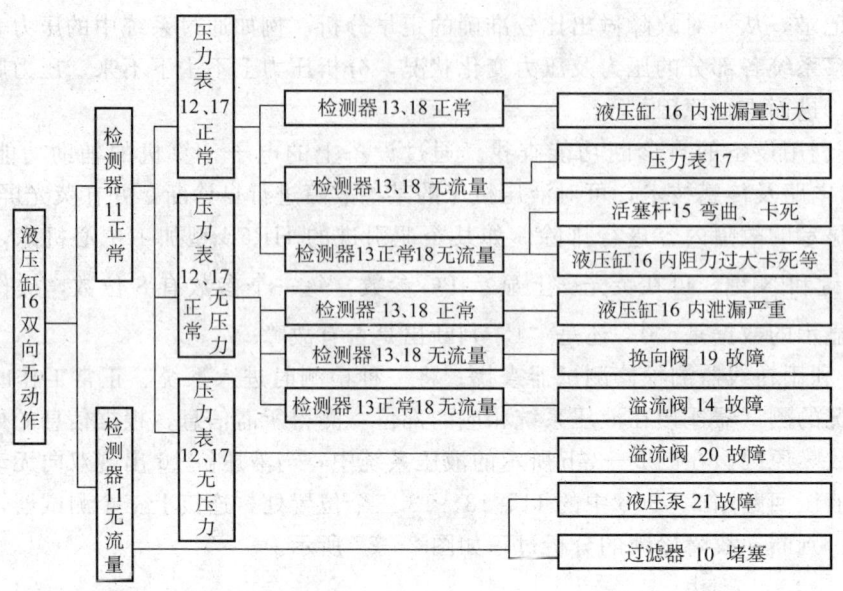

图 2—37 液压故障判别分析框图

齿轮泵。

　　b. 溢流阀调压弹簧变形或折断，滑阀卡死，滑阀与阀体磨损间隙过大。此时可针对上述原因进行修复。

　　c. 液压系统泄漏严重。此时可检查泄漏处并堵漏。

　　③工作台导轨缺润滑油。此时可仔细调整润滑油量节流阀，使之充分润滑但又不得使工作台飘浮。床身导轨显著磨损，床身地基变形，油缸安装与导轨不平行。此时可修刮床身导轨，重新调平机床并安装油缸。

　　2）运行时噪声加大。主要是液压泵空吸，或滤网堵塞。此时可补充液压油，清洗滤网。

　　3）工作台换向时不正常

　　①换向精度差。影响换向精度的原因有：工作台导轨润滑油油量太多；油缸活塞杆两端的固定螺母拉得太紧或太松，油封调得太紧；系统中混入空气；系统内外泄漏严重，操纵板密封纸垫破裂。排除的措施是：适当减小导轨润滑油量；调整活塞杆两端锁紧螺母及油缸两端油封；排除系统中的空气；严防系统泄漏。

　　②换向迟缓。主要原因是：系统中混入空气，因为空气有压缩和膨胀的特性，所以在工作台换向时，压力油端空气体积压缩，致使工作台换向迟缓，同时还会出现换向抖动几次及倒回等现象；导轨润滑油量过大，工作台由于惯性作用致使换向起步迟缓；液压系统压力太低，推力不足；系统泄漏严重；换向阀两端的节流阀调整不当。排除的措施为：排除系统中的空气；适当减小润滑油量；重新调整工作压力至 0.8～1.1 MPa；严防泄漏；适当旋出节流螺钉，加快换向阀移动速度。

　　③换向时出现死点。主要原因是：减压阀中的阻尼孔堵塞及滑阀在阀座孔中移动不灵活，使辅助压力显著降低；换向阀在阀座孔中移动不灵活，甚至卡死；换向阀两端节

流阀的节流开口太小；导向阀控制尺寸太小。排除的措施为：清洗及修复各配合间隙；清洗及研配阀芯；适当旋出节流螺钉，增大其开口量，加速换向阀的移动速度；做新的导向阀芯，将开口量从 13.7 mm 改为 14.7 mm，如图 2—38 所示，增加封油长度，以避免油缸回油与辅助压力油互通。

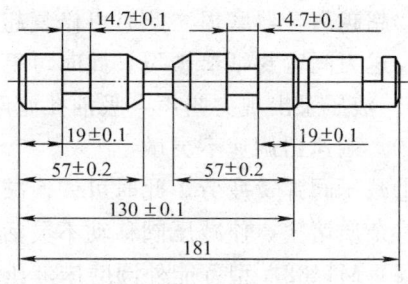

图 2—38　导向阀的改造

(2) B690 型牛头刨床液压系统常见故障及排除

1) 油温过高

①液压泵、滑阀、油缸磨损，内泄漏大。此时可修复或更换叶片泵、滑阀及油缸。

②阻力阀压力超过 0.8 MPa。此时可重调阻力阀压力至 0.6～0.8 MPa。

③球形阀压力超过 0.8 MPa。此时可重调球形阀压力至 0.6～0.8 MPa。

④油面过低。此时可补充油量到油标位置。

2) 换向冲击大

①球形阀压力超过 0.8 MPa。此时可重调球形阀压力至 0.6～0.8 MPa。

②针形阀调整不当。此时可旋转针形阀，使换向冲击降至最小。

3) 低速时有爬行现象

①系统中进入空气。此时可让工作油缸的活塞在最大行程上往复空运转，强迫排出空气。

②滑枕导板调整过紧或润滑不良。此时可调松导板或加大滑枕的润滑油量。

③活塞杆密封环调整过紧。此时可适度调松密封环，使活塞杆上能见到一层很薄的油膜为止。

4) 滑枕不能迅速停车

①制动阀被脏物堵塞，在孔内移动不灵活。此时可清洗滑阀，疏通控制油路。

②制动阀弹簧疲劳。此时可更换弹簧。

③溢流阀阀芯卡死。此时可修复溢流阀，使阀芯移动灵活。

5) 机床不能迅速启动

①溢流阀阻尼孔被杂物堵塞。此时可疏通阻尼孔。

②溢流阀阀芯被油中杂物堵塞。此时可清洗溢流阀，修复阀芯使之移动灵活。

6) 切削无力，切削时工作速度或返回速度显著降低

①球形阀压力没有调到 5 MPa。此时可重新调整压力。

②系统严重泄漏。此时可检查泄漏损坏环节，并进行修复。

7) 滑枕不能换向

①球形阀压力未调到规定值。此时可将球形阀压力调到 0.6～0.8 MPa。

②针形阀开口量小，封闭了换向阀的操纵回路。此时可适当加大针形阀开口量。

8) 工作台不能进刀或进刀不均匀

①阻力阀压力调得过低。此时可将压力调至 0.6～0.8 MPa。

②超越离合器磨损。此时可修复超越离合器。

③送刀阀密封纸垫破裂。此时可更换纸垫。

9) 液压泵出现尖叫声，吸油孔滤网被脏物堵塞。此时可清洗滤网，甚至考虑换油。

10) 调速器调速不灵敏

①减压阀弹簧疲劳。此时可调换减压阀弹簧。

②杂质堵塞，使减压阀移动不灵活。此时可清洗减压阀，使其运动灵活。

(3) M1432A 型万能外圆磨床液压系统常见故障及排除

1) 节流阀关闭后工作台仍慢速运动

①操纵箱的节流阀与阀体孔配合间隙过大，有渗漏。这时可研磨阀体孔，重配阀芯，阀芯的圆度误差不大于 0.004 mm，配合间隙为 0.008～0.012 mm。

②如发现驱动工作台移动的液压回路有渗漏，应采取必要的措施堵漏。

2) 工作台换向时，砂轮架有轻微抖动

①液压系统的压力出现很大的波动，其表现形式是在换向时砂轮架向前微动。此时若正在磨削工件，可以看到磨削火花突然增多。这时应清洗和调整溢流阀，同时在制动缸和快速进退油缸后腔的油路上增设止回阀。

②系统中工作压力调得过高。此时可将系统压力调低，一般工作压力为 0.9～1.1 MPa。

③系统中混入大量空气。这时可拧开放气阀，将工作台在最大行程反复移动放气。

3) 工作台换向时不稳定

①换向阀两端的节流阀调整不当，节流开口量太小，造成换向阀的移动速度变慢，致使工作台换向不稳定。此时可加大节流开口量。

②当先导阀换向杠杆被工作台左、右行程挡块夹在正中位置时，回油开口量太小，影响工作台换向起步速度，同时造成工作台抖动频率太低，甚至不抖动。排除方法是将换向阀两端环形油槽向端部方向车去一些，使第二次换向提前，加快起步速度，或修磨先导阀中的制动锥，保持原制动锥的角度不变，适当加长制动锥的长度，但修磨量不宜太大，否则会影响工作台的换向精度。

4) 启动液压泵时工作台有纵向冲击。产生的原因是液压泵关停时，液压泵电动机倒转，系统中的油液回流至油池，而空气又被吸入液压系统。解决的方法是在液压泵输出油路上增设一单向阀，使油液只能单向流动。

5) 工作台慢速移动时爬行

①液压系统进入空气，使液压油中出现大量的气泡。此时可针对故障拧紧油管接头或对液压泵重新密封。

②液压油清洁度差，致使脏物堵塞油路，流量和压力都发生变化，产生工作台爬行。此时应清洗油路，更换干净的油液。

③工作台导轨润滑不良，润滑油压力不稳定。此时可将润滑系统的压力调整到 0.1～1.2 MPa。

④工作台驱动液压油缸的安装位置因受冲击力而发生变动，使活塞杆轴线与导轨面不平行，工作台移动阻力增加。此时可检查并调整活塞杆的安装位置，使之与导轨平行度允差不大于 0.1 mm。

6) 工作台换向时发生冲击

①缓冲装置失灵。此时应修复或更换缓冲装置中的元件，恢复配合间隙。
②工作压力调得过高。这时应调整工作压力至 0.9～1.1 MPa。
③油温过高，致使液压油黏度下降。此时应改善系统散热能力，或加大油箱容积。
④活塞杆、支架和工作台连接松动。此时应将各松动部位加以紧固。

三、机械设备的二级保养

以设备维修人员为主，设备操作人员参加的对设备的定期维修，称为机械设备二级保养。机械设备二级保养的工作内容包括：擦洗设备；测量并调整设备精度；拆检、更换或修复少量易损零件；刮削或研磨修复轻微磨损的零部件；紧固各部分连接；保持设备完好并保证二级保养后的设备能够正常运行。

1. 机械设备的二级保养制度

机械设备二级保养制度建立在计划预修制度的基础上。一般由企业设备管理部门在上年度末排定下年度的设备二级保养计划，每月随同生产作业计划一起下达到生产车间和设备维修班组。

二级保养所用的时间一般为 7 天左右。二级保养完成以后，维修人员应详细填写检修记录，由车间机械员和设备操作人员验收，验收单由企业设备管理部门存档备查。

两班制生产的设备一年安排一次二级保养。在安排有设备二级保养的季度，该设备不安排一级保养。设备管理部门在编排设备二级保养计划时，必须考虑以下因素：

（1）根据在用设备的生产负荷及企业的生产计划，确定何时停机进行二级保养对生产影响最小。

（2）根据设备目前的技术状况和设备能维持正常生产的时间，将二级保养时间安排在设备不能正常运行之前。

（3）根据设备维修组的设备维修能力，每月的二级保养计划中，大设备与小设备、简单设备与复杂设备要配套安排。

（4）根据季节温度变化，一般将大设备二级保养计划安排在春、秋两个温差较小的季节。

（5）根据二级保养中需要更换的机械备件、配件的准备（采购或自制）周期编排二级保养计划。

2. CA6140 型卧式车床的二级保养

机床两班制运转一年，进行一次二级保养，二级保养停歇时间为 3～4 天。工作内容除机械设备一级保养中规定的工作内容以外，还要做好下列工作：

（1）车床各部件的检查、调整及对机械磨损件的修复和更换

1）主轴箱。开启主轴箱，检查主传动系统中的传动轴、轴承、齿轮等的磨损状况，如发现零件磨损严重时应予以更换，并重新调整双向片式摩擦离合器和变速机构。

①双向片式摩擦离合器的调整。先将车床操纵手柄置于正车的准确位置，然后压下止动销3，如图 2—39 所示。拨动左边带止动缺口的螺母1，直至拨不动为止，再将操纵手柄置于反车位置，按上述方法调整右边摩擦片的压紧力。最后将操纵手柄置于停车

位置，再将左、右螺母分别向压紧方向转过3~6个缺口，并使止动销3在弹簧力的作用下弹回缺口内，以防螺母松动。二级保养中，如发现摩擦片磨光，为了增加其摩擦因数，可对摩擦片进行喷砂处理修复。

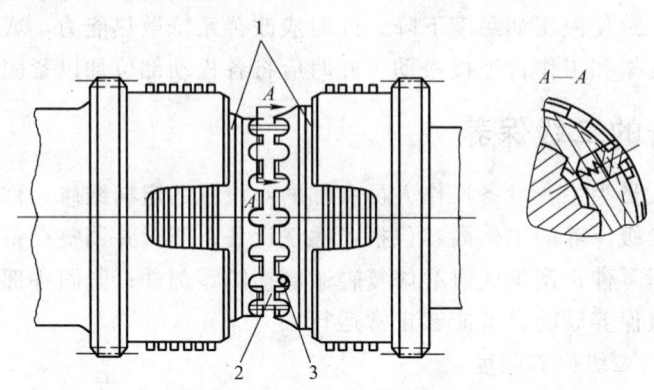

图2—39 片式摩擦离合器的调整
1—螺母 2—花键套 3—止动销

②变速机构的调整。变速机构链条张紧装置结构如图2—40所示。调整前最好使Ⅱ轴双联滑移齿轮移到右边位置，并与Ⅰ轴上的左边双联齿轮对齐；再使Ⅲ轴滑移齿轮移到中间位置，与Ⅱ轴固定连接，并使其与右数第二个齿轮对齐，这时恰好是Ⅰ—Ⅲ轴的低速传动路线，然后先松开螺钉，转动偏心轴来调整链条张紧程度，调好后将螺钉紧固。通过螺钉旋进压紧钢球，将偏心轴紧固。

由于在低速传动路线情况下调整，所以手柄应处于读数盘的右侧水平位置，指针恰好指向最低转速的数字中央。最后再扳动手柄检查，应该灵活可靠，各齿轮啮合轴向位置正确且手柄转动力矩不大。

2）刀架部件

①横向进给丝杠副的修复和调整。横向进给丝杠一般是局部螺纹磨损，二级保养时可采用修丝杠配新螺母的方法进行修复。螺母的位置及丝杠螺母间隙的调整如图2—41所示。两螺母4、7的水平位置可沿定位键进行微量调整；在垂直方向上则通过改变调整垫5的厚度加以调整。丝杠螺母的配合间隙，可通过调整垫5使螺母4沿丝杠轴向产生位移进行消除。

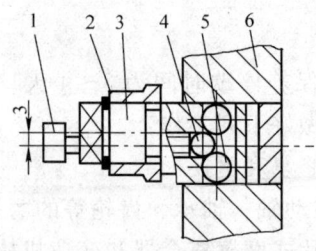

图2—40 链条张紧装置
1—螺钉 2—导轮 3—偏心轴
4、5—钢球 6—主轴箱体

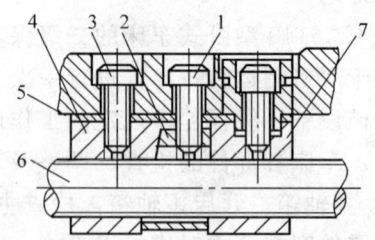

图2—41 双螺母的间隙调整机构
1、3—紧固螺钉 2—斜垫 4、7—螺母
5—调整垫 6—横向进给丝杠

②小刀架斜铁、中滑板斜铁的修复和调整。两根斜铁由于磨损致使外露端与塞入面间出现一个台阶，此时应将斜铁拆下，在平板上研刮外露端，使之成一个平面后再装入刀架中。先将斜铁紧固螺钉压紧，然后稍松一圈，用手摇动手柄使刀架在全长上移动，逐渐调紧紧固螺钉，直至刀架在全长上移动灵活且间隙合适为止。

③方刀架的修复和调整。检查方刀架的定位销和定位套锥面，定位销磨损时还可修磨锥面。

3）溜板箱。发现磨损时可更换新套。

①检查纵、横向机动进给与快速移动机构是否工作正常、操作灵活。

②检查单向超越离合器的磨损状况，如发现星形体上有磨损沟槽时，可将沟槽磨平。

③检查过载保险装置中的弹簧压力，并通过拧动端面螺母对压力进行调整。

4）床身导轨。检查床身导轨面，要求表面光滑、无毛刺、无拉毛。如发现浅拉毛，用刮削修复；如拉毛较深时，可用导轨胶粘补。

5）尾座

①检查尾座套与尾座的间隙值，如间隙过大时，可用镀铬或镀铁等方法加大尾座套的外径后重新磨削修复。

②如发现尾座套锥孔拉毛时，可用锥度铰刀铰光圆锥孔进行修复。

(2) 车床精度检查及调整。对车床的主要几何精度进行检查，发现超差及时进行调整。

(3) 后续工作。为今后的修理工作测绘易损件，提供备件、配件清单和图样。

第三节 设备修理

→ 能够掌握精密、大型、高温等运行的机械零件的修复技术
→ 能够进行典型运动副的修复及调整技术

一、精密导轨及修理

1. 滚动导轨

滚动导轨是指在导轨间安放滚动体，两个导轨面都只同滚动体接触而不直接接触的精密导轨。其根本特性就是导轨面的摩擦是滚动摩擦，因此其摩擦因数小，动、静摩擦因数很接近，从而使运动轻便灵活。运动所需功率小，摩擦发热少，磨损小，精度保持性好。低速运动无爬行现象，运动平稳、均匀。移动精度、定位精度都较高，可获得精确的微量位移。润滑简单，有时是脂润滑，高速运动时不会出现像滑动导轨那样的导轨浮起现象（动压效应）。但滚动导轨结构复杂、制造困难、成本比较高、抗振性差，另

外,其对脏物较敏感,应有良好的防尘装置。它被广泛应用于各类坐标镗床、数控机床、工具磨床及立式车床等精密机床上,例如磨床砂轮架的横向进给导轨。

(1) 结构。滚动导轨可分为开式和闭式两种,其中闭式的可通过施加预加载荷来提高导轨的接触刚度和抗振性。按滚动体的类型,滚动导轨可分为滚珠、滚柱、滚针和滚动导轨支承等形式。

1) 滚珠导轨。滚珠导轨如图 2—42 所示。滚珠 4 用保持器 3 隔开,在淬硬镶钢导轨中滚动。导轨 1、2 和 5、6 分别固定在工作台和床身上(见图 2—42a),它属 V—平组合的开式导轨。图 2—42b 所示的滚动导轨结构,可用调整螺钉 7 调节导轨的间隙或进行预紧,调整后,用螺母 8 锁紧,图 2—42b 比图 2—42a 所示结构的刚度高。滚珠导轨适用于运动部件重力不大于 2 000 N,切削力和颠覆力矩都较小的机床。如工具磨工作台导轨(见图 2—42a)、磨床砂轮修整器导轨(见图 2—42b)等。其特点是:结构紧凑、制造容易、成本低、刚度低及承载能力小。

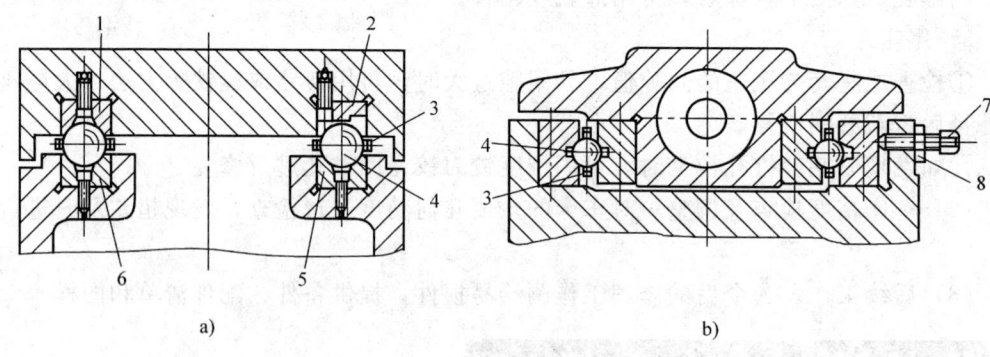

图 2—42 滚珠导轨
a) 工具磨工作台导轨 b) 磨床砂轮修整器导轨
1、2、5、6—导轨 3—保持器 4—滚珠 7—调整螺钉 8—螺母

2) 滚柱导轨。滚柱导轨的承载能力和刚度都比滚珠导轨大。但滚柱较滚珠对导轨平行度要求高,因为微小的平行度误差都会引起滚柱的偏移和侧向滑动,从而加剧导轨的磨损,降低了精度。因此滚柱应做成腰鼓形,即中间直径比两端大 0.02 mm 左右。滚柱导轨适用于载荷较大的机床,是应用最为广泛的一种滚动导轨。其特点是:有较大的承载能力和较高的刚度,但加工精度要求高。滚柱导轨有以下三类:

①V—平组合的开式滚柱导轨,如图 2—43a 所示。其结构简单、制造方便、应用较多,导轨面可配制或配磨。一般采用淬火钢镶装导轨,在无冲击载荷、运动不频繁、防护条件较好时,也可采用铸铁导轨。

②燕尾形滚柱导轨,如图 2—43b 所示。其结构紧凑,调节方便,但制造工作量大,装配精度不便检查。这种导轨适用于空间尺寸不大,又承受颠覆力矩的机床部件。

③十字交叉滚柱导轨,其一对导轨间,是截面为正方形的空腔。滚柱装在空腔里,相邻滚柱的轴线交叉成 90°,这样导轨在哪个方向上都有承载能力。为了减少端面摩擦,滚柱的长应略短于其直径(小 0.15~0.25 mm),滚柱由保持器隔开。其特点是精

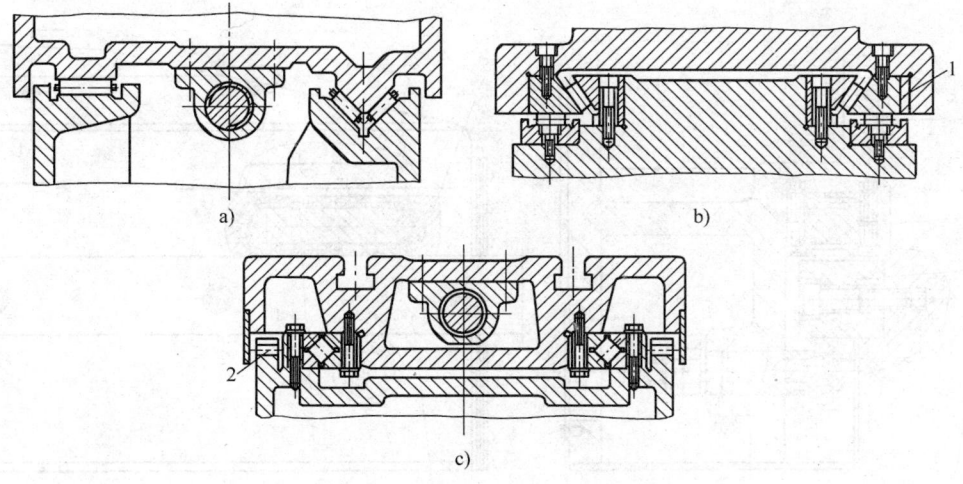

图 2—43 滚柱导轨
a）V—平组合的开式滚柱导轨　b）燕尾形滚柱导轨　c）十字交叉滚柱导轨
1—调整斜镶条　2—调节螺钉

度高、动作灵敏、刚度高及结构较紧凑（见图 2—43c），但制造较困难。图示结构可用调节螺钉 2 预紧，为了增加滚柱数量，可不用保持架而紧密排列，从而提高刚度。除图示闭式结构外，十字交叉滚柱导轨也可是开式的，如坐标镗床导轨。此时采用铸铁导轨，滚动体为大直径的空心滚柱，这样既有较高的刚度又有缓冲功能。

3）滚针导轨。滚针可按直径分组选择，中间滚针的长度略小于两端的，以便提高运动精度。滚针导轨适用于尺寸受限制的地方和承载较大的场合。其特点是滚针比滚柱的长径比大，所以其尺寸小，结构紧凑，承载能力也较大，但摩擦因数也大些。

4）滚动导轨支承。滚动导轨支承是一个独立的部件，其滚动体可以是滚珠的，也可以是滚柱的（见图 2—44）。图 2—44 中，壳体 3 用螺钉固定在导轨 2 上。当导轨移动时，滚子 4 在支承导轨 1 上滚动，并通过滚动导轨支承两端的保持器 5 和 6，使滚子 4 得以循环。

滚动导轨支承适用于各种直线运动导轨，一条导轨可装多个支承。装有滚动支承的动导轨可不受行程的限制。其特点是刚度高、承载能力大、便于装拆。

（2）滚动体的尺寸与数目。滚动体的直径、长度和数目，可根据滚动导轨的结构选择，选择时应考虑下列因素：

1）滚动体的直径越大，滚动摩擦因数越小，滚动导轨的摩擦阻力越小，接触应力也越小。因此，在结构不受限制的情况下，滚柱导轨的滚柱直径越大越好，最小直径不得小于 6～8 mm，滚针直径不得小于 4 mm。

2）滚动体承载能力不能满足要求时，可加大滚动体的直径或增加滚动体的数目。对于滚珠导轨，应先加大滚珠的直径；对于滚柱导轨，加大直径和增加滚动体数目是等效的。

3）滚动体的数目也应选择得适当。通常，每个导轨上每排滚子数最少为 12～16

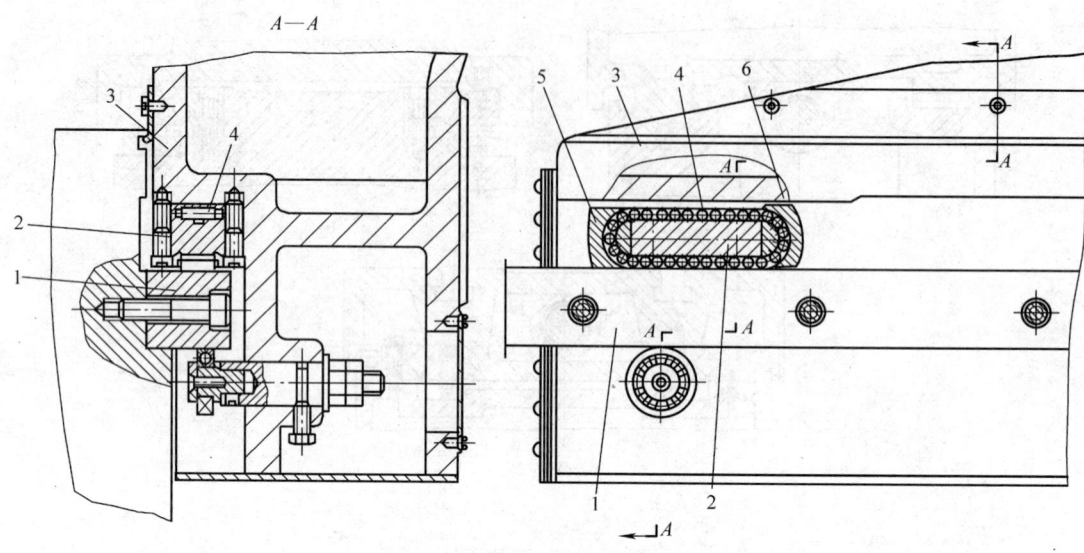

图 2—44 滚动导轨支承
1—支承导轨 2—导轨 3—壳体 4—滚子 5、6—保持器

个。具体的可用下式确定每一导轨上滚动体数目的最大值。即：

$$Z_{柱} \leqslant \frac{G}{4l} \qquad Z_{珠} \leqslant \frac{G}{9.5\sqrt{d}}$$

式中 $Z_{柱}$ 和 $Z_{珠}$——滚柱和滚珠的数目；
G——每一导轨上所分担的运动部件的重量，N；
l——滚柱长度，mm；
d——滚珠直径，mm。

4）在滚柱导轨中，如果导轨是淬硬钢制造的，滚柱要短一些，长径比最好不超过 1.5～2，长度不超过 25～30 mm；如果强度不够，可以增大滚子的直径或增加其数目。对于铸铁导轨，由于可以刮研，加工误差较小，故滚柱的长径比可以大一些。

(3) 长度

1）如图 2—45a 所示结构，因滚动导轨中的滚动体和保持架随动导轨移动，为了提高滚动导轨的接触刚度，应使动导轨的全长始终与滚动体相接触，因此保持架长度 L_G 为：

$$L_G = L_d + \frac{1}{2}l$$

式中 L_d——动导轨长度，mm；
l——动导轨行程长度，mm。

由于有 $\frac{1}{2}l$ 长的保持架中的滚子始终露在外面，所以必须加强导轨防护，为了保证动导轨移到两端时，滚动体刚好移到支承导轨的边缘，应使支承导轨的长度为：

$$L = L_G + \frac{1}{2}l$$

2）如图 2—45b 所示结构，只适用于载荷均布或集中于动导轨中部的场合。支承导轨的长度为：

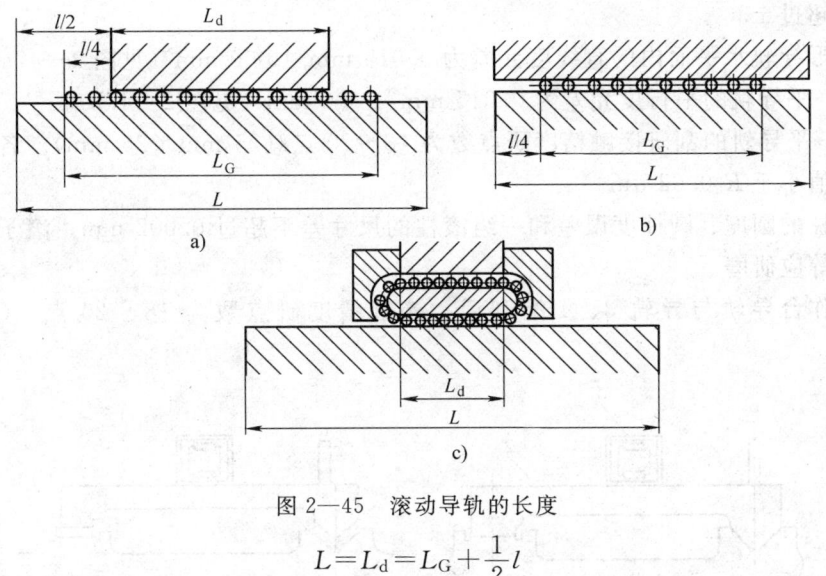

图 2—45 滚动导轨的长度

$$L = L_d = L_G + \frac{1}{2}l$$

3) 在滚动导轨支承中，动导轨的行程只受支承导轨长度的限制（见图 2—45c）。

（4）预紧。预紧可以提高滚动导轨的刚度。在有预紧的滚动导轨中，燕尾形和矩形的滚柱导轨刚度最高，滚珠导轨刚度最差，十字交叉滚柱导轨的刚度比滚珠导轨高些。

1) 有预紧的滚动导轨的应用范围：当颠覆力矩较大时，为了防止滚动导轨的翻转时采用；在高精度机床上应用这种导轨，以提高接触刚度和消除间隙；应用在立式滚动导轨上以防止滚动体脱落和歪斜；应用在质量较轻的部件（砂轮修整器等）的滚动导轨上，以防止在外力的作用下导轨面与滚动体脱开和获得必要的刚度及移动精度。

2) 选择预紧力的原则。预紧力应大于载荷，使与受力方向相反一侧的滚动体与导轨间不出现间隙；同时，预紧力与载荷之和不得超过受力一侧的滚动体许用承载力。

3) 预紧的方法

① 采用过盈配合。过盈量有个合理值，它既可使导轨的接触刚度较高，又使牵引力不太大，一般取过盈量 $\delta = 0.05 \sim 0.06$ mm。中等尺寸的机床也可用测牵引力的办法来判断预紧是否合适，导轨上的牵引力，一般不超过 $30 \sim 50$ N。滚动导轨支承用于数控机床时的过盈量，滚珠导轨支承可取 0.03 mm，滚柱导轨支承可取 0.02 mm。

② 采用调整元件。如图 2—43b 和 2—43c 所示，它们分别采用调整斜镶条 1 和调节螺钉 2 的办法进行预紧。

（5）修理。以螺纹磨床床身为例说明滚动导轨的修理，如图 2—46 所示。

1) 技术要求

① V 形导轨角分线对平面导轨垂直线的平

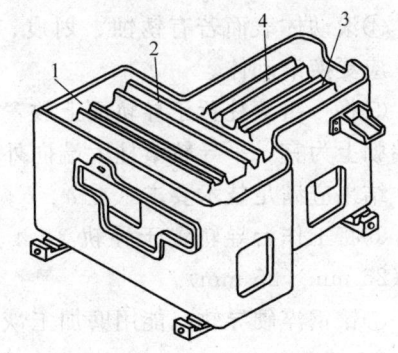

图 2—46 螺纹磨床床身
1、2、3、4—导轨

行度，不超过±30′。

②V形导轨水平面内的直线度允差为 0.015 mm/1 000 mm（见图 2—47a）。

③V—平导轨的平行度允差为 0.015 mm/1 000 mm（见图 2—47b）。

④V—平导轨的刮研接触精度研点数为 18～20 点/(25 mm×25 mm)。各导轨的表面粗糙度值小于 $R_a 0.02 \mu m$。

⑤滚柱的圆度、圆柱度误差和一组滚柱的尺寸差不超过 0.002 mm，滚子表面有划痕、锈迹等应研磨。

⑥工作台导轨与导轨 3、4 配刮后，接触精度研点数为 18～20 点/(25 mm×25 mm)。

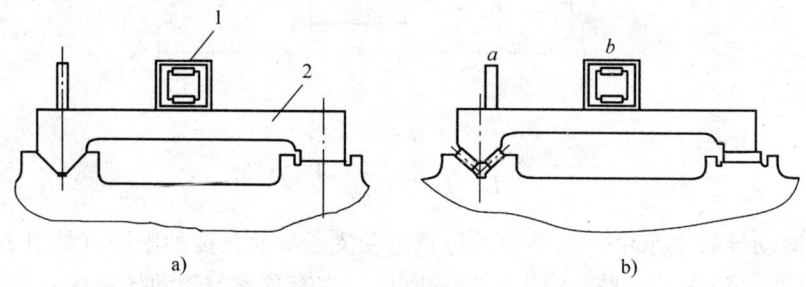

图 2—47 用检验桥板检查

a) 用检验桥板检查 V—平导轨的平行度误差　b) 在滚柱上放置检验桥板检查 V—平导轨的平行度误差

1—水平仪　2—检验桥板

2) 修理要点及操作步骤图

①床身找正时，将床身放在楔形垫铁上，如图 2—46 所示（垫铁应放在坚实的基础上，以免基础刚度影响测量精度）。用桥形板和水平仪找正导轨 1、2、3、4 至最小误差。

②分别用 V 形角度直尺和标准平尺着色，拖研、刮削导轨 3、4 至上述精度要求。

③保证 V 形导轨角分线与平导轨垂线的平行度要求。从而确保导轨间垫入滚柱时按比例平行上移，否则将造成导轨面与滚柱点接触。

④滚动体表面若有锈蚀、划痕、磨损等缺陷，应进行研磨，当研磨无法消除缺陷时，应更换滚动体。

⑤将一组滚柱置于导轨面上放置时，应把尺寸不同的滚子间隔开。V 形导轨的滚柱大端朝上为宜，平导轨滚柱大端向外为宜。然后在滚柱上放检验桥板，在全长上推动检查，结果应满足技术要求（在 a、b 两个方向上检查，见图 2—47b）。

⑥将工作台导轨置于导轨 3、4 上着色、拖研、刮削，接触精度研点数为 18～20 点/(25 mm×25 mm)。

⑦镶钢淬硬导轨只能用磨加工恢复其精度。若更换新导轨，导轨淬硬后，应时效处理。

2. 静压导轨

将具有一定压力的润滑油，通过节流器输入两导轨面的油腔中，在导轨面间形成压力油膜，使动导轨微微浮起，导轨处于纯液体摩擦状态，这种导轨就是静压导轨。

（1）特点。静压导轨的优点有：导轨无磨损，精度保持性好；油膜厚度不随载荷或运动速度变化而变化，可以提高精度；摩擦因数很小（0.0001～0.0005），大大降低传动功率，减少摩擦发热；低速移动准确、均匀、无爬行，运动平稳性好；油膜有吸振能力，抗振性好。缺点包括：结构复杂；增加了一套专门的供油系统；调整比较麻烦；对润滑油清洁度要求很高。根据上述特点，静压导轨多用于高精度、高效率的大型机床和低速运动的导轨。

（2）分类。静压导轨按结构形式分，有开式静压导轨和闭式静压导轨；按供油情况分，有定压式静压导轨和定量式静压导轨。定压式静压导轨应用较多，导轨常用的节流器有毛细管固定节流器和薄膜反馈可变节流器。

（3）工作原理。静压导轨的工作原理与静压轴承相同，如图2—48、图2—49、图2—50所示。图2—48是定压开式静压导轨，图2—49是定压闭式静压导轨，图2—50是定量式静压导轨。可见，闭式静压导轨上下每一对油腔都相当于静压轴承的一对油囊，只是压板油腔要窄一些。开式静压导轨只有一面有油腔。图2—48a和图2—49a装有固定节流器。图2—48b和图2—49b装有薄膜反馈节流器。下面以装有固定节流器和薄膜反馈节流器的静压导轨为例，说明其工作原理。

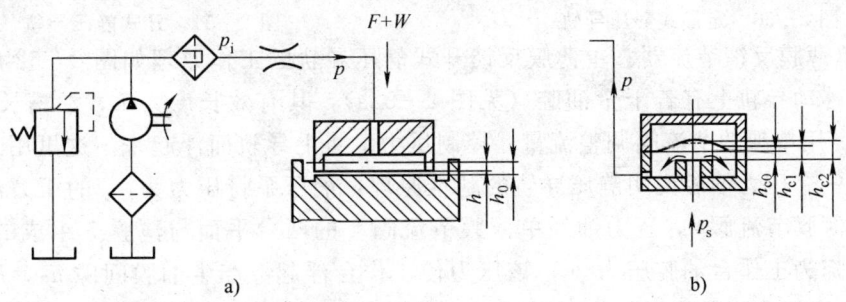

图 2—48 定压开式静压导轨
a) 装有固定节流器的定压开式静压导轨　b) 装有薄膜反馈节流器的定压开式静压导轨

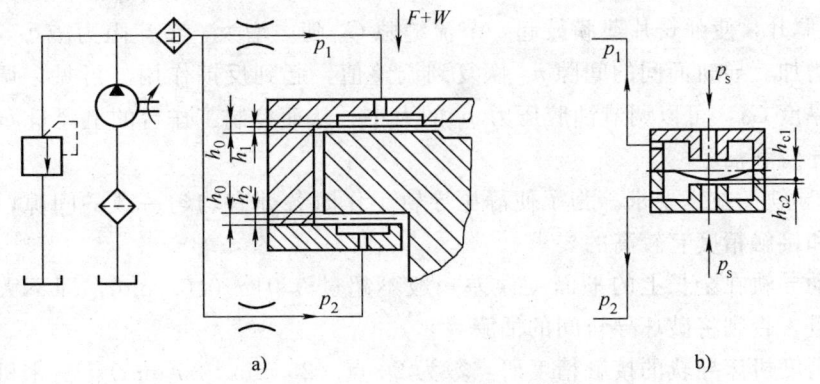

图 2—49 定压闭式静压导轨
a) 装有固定节流器的定压闭式静压导轨　b) 装有薄膜反馈节流器的定压闭式静压导轨

1) 固定节流器。采用固定节流器的开式静压导轨的工作原理如图2—51所示。液压泵将压力为 p_B 的压力油送给系统。经节流器节流后，压力油压力变为 p_0，进入导轨的各个相应油腔。当 p_0 达到一定值后，上导轨面就浮起一定高度 h_0，建立起纯液体摩擦。这种液体摩擦是动态的。因为压力油不断地穿过各油腔的封油间隙后，流回油箱，故压力降为零，然后再由泵送给系统，周而复始。当工作台在外载荷 F 的作用下，向下产生一个微小位移时，导轨间的间隙变小，使油腔回油阻力增大，产生"憋油"现象，使压力 p_0 升高到 p_1，提高了工作台承载能力。该承载能力始终抵制工作台沿外载荷 F 方向下沉，维持住导轨的纯液体摩擦状态。工作台只是向下有个微小的位移后，重新平衡。

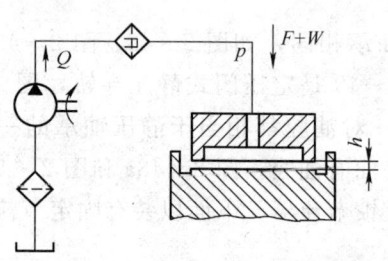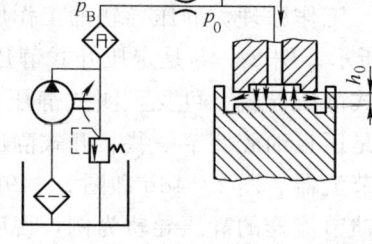

图2—50 定量式静压导轨　　　　　　图2—51 开式静压导轨

2) 单薄膜反馈节流器。单薄膜反馈开式静压导轨的工作原理如图2—52所示。静压导轨的移动导轨上有若干个油腔（见图2—52a），其有效长度为 L，油槽长为 l，其宽度为 b，用单独的节流阀调整流量，控制压力，将上导轨面浮起来。这里用工作台导轨面上的一个压力油腔说明静压导轨的基本原理：液压泵将压力为 p_s 的压力油经滤油器送入单薄膜节流阀4，压力油经单薄膜节流阀4的凸台平面与薄膜5组成的缝隙 G_0 后，压力降为工作台油腔压力 p_i，该压力使工作台浮起。产生油膜间隙 h_0，压力油经间隙 h_0 流出后，经床身导轨2两边的回油槽流回油池。

这里附加介绍一下单面薄膜反馈式节流阀的原理。当工作台上的载荷 W 增加到 $W+\Delta W$ 时，导轨面间的间隙 h_0 减少为 $h_0-\varepsilon_0$。此时，工作台油腔溢油阻力增加，油腔压力 p_i 上升，使弹簧片薄膜鼓起，节流缝隙 G_0 随之增大，节流阻力减小，使油腔内油液流量增加。导轨面间的间隙 h_0 恢复到调整值，起到反馈作用。可见，调整节流缝隙的垫片厚度 G_0，可以调节油腔压力 p_i 的大小，从而控制工作台的上浮量 h_0。

(4) 导轨和油腔

1) 对导轨的技术要求。为了使静压导轨工作时各处有均匀一致的间隙，对导轨的几何精度和接触精度有较高的要求。

①移动导轨在全长上的平面度误差一般不超过 0.01～0.02 mm，即不大于移动导轨的上浮量，否则将破坏导轨间的油膜。

②高精度机床导轨的接触精度研点数为 20 点/(25 mm×25 mm)，精密机床导轨的接触精度研点数为 16 点/(25 mm×25 mm)，普通机床导轨的接触精度研点数不少于 12 点/(25 mm×25 mm)。刮研深度，高精度和精密机床不超过 0.003～0.005 mm，普通和大型机床不超过 0.006～0.01 mm。

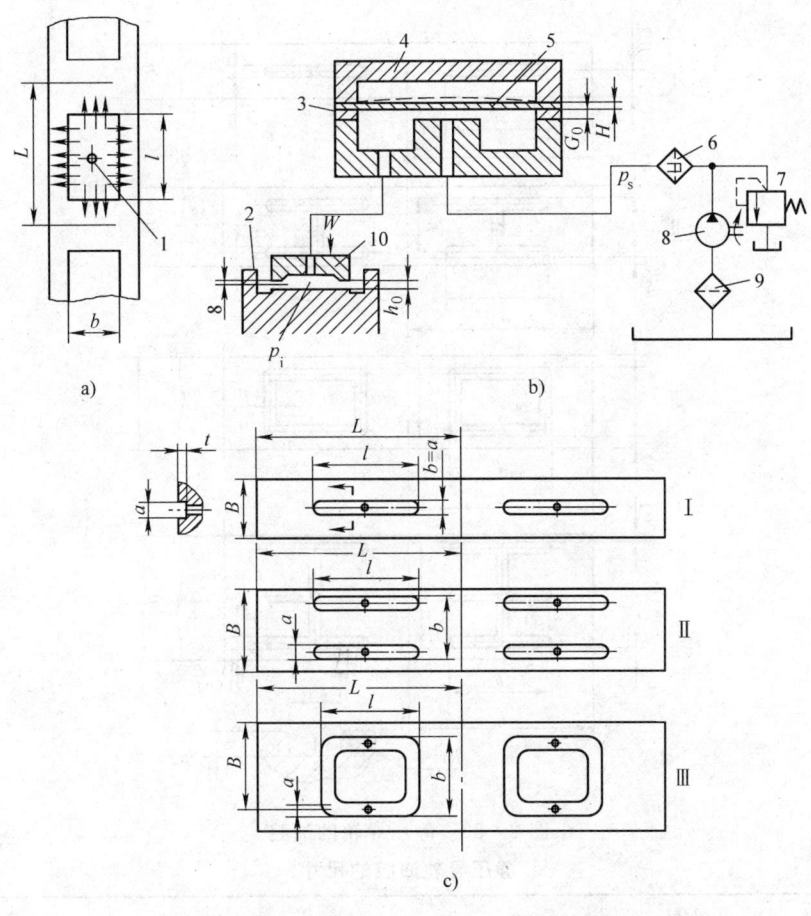

图 2—52　采用单面薄膜反馈式节流器的开式静压导轨示意图
1—进油孔　2—床身导轨　3—调整垫片　4—单薄膜节流阀
5—薄膜　6—滤清器　7—溢流阀　8—油泵　9—滤油器　10—工作台导轨

③静压导轨的运动精度，一般为导轨本身精度的 10 倍。若导轨自身精度为 0.01 mm，则其运动精度可达 0.001 mm。

④导轨的形状应力求简单且有较好的加工工艺性。导轨及其支承件要有足够的刚度和可靠的防护。

⑤开式静压导轨多用 V—平组合，闭式静压导轨多用双矩形的组合形式。

2) 油腔的结构与尺寸

①油腔的结构，如图 2—53 所示。图中Ⅱ型和Ⅳ型应用较多，Ⅰ型多用于窄导轨和闭式静压导轨中的压板导轨。Ⅲ型很少用，只在长度 l 和 b 的比值小于 4 时使用。

②油腔的位置和数量。作往复直线运动的静压导轨，油腔应开在动导轨上，以保证油腔不外露，并用伸缩套管将压力油引入工作台。圆周运动静压导轨的油腔开在支承导轨面上，这样便于供油。导轨上的油腔数至少两个。动导轨长度小于 2 m 时，开 2~4 个油腔；大于 2 m 时，每 0.5~2 m 开一个油腔。当载荷均布、机床刚度较高时，油腔数可少些，否则应多些。

③油腔的尺寸。油腔的尺寸按表 2—3 选用。

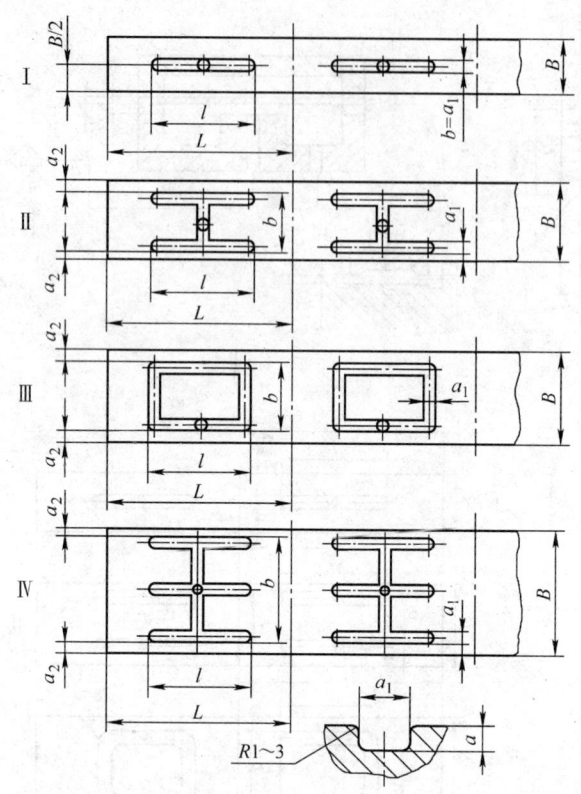

图 2—53 静压导轨的油腔

表 2—3　　　　　　　静压导轨油腔的尺寸　　　　　　　　　　mm

导轨宽度 B	l/b	a	a_1	a_2	油沟形式
40~50	—	4	8	—	Ⅰ
60~70	>4	4	8	15	Ⅱ
80~100	>4	5	10	20	Ⅱ
	<4				Ⅲ
110~140	>4	6	12	30	Ⅱ
	<4				Ⅲ
150~190	—	6	12	30	Ⅳ
≥200	—	6	15	40	Ⅳ

当尺寸 L 和 b 确定后，为了提高静压承载能力，可适当加长油沟长 L，如图 2—54 所示。若 $l_1<2a_2$，则相邻油腔的中间必须开横向沟 E。以便避免相邻油腔压力油相互影响。若 l_1 是 $2a_2$ 的较多倍，则不必开横向沟 E。

(5) 修理与调整

1) 技术要求

①使用薄膜节流器节流时，对于中小型机床，油膜厚度一般为 0.02~0.035 mm，修刮的接触研点数应达到 16~20 点/(25 mm×25 mm)；对于重型机床，油膜厚度一般

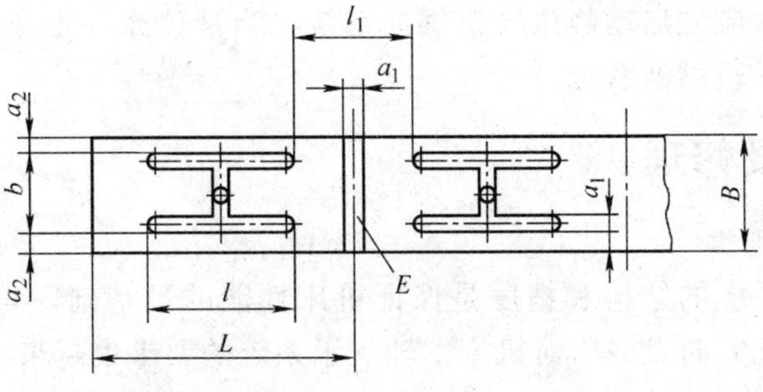

图 2—54 具有横向通沟的油腔

为 0.04～0.06 mm，修刮后接触精度研点数应达到 12～16 点/(25 mm×25 mm)。

② 导轨面的平面度误差、扭曲度和平行度误差值，均为 h_0 值的 1/3～1/4。

③ 要使油液的过滤精度达到 0.003～0.01 mm。

2) 操作要点

① 保证静压导轨接合面的精度。

② 保证支承的结构刚度。

③ 调整各支承，使上导轨面均匀浮起。

④ 开动机床时，必须先启动静压导轨供油系统。当工作处于纯液体摩擦状态时，才能开动工作台；停机时，应最后停导轨供油系统。

⑤ 供油系统必须保持较高的清洁度。

3) 修理操作步骤

① 将床身用调整垫铁垫实，并调整床身自身水平。

② 修刮床身导轨至精度要求。

③ 以床身导轨为基准，修刮工作台导轨。切实保证导轨副的接合精度，接触精度应达到上述的技术要求。刮削时，注意保持油腔的清洁，避免刮屑堵塞油孔。

④ 若是修理闭式静压导轨，则在修理导轨和副导轨的压板时，一定保证其刚度要求和它与床身连接的强度。否则，会使导轨面间不能形成液体摩擦。

⑤ 若是双矩形导轨修理，待导轨间隙调好后要将楔铁锁紧。

4) 调整操作步骤

① 根据要求值，供油压力由液压系统中的溢流阀实现调整。

② 对于毛细管式节流阀，其导轨油腔压力 p_i 可通过调整节流长度来实现；对薄膜反馈式节流阀，则由垫片厚度 G_0 来调整。

③ 调整油膜厚度 h_0 时在工作台四角处各放一只百分表，对于较长工作台，应在中间加放百分表。启动液压泵，使工作台上浮，建立纯液体摩擦。然后调整各油腔压力，使其上浮量相等。静压导轨调整关键是油膜刚度的调整。所谓油膜刚度是指在外载荷作用下，能保持给定的油膜厚度 h_0 不变的能力，它与油膜厚度成反比。若油膜刚度不好，可适当减少供油压力 p_s 或改变油腔中的压力。

④ 供油系统必须保持清洁，油液过滤精度一般为 0.003～0.01 mm。若油中夹杂棉纱或杂质微粒，便会堵塞节流缝隙，使导轨时起时落，甚至被拉伤。

⑤开动机床时,应先启动静压导轨供油系统,当液体摩擦形成后,再开动工作台,停机时,最后停止导轨供油系统。

二、精密组件及修理

1. 动静压混合轴承

各种机床主轴系统的结构和精度是保证机床性能的最基础因素。随着机床向高精度、高效率和自动化方向发展,对机床主轴支承系统的要求也越来越高。

当前,可供精密主轴轴系选用的轴承有动压轴承、滚动轴承、静压轴承、气浮轴承和磁力轴承。动压轴承是精密机床使用最多的轴承,但因其调整困难、寿命低和故障率高,难以适应发展的要求。角接触球轴承随制造精度的提高应用逐渐增多,但终因超精加工困难、精度保持性差和使用寿命低而难以达到高精密机床的要求。气浮轴承因承载能力过低只限于载荷较轻的超精加工。磁力轴承因成本太高而只能用于极少的专用机床上。静压轴承由于其良好的阻尼特性和高精度寿命成为精密主轴支承可选用的轴承之一。而动静压轴承在总结和吸收国内外先进成果的基础上,综合了动压轴承承载能力强、静压轴承精度高、寿命长的特点,经历了深入的开发,发展成一种多油楔液体动静压混合轴承,并在旧设备的改造实践中取得了显著成果,预计在新产品制造中将会得到更多的应用,现以 WMB 型动静压混合轴承为例叙述。

(1) 工作原理及特点。图 2—55 所示为 WMB 型表面节流液体动静压混合轴承构造原理简图。图中的进油孔 1 均匀分布在位于轴承宽中心的圆周上。轴承内表面由三部分组成:与进油孔 1 相连的深腔 5;按主轴转向,与深腔 5 相接的浅腔 2;深浅腔两端的轴向封油面 3 和深浅腔之间的周向封油面 4。轴承外圆的各进油孔处都有一环形槽,压力油通过环形槽连通各进油孔。

1) 工作原理。动静压混合轴承的工作原理是动压轴承工作原理与静压轴承工作原理的叠加。它应用了孔式环面二次节流原理,采用孔式供油和不等宽阶梯封油边的浅腔结构,提高了轴承的静压承载能力。在供油后,供油压力可达 0.98～1.47 MPa,静压油能使主轴在前后轴承内悬浮,在主轴旋转后油腔压力表压力可达 1.96～2.45 MPa,承载能力和刚度比主轴旋转前增加四倍以上。此时磨头主轴与轴承之间的单面间隙为 0.01～0.04 mm,由于有一高压油膜支承,使主轴处于悬浮状态下工作。它既利用静压原理克服了动压轴承的主轴与轴瓦接触磨损现象,又利用动压原理克服了静压轴承的主轴漂移、油膜刚度不足的现象。

2) 特点。动静压混合轴承的主轴在工作时,因与轴承无接触磨损,故精度保持性好、承载能力较高、精度高、使用寿命长、维修方便。

(2) 几种典型结构

1) DYNASTAT 型轴承。这种轴承的结构形式如图 2—56 所示。现用于 MB1632A 型外圆磨床的砂轮主轴上。DYNASTAT 型轴承是以动压为主的动静压混合轴承。它具有精度高、使用寿命长、结构简单、刚度高、稳定性好、液压泵功耗小及不受旋转方向限制等优点。缺点是静止时的承载能力低,不一定能克服主轴在启动前的承载力。因此,在卸荷下启动,影响轴承寿命。

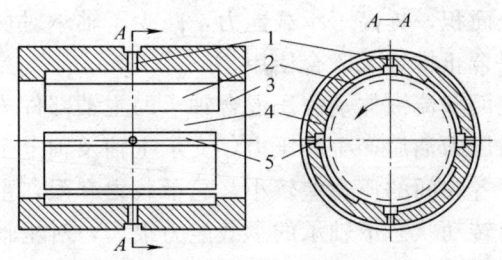

图 2—55 WMB 型表面节流液体动静
压混合轴承构造原理图
1—进油孔　2—浅腔　3—轴向封油面
4—周向封油面　5—深腔

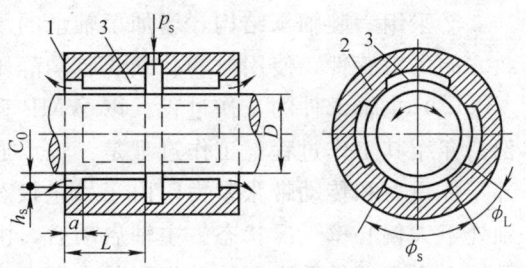

图 2—56 DYNASTAT 型轴承
1—封油面　2—周向封油面　3—浅油腔

2）孔式环面节流浅腔动静压混合轴承。其结构形式如图 2—57 所示。它采用了三垫式结构，每一个垫上有一个浅腔，起浅腔静压节流的作用，构成了阶梯动压轴承。按主轴转动方向，下游的封油面宽，上游的封油面窄。油孔直径 $\phi 1 \sim 3$ mm 之间，油孔的位置在油腔中的上游。油孔与主轴表面形成了孔式环面节流。这种轴承由于同时采用浅腔静压节流和孔式环面节流，因此具有二次节流的作用，从而增加了静压承载能力，克服了小孔节流易堵塞的缺点。

3）WMB 型动静压混合轴承。这种轴承是在孔式环面节流浅腔液体动静压混合轴承的基础上，通过二次开发，进行结构优化设计，经科学实验进行参数合理选择和生产实践的反复检验论证而发展起来的一种多油楔液体动静压混合轴承，其结构形式如图 2—55 所示。

这种轴承是针对磨床上用的三块瓦支承动压轴承的缺点进行改型设计而成的三油垫式动静压轴承。该轴承在结构上改为多腔结构，提高了承载能力；在小孔处开了一个深度大于浅腔的轴向小槽，消除了微小杂质堆积的可能性。该轴承具有回转精度高、刚度好、性能稳定的优点，适用于定向旋转及主轴转速变化小的精密主轴轴系。

4）双列孔式浅腔动静压混合径向轴承。其结构形式如图 2—58 所示，它有如下特点：

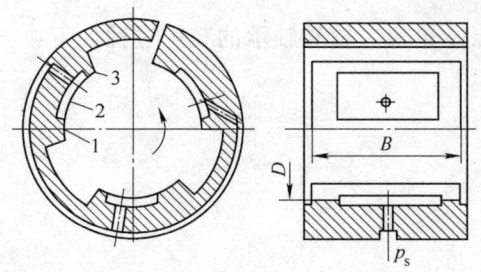

图 2—57 孔式环面节流浅腔动静压轴承
1—下游　2—浅腔　3—上游

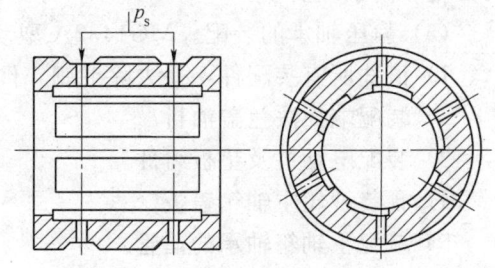

图 2—58 双列孔式浅腔动静压混合径向轴承

① 由单列孔式环面节流变成双列孔式环面节流，提高了环面节流的作用，使静压承载能力有所提高，增强了安全可靠性。

②采用六腔轴承结构，增加了轴承的承载面积，提高了承载能力，减少了轴承对加载方向的敏感性，使用时和孔式浅腔动静压混合止推轴承联合使用。

(3) 主轴部件的工作过程。以 WMB 型表面节流液体动静压混合轴承的主轴部件为例，介绍其工作过程。工作过程是：轴承通入压力油后产生静压力，支承主轴及轴上全部零件重力和传动带张紧力。由于静止状态下各腔间的压力差较小，总承载力有限，主轴处于大偏心率工况状态。主轴启动后，由于转动状态下轴承的承载能力很大，对主轴及轴上全部零件重力和传动带张紧力而言，只是个很小的力。这样，主轴回到小偏心率工况状态。主轴进行粗加工时，切削力很大，主轴偏心率加大，但即使按电动机满载工作，偏心率加大量也是有限的。主轴进行精加工时，切削力很小，主轴偏心率减小。这就是主轴在轴承内的变化过程。

(4) 静压轴承的修理。以 MG1432A 型动静压磨头为例介绍动静压轴承的修理。

1) 技术要点。动静压轴承的修理，最重要的是保证每个油楔的深度均匀、二孔的同轴度误差和与主轴的间隙。另外，油液的清洁度、油箱及油管的清洁度也是修理工作中不可忽视的项目。

2) 工艺。当主轴的外圆出现轻微伤痕（深度在 0.05~0.10 mm 之间）时，可用外圆磨床磨去伤痕，采用涂镀或镀铁等方法进行修复。修复后的外圆与轴承配磨 0.02~0.03 mm 间隙。当主轴磨损的伤痕较深时，只能报废，重新制作主轴。轴承的修理工艺如下：

①当动静压轴承发生抱轴，轴承的伤痕很浅时，可用金相砂纸轻擦，直到去除痕迹，然后冲洗轴承，可继续使用。

②如果抱轴严重，伤痕较深，则无法修复，只能重新制作轴承。

③新配轴承时，可先将拆除旧轴承后的砂轮架两轴承孔用研磨的方法研圆。再按 0.002~0.004 mm 的过盈量配磨轴承的外圆。用温差法在保证轴承几何精度不变的条件下将其装入砂轮架壳体。装入轴承后，测量每个油楔的深度，保证其深度均匀。如发现不均匀，可用刮削法将其修至均匀。最后，将装入轴承的砂轮架壳体的轴承孔中心呈垂直状摆放，用经硫化处理过的橡胶研磨棒涂上氧化铬研磨膏进行研磨，保证两轴承孔的圆度和同轴度要求。

(5) 静压轴承的装配。MG1432A 型动静压砂轮架主轴和轴承的装配过程如下：

1) 清洗所有装配件，并去除毛刺，倒角。

2) 装配端面法兰盖油封。

3) 装配电动机及垫板组件。

4) 预装砂轮主轴箱盖板。

5) 装配主轴箱轴承的油管。

6) 用三角油石轻轻推平轴承端面。

7) 接通主轴油箱，对轴承进行冲洗（0.5 h），注意节流小孔的油量。

8) 在冲洗时，用软刷刷净轴承四周各种杂物。

9) 拆洗主轴箱的过滤器，加入 4 号主轴油。

10) 测量主轴轴肩的厚度及止退垫片厚度。

11) 修磨止退垫片，保证垫片厚度比轴肩厚 0.02~0.03 mm，并保证垫片的平行度误差为 0.002~0.003 mm。

12) 再次冲洗轴承 5 min，注意节流小孔的流量。

13) 将清洗后的主轴用纱布或棉纸擦干净，轻轻地由后轴承处向前伸进，直到轴肩靠住后轴承的端面。

①轻轻用手转动，手感良好，且转动灵活。
②装正止退垫圈（注意对好油孔位置）。
③装后法兰盖，注意油孔必须畅通。
④用手轻轻转动主轴，应灵活无阻。
⑤装前法兰盖及纸垫，再次用手轻转主轴。

14) 接通主轴油箱，通油后，用手轻转主轴，主轴的转动应很灵活。

15) 装上电动机，将主轴带轮装于主轴上，并调整好传动带松紧，准备开机。

16) 接通电源，开车运转 1 h。

17) 抽出主轴，检查主轴轴径上的运动痕迹，用肉眼观察应无明显的运动痕迹。

18) 再次按顺序装入主轴。

19) 在主轴前端装上砂轮，旋紧螺母，开机空运转 2 h，油温升不大于 20℃，油箱供油压力为 0.686~0.882 MPa。

20) 拆除砂轮，准备测量精度。

21) 测量主轴精度，径向跳动误差小于等于 0.002 mm，轴向窜动小于等于 0.002 mm。

(6) 动静压混合轴承的使用和维护

1) 使用要点

①清洁是动静压混合轴承的关键。在装配、安装、使用、维护等各环节都要把油液中杂质粒度控制在轴承间隙的 1/3~2/5 以下。

②只有产生压力才能使动静压混合轴承正常工作，保证油源的正常供压至关重要。

③动静压轴承只有在供压状态下才有非常优越的性能，因此一切工作，如转动主轴、装卸轴上零件等都必须在供压状态下进行。

2) 日常维护与保养

①操作者启动主轴电动机前，应检查静止状态下的表压，表压低于 0.6 MPa 时，不得启动。

②更换砂轮或传动带时，必须在供油状态下操作。

③在没有供油压力的状态下，不得转动主轴。

④定期更换供油装置的精滤芯。

⑤定期检查油液质量，变质则必须更换。

⑥其他供油装置也应定期检查。

(7) 组件的应用。液体动静压混合轴承主轴部件，目前已经标准系列化，这些主轴部件的型号有：YW 型外磨组件、YP 型平磨组件、YN 型内磨组件、YZ 型轴承专用磨床组件、YB 型其他类型机床组件。这些组件分别适用于各种磨床，为旧机床改造和新机床制造进行配套。现将各型号的动静压混合轴承主轴系列部件介绍如下：

1) YW型外磨组件。这种组件是采用WMB型表面节流液体动静压混合轴承设计而成，适用于（万能）外圆磨床、无心磨床等的主轴功能的部件系列产品。用以提高砂轮主轴系统回转精度和承载能力，从而提高原机床的加工精度和生产效率。

①规格性能。这种型号组件的规格是按已有磨床型号的结构尺寸进行设计的。如用于M1432型外磨的组件为YWM1432；用于M131W型外磨的组件为YWM131W/A；用于M120W型外磨的组件为YWM120W/87等。该系列组件具有主轴回转精度高、刚度好、磨削的表面质量好和使用寿命长的优点。使用时，与JY2系列供油装置配套使用，供油压力为2 MPa。通入压力油后，主轴端部的径向圆跳动不大于0.003 mm，轴向窜动不大于0.002 mm，主轴浮起量不小于0.005 mm，压力表指示不小于0.6 MPa，转动主轴手感轻松，一般都能形成自转。

②结构。其结构简图如图2—59所示。前端采用WMB型径向止推静压轴承，后端采用WMB型径向动静压轴承。前后端一般采用间隙密封。这种结构既保证了外磨组件的支承性能要求，又具备结构简单、维修方便和安全可靠的特点。

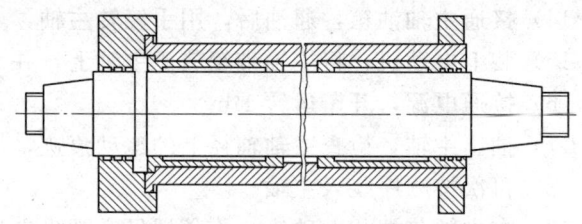

图2—59 外磨组件结构简图

③安装步骤及工艺要求

第一步：分解原机床砂轮主轴，检查箱体孔和外磨组件外径尺寸，要求配合间隙为0.008~0.015 mm。当不能满足此要求时，要通过研磨箱体孔达到要求，检查轴向位置尺寸是否一致。当有差别时，要核实原电动机带轮与组件带轮能否对正，砂轮罩和带轮罩能否使用。

第二步：按附图提供的数据，在箱体给定的位置上加工进油和测压孔，并将壳体放油孔扩大，用于装回油管。在砂轮罩和带轮罩上对应位置加工缺口，用以连接进油管。仔细核对各相对位置的变化，当发现不一致时，必须按组件的相应位置在壳体上打孔；当某些机床的箱体孔径不能适应组件要求时，必须将原孔镗大。

第三步：清洗壳体内孔和组件外圆表面，取下测压孔和进油孔堵头，将组件推入壳体中。当配合较紧不能推入时，可用铜棒轻轻敲入。仍装不进时，必须检查尺寸，找出原因，排除后再装，不可强行打入。装入后，即刻将进油、测压管接头装入组件孔中。进油孔要特别注意不能将微粒杂质带入孔中，否则在压力油作用下挤入轴承中会造成主轴抱轴。用螺钉固定前法兰和清洗后装入组件套筒外圆的后套。

第四步：将供油装置的电动机电路接好。

第五步：按JYZ型供油装置说明书要求，检查油液过滤精度（小于0.005 mm）和蓄能器、压力继电器等保护装置满足要求。然后接通供油电路，将供油系统的出油管插入回油管中，开泵检查转向正确，自冲洗油箱及管路30 min以上。停泵后立即取出油管与组件的进油管接好，开泵使主轴部件通入高压油，压力调至2 MPa，让油自循环1 h后，检查主轴运转灵活轻快并有自转，然后安装传动带，启动电动机运转1 h，再检查组件固定螺钉有无松动。

④试运转

a. 检查砂轮主轴的静工作状态：供油压力调至 2 MPa，轴承的压力表指示不低于 0.6 MPa；油路畅通，主轴前后无漏油；主轴转动轻松，一般能自转，用手转动主轴可自转达 60 s 以上；检测主轴浮起量，轴头全跳动误差合格。

b. 检查主轴转动时的工况：

第一，点动主轴电动机按钮，观察表压变化，表压应随转速升高而升高。当无异样响声时，即可启动主轴电动机，此时表压应不低于 1.5 MPa。

第二，检查主轴电动机和液压泵电动机的互锁性能是否正确。

第三，调整油源压力继电器的工作压力：启动液压电动机，将供油压力调至 1.6 MPa，松开压力继电器的调整螺钉，随松螺钉、随启动主轴电动机，直至主轴电动机不能启动为止。将供油压力调至 2 MPa，启动主轴电动机，这时逐渐将供油压力慢慢减小，观察主轴电动机运转情况。当主轴电动机停止运转时，供油压力不低于 1.4 MPa，调整完毕。

第四，跑合时启动主轴电动机，运转 1~2 h，直至油箱油温平衡为止。检查表压不低于 1.5 MPa，温升不高于 25℃，轴端无漏油现象，即可投入使用。

需要注意的是，装卸砂轮和传动带轮需在供油状态下进行。

2) YP 型平磨组件。YP 型液体动静压轴承平磨组件是采用 WMB 型表面节流液体动静压混合轴承设计而成的，适用于卧轴平面磨床主轴功能部件系列产品。它能提高平面磨床砂轮主轴的回转精度和承载力，从而提高原机床的加工精度和生产效率。

①规格与性能。平磨组件的型号是应用原机床已有型号前加 YP 构成。如 MM7132 型平磨的组件为 YPMM7132；套筒式的 M7120A 型平磨的组件为 YPM7120A/120；天津产 M7120A 型平磨的组件为 YPM7120A/95 等。该系列组件具有主轴回转精度高、刚度好、磨削表面粗糙度值小和使用寿命长等优点，适用于高效率和对表面质量要求高的平面加工。

②结构。其结构形式如图 2—60 所示，主轴位置与原结构不变，但长度较原主轴缩短。

③安装步骤及工艺要求。YP 型组件与 YW 型组件的许多安装步骤基本一致，其区别点与重点简述如下：

第一步，分解原机床砂轮主轴时，要特别注意将转子、风扇叶及锁紧螺母的相对位置作好标记，以便安装时仍保持这些零件的相对位置。

第二步，检查箱体孔和平磨组件外径尺寸，要求配合间隙为 0.008~0.015 mm，当不能满足此要求时，要通过研磨箱体孔来达到。检查转子、风扇叶内孔及键槽与平磨组件主轴处的配合尺寸，要满足规定的配合要求。检查轴向尺寸是否一致，当有差别时要确定能否使用。

第三步，按改装图提供的数据，在箱体的给定位置上加工进油、回油和测压孔。

第四步，将转子装入平磨组件的轴上。装入时，必须以主轴前端为支承点，绝不能以组件的外壳为支承点。

第五步，清洗磨床壳体内孔和平磨组件外圆表面，取下测压孔和进油孔堵头，将组件推入磨床的壳体中。当配合较紧不能推入或敲入时，不可强行打入，需找出原因，排除后再装。装入后，立即将进油、测压及回油管接头装入组件，千万不要让微粒杂质进入油孔。

第六步，按外磨组件安装第五步要求配供油装置，运转 1 h 且主轴转动灵活。用塞尺检查定子内孔与主轴同轴度误差，要求不大于 0.05 mm，然后将组件和壳体用螺钉拧紧，把组件固定。

第七步，在供油压力达到 2 MPa 的条件下安装主轴电动机转子、风扇叶等零件。

④试运转。试运转与外磨组件相同。但装卸砂轮及轴上零件必须在供油压力达到 2 MPa 状态下进行。

3）YN 型内磨组件。YN 型内磨组件也是采用 WMB 型表面节流液体动静压混合轴承设计而成的适用内孔磨削的主轴功能部件系列产品，适用于在各种万能外圆磨床、内圆磨床和专用磨床上进行零件的内孔磨削加工，是滚珠内圆磨具的换代产品。

①性能。该组件回转精度高、刚度好、磨削表面粗糙度值小、使用寿命长、噪声小。适用于高精度、表面粗糙度值小的精密内孔加工。

②结构。例：YNM80/250—18N 表示安装座孔径 ϕ80 mm，安装座最大长度不大于 250 mm，允许转速 18 000 r/min，轴端为内锥结构的通用内圆模具。其结构形式如图 2—61 所示，它的止推位于组件的前端，前后端采用间隙密封。压力油经进油接头通过壳体油路分别流入前、后和止推轴承，经封油面流到壳体内腔，汇集于回油管处。其具体结构尺寸见产品技术资料。

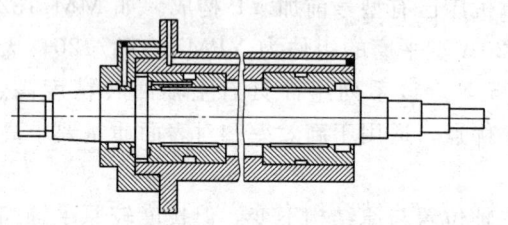

图 2—60 平磨组件结构简图

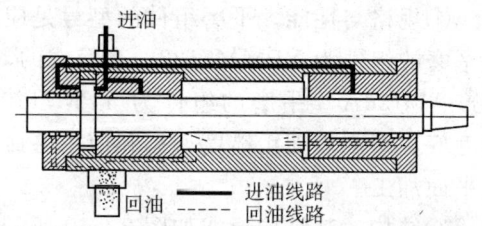

图 2—61 YNM 型内圆磨具结构简图

③安装步骤及工艺要求。由于内圆磨具油路自成体系，因此 YN 型内磨组件的安装步骤与滚动内圆磨具的安装步骤一致。但必须注意以下几点：

(a) 特别注意周围环境的清洁，严格清洗磨具及磨具座，旋转顶丝撑大内孔将磨具装入磨具座中或对正联轴器将磨杆与动力头法兰连接。

(b) 按说明书要求安装供油系统。

(c) 通油后，检查压力表值和主轴浮起量，通油运转 1 h 后无问题，方可安装传动带。要求传动带张紧力要适当，手转主轴要灵活，主轴在供油压力 2 MPa 下沿传动带张紧方向浮起量大于 4 μm。

(d) 必须在供油压力 2 MPa 下装卸砂轮杆、砂轮和传动带。

④试运转。试运转与外磨组件相同。

4）YZ 型轴承专用磨床组件。YZ 型组件是采用 WMB 型表面节流液体动静压混合轴承，根据轴承专用磨床的高效和直切特点设计，适用于各类轴承套圈滚道磨床，圆锥、圆柱滚子磨床等的主轴功能部件系列产品。

①规格性能。此组件的型号是应用原机床已有型号前加YZ构成。使用该部件改造的机床，主要是提高其产品的加工精度、精度稳定性和生产效率。

②结构。该组件大多数构造与YW型外磨组件相同，少数与YN型内磨组件相同，这取决于原机床的具体构造。

③安装步骤及工艺要求。可依照类型参照YW型外磨组件或YN型内圆磨具的对应结构的安装步骤及工艺要求。

④试运转。参照对应组件的具体要求。

5) YB型其他类型机床组件。该组件还是采用WMB型表面节流液体动静压混合轴承，为适用于包括开头为"5"的导轨磨床，开头为"6"的刃具磨床，开头为"8"的曲轴、凸轮、花键、轧辊磨床，开头为"9"的工具磨床，开头为"S"的螺纹磨床和开头为"Y"的齿轮磨床等的主轴功能而设计的部件系列产品。

①规格性能。该组件的规格是根据已有磨床的结构尺寸设计的，其型号是应用原机床已有型号前加YB构成，其性能同YW型外磨组件。

②结构。此类组件一般与YW型外磨组件相似，其中，花键、齿弧和内螺纹磨床与YN型内圆磨具类似。凸轮轴磨床主轴部件基本结构与外磨组件相同。

③安装步骤及工艺要求。依据类型参照YW型外磨组件或YN型内圆磨具的对应结构和安装步骤及工艺要求。

④试运转。参照同类型组件运转要求。

6) YT型镗头组件。此种镗头组件也是采用WMB型表面节流液体动静压混合轴承设计而成的高精度卧轴镗床主轴功能部件系列产品，它保证镗床镗头主轴的高回转精度和高刚度。

①规格性能。该组件是根据已有镗床型号和用户要求进行设计的。镗头的型号是由YT加后缀构成。后缀的内容有主轴直径、壳体长度和转速及轴端结构。

②结构。已设计的镗头组件有方形结构式和圆形结构式两种，详细结构尺寸，可参阅组件资料。

③安装步骤及工艺要求。许多步骤与内磨组件是基本一致的，简述如下：安装前，首先检查安装尺寸是否合适，如有出入需进行调整，但不能对镗头进行改造加工。检查安装面和镗头底面有无硬点并排除，安装时，拧螺钉螺母不能过紧，以免镗头变形。

④试运转。与外磨组件相同。

2. 滚珠丝杠螺母机构

滚珠丝杠在丝杠与螺母之间装有钢球，因此摩擦力小、传动效率高、易实现直线运动转换为旋转运动、磨损小、寿命长，可实现同步运动，但需附加自锁机构或制动装置。

(1) 结构和分类

1) 按螺纹滚道型面分单圆弧形和双圆弧形。

①单圆弧形（见图2—62）。其特点：接触角多为45°，且随初始径向间隙和轴向力

而变化；r_0/R 值过高时，摩擦损失增加；r_0/R 值过低时，承载能力降低；效率、承载能力及轴向刚度不稳定；必须采用双螺母结构；脏物易进入。

②双圆弧形（见图 2—63）。其特点：接触角多为 45°，但工作中接触角不变化；r_0/R 比值过高时，摩擦损失增加；过低时，承载能力下降；承载能力及轴向刚度比较稳定；易实现无间隙或有预紧力的传动副；磨损比较小。

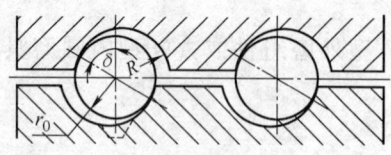 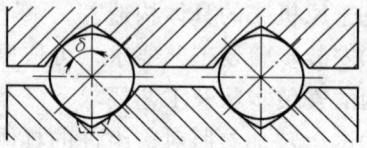

图 2—62　单圆弧形滚珠丝杠副　　　　　图 2—63　双圆弧形滚珠丝杠副

2）按滚珠循环方式分外循环和内循环。

①外循环。滚珠的循环在返回过程中与丝杠脱离接触的称为外循环，有以下三种：

a. 插管式。就是用弯管插入螺母的通孔代替螺旋回珠槽作为滚珠返回通道，这种方式工艺性好，但螺母径向外形尺寸较大，不易在设备上安装（见图 2—64）。

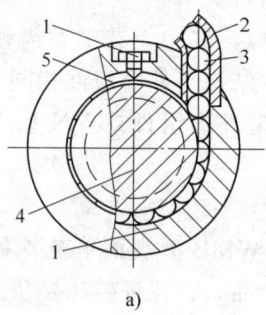 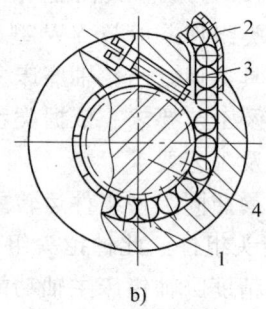

a)　　　　　　　　　　　　　　b)

图 2—64　插管式滚珠丝杠副（外循环）
1—螺母　2—弯管　3—滚珠　4—丝杠　5—挡珠器

b. 螺旋槽式。特点是径向尺寸较小，便于安装，加工工艺性好，但挡珠器形状复杂易磨损，刚度差（见图 2—65）。

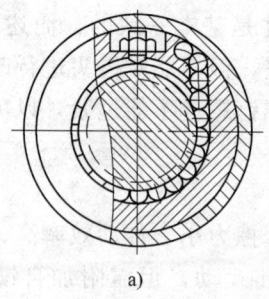 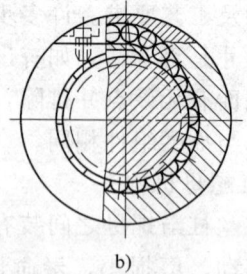

a)　　　　　　　　　　　　　　b)

图 2—65　螺旋槽式滚珠丝杠副（外循环）

c. 端盖式。特点是结构紧凑，工艺性较好，但滚珠经过滚道短槽时，易发生卡珠现象（见图 2—66）。

②内循环。滚珠的循环在返回过程中与丝杠始终保持接触的称为内循环。内循环方式滚珠循环回路短,工作珠少,流畅性好,摩擦损失小,传动效率高,但反向器结构复杂,制造比较困难(见图2—67)。

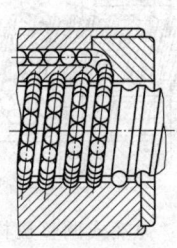

图2—66 端盖式滚珠丝杠副(外循环)

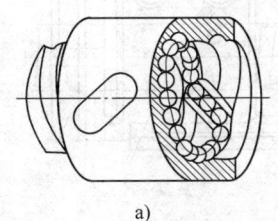

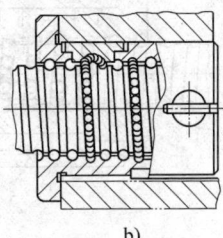

图2—67 内循环式滚珠丝杠副

(2)消除轴向间隙和预紧调整。通过预紧轴向力来消除滚珠丝杠副的轴向间隙并施加预紧力,形成无间隙传动并提高丝杠的轴向刚度,这是滚珠丝杠副的主要特点之一。对于新制的滚珠丝杠,专业制造厂在装配时已按用户要求进行了预紧,因此在安装时无需再进行预紧。但滚珠丝杠经较长时间的使用后,滚珠及滚道不可避免地要产生磨损,其结果是预紧力减小,甚至出现轴向间隙。在这种情况下,必须适时地进行预紧调整,这是滚珠丝杠副的主要维修工作之一。

1)调整机构的形式

①垫片式调整机构。这种结构形式如图2—68所示,它是通过改变垫片的厚度,使螺母产生轴向位移来实现消除间隙和预紧。这种调整机构的特点是结构简单、预紧可靠、拆装方便,但精度的调整比较困难,且在使用的过程中不便调整。

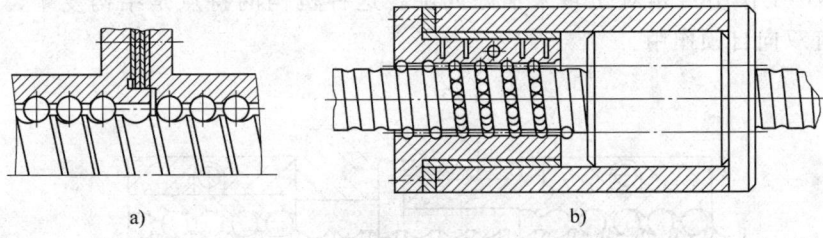

图2—68 垫片式调整机构

②螺纹式调整机构。其形式如图2—69所示,调整时,带调整螺纹的螺母1伸出螺母座2的外端,用两个螺母3、4调整轴向间隙,长键5的作用是限制两个螺母的相对转动。这种形式的特点是结构紧凑,可随时调整,但很难准确地获得需要的预紧力。

③弹簧式调整机构。其结构形式如图2—70和图2—71所示,图2—70中左边的螺母可以借助于弹簧在轴向上的压紧力而作轴向移动,从而达到调整的目的;图2—71所示的弹簧式机构是在固定螺母和活动螺母之间装弹簧,使螺母作相对的扭转来消除轴向间隙。弹簧式调整机构的结构复杂、刚度较低,但具有单向自锁作用。

④齿差式调整机构。其结构形式如图2—72所示,它是通过改变两个螺母上齿数差

来调整螺母在角度上的相对位置，实现轴向位置的调整间隙和预紧。此方法调整简单，但不是非常精确。

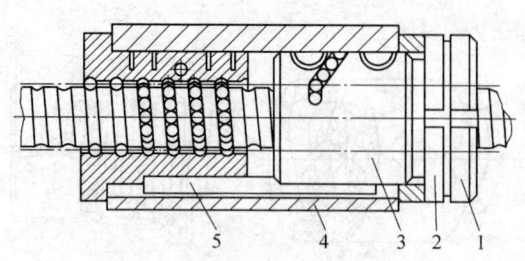
图 2—69 螺纹式调整机构
1、3、4—螺母 2—螺母座 5—长键

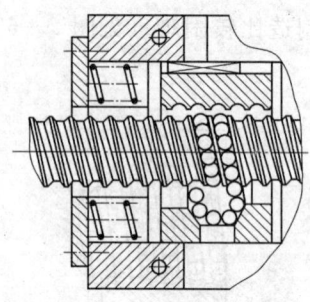
图 2—70 弹簧式调整机构形式之一

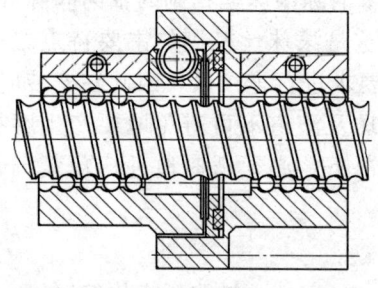
图 2—71 弹簧式调整机构形式之二

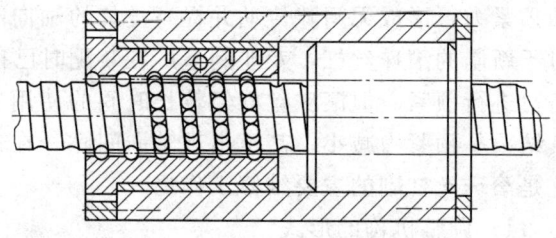
图 2—72 齿差式调整机构

⑤随动式调整机构。其机构形式如图 2—73 所示，活动螺母 1 和固定螺母 2 之间有滚针轴承 3，工作中可相对扭转来消除间隙。这种机构的特点是结构复杂、接触刚度低，但具有双向自锁作用。

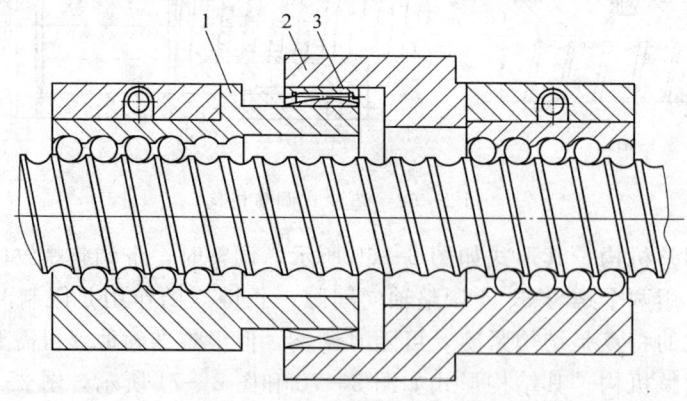
图 2—73 随动式调整机构
1—活动螺母 2—固定螺母 3—滚针轴承

2) 预紧力的确定。滚珠丝杠副的预紧力过小，在载荷作用下，传动精度会因此出现间隙而降低；预紧力过大，传动效率和使用寿命又会降低，一般预紧力取最大轴向载荷的 1/3。

预紧力产生的接触变形量可用下式计算：

$$\delta = 0.00028 \frac{F_a}{\sqrt[3]{d_0 F_y (z_\Sigma)^2}}$$

式中　δ——预紧力产生的变形量，mm；

　　　F_y——轴向预紧力，N；

　　　z_Σ——滚珠数量，$z_\Sigma = z_x$ 圈数×列数；

　　　　z——圈的滚珠数；

$$z = \frac{\pi D_0}{d_0} （外循环）；\quad z = \frac{\pi D_0}{d_0} - 3 （内循环）；$$

　　　F_a——轴向载荷，N；

　　　d_0——滚珠直径，mm；

　　　D_0——滚珠丝杠的公称直径，mm。

3）滚珠丝杠副磨损后预紧力的调整。以垫片式调整机构为例，当滚珠丝杠副经较长时间使用后，滚道及滚珠磨损，部分预紧力释放，已影响加工精度，需要进行调整，增加垫片的厚度来恢复预紧力。垫片厚度的增加量 δ，新垫片厚度及装配可以用如下方法确定及操作：

①制造厂在装配滚珠丝杠副预紧时，垫片的厚度按游隙和预紧变形量确定。垫片的预压变形量用下式计算：

$$\Delta L = \frac{F_{预} L}{EA}$$

式中　$F_{预}$——滚珠丝杠的预紧力（从制造厂家查询），N；

　　　E——垫片材料的弹性模量（从制造厂家查询），N/mm²；

　　　L——预紧前垫片的厚度（从制造厂家查询），mm；

　　　A——垫片的横截面积，mm²；

　　　ΔL——垫片的预压变形量，mm。

丝杠副磨损后，由于部分预紧力释放，垫片的变形量相应减小，设丝杠磨损后垫片的变形量为 $\Delta L'$，则垫片应增加的厚度为：

$$\delta = \Delta L - \Delta L'$$

②把滚珠丝杠副保持装配状态整体拆下来。在拆卸松开螺母前，把电阻应变片沿轴向贴在垫片上，把应变片的两极接到静态应变仪上，然后松开螺母，使垫片完全放松。这时就可以从静态应变仪上读出应变值，此值即为 $\Delta L'$，由此就可求出 δ 值。拆卸完螺母后，应校核垫片的实际厚度 L，必要时按校核的 L 值修正 ΔL。这样就可确定新垫片的厚度为 $L + \delta$。

③按确定的厚度制造新垫片，并用新垫片重新装配滚珠丝杠副，再装配到机床上去，就可以正常生产了。

（3）修理

1）滚珠丝杠副的常见故障。滚珠丝杠副在使用过程中常发生的故障是丝杠、螺母的滚道和滚珠表面磨损、腐蚀和疲劳剥落。

①表面磨损。在长时间使用过程中，滚珠丝杠、螺母的滚道和滚珠的表面总会逐渐磨损，且磨损往往是不均匀的，初期不易被发现，到了中后期，用肉眼可以明显地看出磨损的痕迹，甚至有擦伤现象。不均匀的磨损不但会使丝杠副的精度降低，还可能产生振动。

②表面腐蚀。由于润滑油有水分、油的酸性较强，或外界环境的影响，可能使滚道和滚珠表面腐蚀。腐蚀会加大表面粗糙度值、加速表面的磨损、加剧振动。

③表面疲劳。由于装配不当、承受交变载荷、超载运行、润滑不良等原因，长期使用后，滚珠丝杠副的滚道和滚珠表面会出现接触疲劳的麻点，以致表层金属的剥落，使丝杠副失效。

2) 滚珠丝杠副的故障诊断。滚珠丝杠副的转速一般在 300 r/min 以下，振动频率在 30 kHz 以内。滚珠丝杠、螺母缺陷产生时的振动频率大约分别为转速乘以滚珠数的 40%～60%。这样，滚珠丝杠副早期的故障主要是由低振平引起，但诊断中常常被较高的振平所淹没，使早期故障不易被发现。较好的解决办法是定期使用动态信号分析仪进行监测。当故障的后期，滚珠表面出现擦伤时，振动较为容易在靠近螺母附近的支座外壳上测出。测量的方法最好是采用加速度计或速度传感器，振动变化的特征频率将随着滚道和滚珠表面擦伤缺陷的扩展而变化，振动变成了无规则的噪声，频谱中将不出现尖峰。检测滚珠丝杠副振动特征频率时，应注意以下几个问题：

①因振动为低振平，易被其他较高振平淹没，所以，检测时，机床的其他运动应停止，单独开动此机构进行检测。

②对于原始良好的滚珠丝杠副，产生缺陷后，用原始频谱进行比较就可以判断缺陷及其发展程度。

③由于滚珠丝杠副在使用中不断磨损，缺陷的发展使产生的振动变成杂乱无章的噪声，记录的频谱尖峰将会降低，或不出现尖峰。由于磨损或缺乏润滑而产生的振动也会出现这种情况。

④在使用加速度计监测时，由于对振动信号非常敏感，特征频率范围之外大量的其他成分也由加速度计测出。如果使用动态信号分析仪来完成上述的测量和分析，其测量结果显得不易理解。因此，监测振平的变化最好选择速度传感器直接测量。

3) 滚珠丝杠副的修复方法

①当出现滚珠不均匀磨损或少数滚珠的表面产生接触疲劳损伤时，应更换掉全部滚珠。更换时，要求购入 2～3 倍数量的所需精度等级的滚珠，用测微计对全部滚珠进行测量，并按测量结果分组，然后选择尺寸和形状公差均在允许范围内的滚珠，进行装配和预紧调整。

②滚珠丝杠、螺母的螺旋滚道因磨损严重而丧失精度时，通常需修磨滚道才能恢复精度。修复时，丝杠和螺母应同时修磨，修磨后，更换全部滚珠，装配后，进行预紧调整。

③对滚道表面有轻微疲劳点蚀或腐蚀的丝杠，可考虑修磨滚道恢复精度，对疲劳损伤严重的丝杠副必须更换。

三、精密、高速、大型设备导轨的修复和调整

1. 精密、高速设备导轨的修复与调整

一般精密、高速设备的床身是没有地脚螺栓的，其安装属于自然调平，有很高的几何精度，因此不允许对床身有强制调平的内应力。

（1）高精度、高速设备的刮削要求。高精度、高速设备的刮削一般都在恒温状态下进行，以消除温差变形，并且床身导轨均用刮削达到所要求的几何精度。SS30X 型磨齿机床身的刮削如图 2—74 所示。

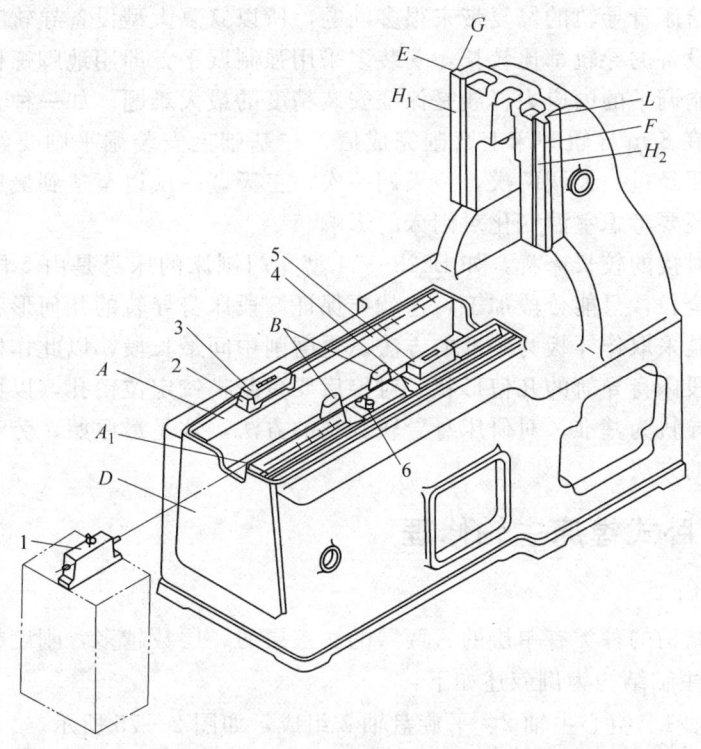

图 2—74　SS30X 型磨齿机床身的刮削
1—光学自准直仪　2—平垫板　3、5—水平仪　4—90°V 形垫板　6—反光镜

1) 床身放置可靠，所支承的可调垫铁均受力，不允许在刮削过程中有松动。

2) 检查床身导轨的原有几何精度，记录数值，必要时作出图形，以供参考和制定修复方案。准备工、检、量具或仪器，尤其是研具，必须是 0 级桥形平尺或方形平尺。

3) 设备上有一平导轨和一 V 形导轨，根据预检情况选择刮削基准面。使用的量具为 0.01 mm/1 000 mm 精度的水平仪和 0.005 mm/1 000 mm 精度的光学自准直仪。

4) 先刮 V 形导轨 A_1 两面。水平仪作为半精测量，光学自准直仪作为精测量。垂直面内和水平面内的直线度要求 0.005 mm/1 000 mm，0.01 mm/全长。垂直面内只许外凸，刮研点数 20~22 点/(25 mm×25 mm)。

5) 刮平导轨 A_0，以 A_1 导轨为基准测量两导轨的扭曲度，在专用桥板上放水平仪，平面度要求 0.005 mm/1 000 mm，0.01 mm/全长。直线度只许中凸，要求直线度 0.005 mm/1 000 mm，0.01 mm/全长。

(2) 刮削时应注意的问题

1) 若没有恒温条件，只是在室内操作，测量导轨精度时必须在相同室温下测量，误差为±2℃，以减小温差变形。

2) 用光学自准直仪测量时，为消除视觉误差，反射镜应由近到远逐挡测量，记录数字。测量完后应由远到近抽挡复查，特别是最近的零位，误差应不超过±2格（旋钮刻度值）。

2. 大型设备导轨的修复及调整

大型设备床身导轨的特点是大、长，多采用机械加工。有很多大型设备床身是多段相连接而成，给床身导轨的修复带来很多问题，所以修复大型设备导轨时要特别注意。

(1) 大型设备的导轨都比较长，安装多采用强制调平，即用地脚螺栓来调整直线度和平行度。强制调平的内应力释放是保证安装精度的最大难题。如一种龙门刨床的床身有6.3 m长，在8 m导轨磨床上磨削完成后，在基础上安装调平则要经过粗调、半精调和精调，即要经过一天调两次，一天调一次，三天调一次以至达到最后精度稳定的阶段。这个阶段还要考虑室温变化对刨床的影响。

(2) 多段对接的较长床身，如B228—14型龙门刨床的床身是由5段对接的，若没有设备来加工全长，只能分段加工，这就要保证5段床身导轨的几何形状、空间位置完全对应，一般是采取作样板为基准的方法。先磨削中间最长段，以此作样板，再用样板去检验另外两段床身导轨的几何形状。对接后要重新扩铰定位销孔，以可靠连接。也有采取以工作台导轨为基准，对研床身导轨刮削的方法，这是最原始、劳动强度最大，但最简单、可靠的方法。

四、T68型卧式镗床主轴修理

1. 主轴结构

镗床主轴结构的种类有单层的、两层的、三层的，层数越多，刚度越差。现以三层的T68型镗床主轴结构为例叙述如下：

主轴由主轴1、空心主轴2、平旋盘轴3组成，如图2—75所示。

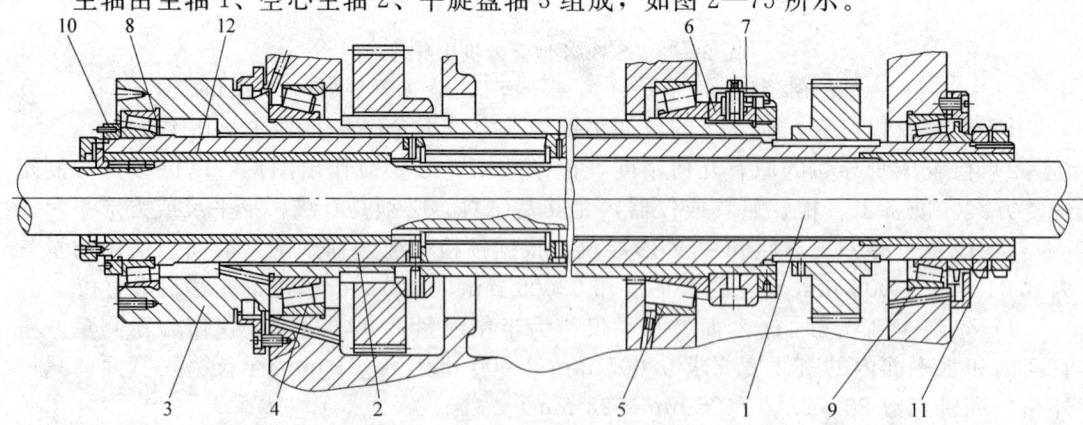

图2—75　T68型镗床主轴结构图

1—主轴　2—空心主轴　3—平旋盘轴　4、5—圆锥滚子轴承　6、10—螺母
7—梳形定位器　8、9—轴承　11—调整锁紧螺母　12—钢套

(1) 主轴。主轴 1 前后的支承轴承为两个钢套,保证了主轴的精度及刚度,支承主轴 1 旋转及移动。主轴 1 采用 38CrMoAl 钢经渗氮处理,是实心轴,上面有两个对称开通的键槽,空心主轴将旋转运动经滑键传给主轴 1。主轴 1 前端有 5 号莫氏锥孔和两个横孔,用以装置锥柄刀具,主轴 1 与滑座用推力轴承连接,以实现主轴 1 的支承。

(2) 空心主轴。空心主轴 2 前后用两个精密级轴承支承,分别装在平旋盘轴 3 前端的内孔中和主轴箱后边的箱壁孔中,起支承空心主轴 2 的作用。空心主轴 2 通过两个轴承支承在平旋盘轴 3 内,其内部装有两个淬火钢套支承着主轴 1。这种结构形式,虽然万能性好些,但显得较为复杂,轴承用得多,零件层次重叠,累积误差较大。同时,主轴部件的回转精度及支承刚度均受到影响。

(3) 平旋盘轴。平旋盘轴 3 在两个精密的 P5 级圆锥滚子轴承 4、5 支承下旋转。轴承外圈装在主轴箱两端和中间的壁孔中,靠轴承后端的螺母来调整间隙,并以梳形定位器 7 定位,保证其已调好的回转精度。

2. 零部件的修理

主轴各零件和轴承的磨损、变形以及失调,都将影响主轴结构的回转精度。影响主轴回转精度的主要因素有主轴、钢套、空心主轴、轴承、主轴箱体等的自身精度和装配精度。现将主要零件的检查、修理方法介绍如下:

(1) 主轴和钢套。主轴和钢套的主要失效形式有磨损、变形、局部性损伤三种。

1) 检查。主轴的检查方法如图 2—76 所示。钢套与主轴配合间隙可用内径百分表及外径千分表来检查确定,要求间隙在 0.015～0.020 mm 之间。检查主轴时主要检查磨损和弯曲程度。检查时,为了避免两条键槽对测量的影响,事先可做成两个支承套,要求它的内外同轴度和圆度误差均小于 0.005 mm,内孔按主轴外圆的实际尺寸配磨。具体检查步骤如下:

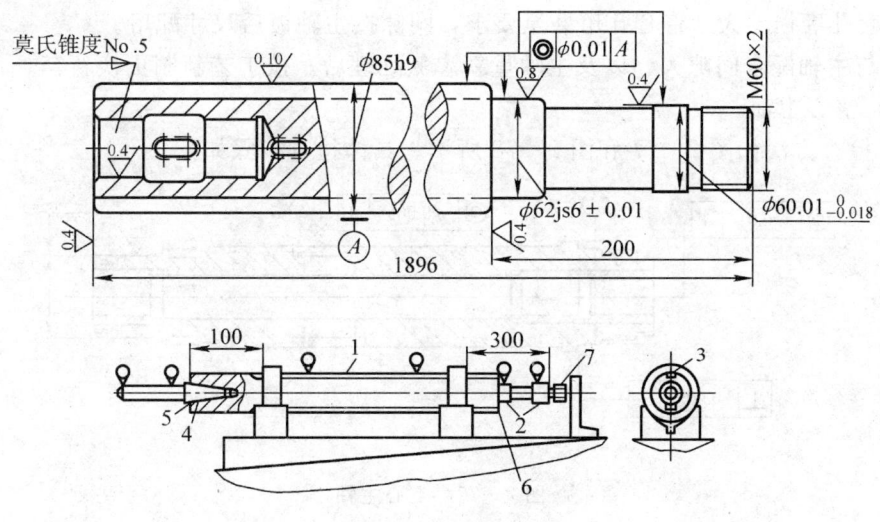

图 2—76 主轴检查图
1、2—表面 3—键槽 4—锥孔表面 5、6—端面 7—螺纹表面

①检查主轴表面时,在主轴的 $\phi 85$ mm 外圆的两端装上支承套后,放入斜置平板上的两 V 形架中,并在主轴尾座的中心孔中放入 $\phi 6$ mm 钢珠,紧紧地顶在平台后端的角

铁上，用手转动主轴，在主轴外圆上每隔 250～300 mm 的长度上测量一次，记录全长的弯曲值，找出最大弯曲处，其圆度误差小于 0.005 mm。

②检查表面 2 与表面 1 的同轴度误差，同轴度误差小于 0.01 mm，用千分尺和内径百分表检查表面 2 与轴承的配合间隙小于等于 0.02 mm。

③检查键槽 3 时，将主轴旋转使键槽 3 成水平位置，用百分表进行检查，要求误差 0.03 mm/1 000 mm。

④检查锥孔表面 4 时，在主轴锥孔中插入检查心轴，在近主轴端的径向圆跳动误差小于等于 0.01 mm，在 300 mm 处小于等于 0.02 mm。

⑤检查端面 5、6 时，对表面 1 的垂直度误差小于等于 0.005 mm（可用千分表直接量取）。

⑥检查螺纹表面 7 时，将螺母端面修去毛刺后旋上螺纹表面 7，用千分表触及螺母端面。测量螺母端面圆跳动误差来检查螺纹的歪斜量，螺母端面圆跳动误差应小于等于 0.05 mm。

2）修复方法

①主轴

a. 主轴无变形，磨损不严重，圆度误差小于 0.03 mm。在车床上用研磨套加粒度号为 W2.5 的磨料研磨抛光的方法进行研磨主轴。

b. 磨损较大，圆度误差在 0.03～0.15 mm 内，变形量小于 0.2 mm。方法一是：主轴先经粗磨，镀硬铬后，镶键，在外圆磨上精磨。方法二是：磨去变形和磨损层后，重新渗氮处理，经粗磨、精磨后抛光。

c. 磨损严重。按工艺制造或外购后更换新件。

②钢套

a. 套孔磨损不大。将套孔珩磨至要求，间隙按主轴镀后尺寸配珩。

b. 与主轴配合间隙大，以及主轴重新渗氮处理后。按工艺新制更换新套。

（2）空心主轴

1）检查方法如图 2—77 和图 2—78 所示。具体检查步骤如下：

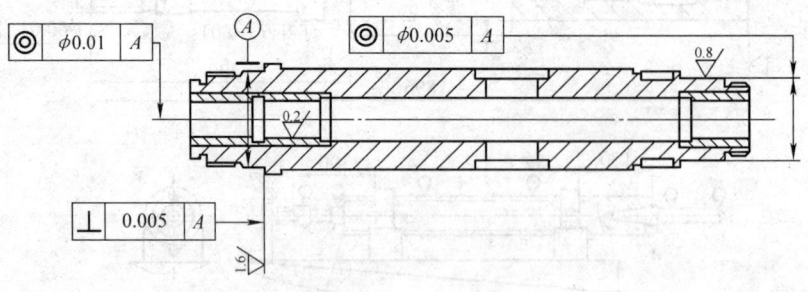

图 2—77 空心主轴

①检查表面 1、2，用千分尺和内径百分表分别测量出表面 1、2 尺寸及轴承内孔尺寸，若间隙保证 j5 要求，则合格，否则镀铬后处理，其圆度误差为 0.005 mm。

②检查（空心主轴内钢套）表面 3 时，将空心主轴放入斜置平台两个 V 形架中，

用手转动空心轴测量表面 3 的径向圆跳动误差,应小于等于 0.02 mm;钢套与主轴的配合间隙可用千分尺和内径百分表测出,应在 0.015～0.02 mm 之间。

③检查表面 4 时,直接用百分表测量表面 4 与表面 1、2 的垂直度误差,应小于等于 0.005 mm。

2) 修复方法

①表面 1、2 尺寸超差,可以镀铬修理后精磨至尺寸。

②表面 4 可以精磨至要求。

③表面粗糙度值达不到要求,应更换淬火钢套,然后修磨内孔。一般情况下,钢套的取出有以下三种方法:

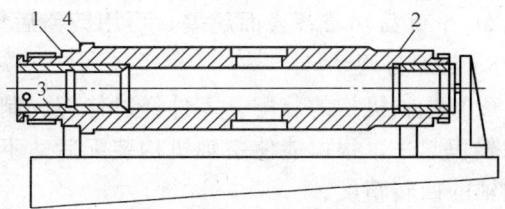

图 2—78 空心主轴检查图
1、2、3、4—表面

a. 用内磨砂轮将钢套磨出一个轴向开口,撬开取出钢套。

b. 将空心轴置于车床上,一端卡住,一端架在中心架上,钢套内孔车去一层,去除过盈后,取出钢套。

c. 利用专用拉套工具拉出,如图 2—79 所示。

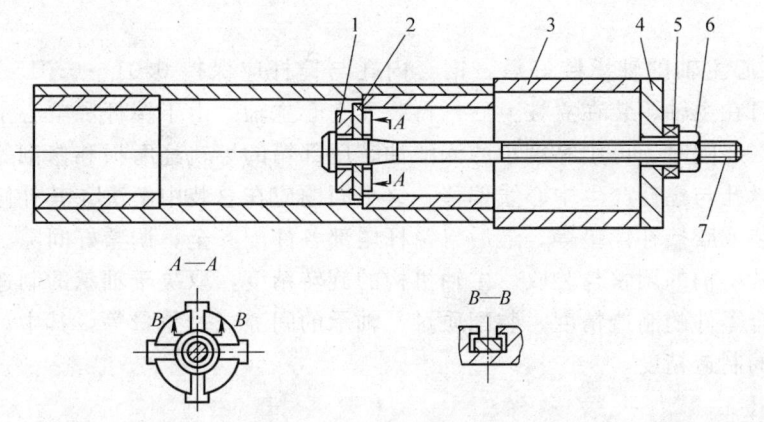

图 2—79 专用拉套工具
1—拉具体 2—滑动爪 3—支承体 4—垫板 5—推力球轴承 6—螺母 7—拉杆

安装新套时,可用热套和冷套的方法。热套时,将空心主轴镶套孔胀大 0.15～0.20 mm;冷套时,使钢套冷缩 0.2 mm 左右,钢套配进空心主轴内孔后,如空心主轴的两轴承安装后变形,应进行修整后再配磨内孔。

(3) 平旋盘轴

1) 检查方法如图 2—80 所示,具体检查步骤如下:

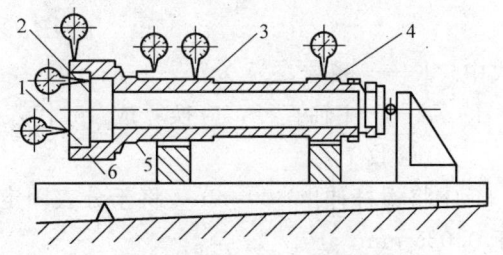

图 2—80 平旋盘轴检测
1、2、3、4、5、6—表面

①将平旋盘轴放入斜置平台上的两个 V 形架中,后端孔中放入堵塞,堵端放入 φ6 mm 钢球,将主轴转动进行检查。

②检查表面1对表面3、4的径向圆跳动误差及圆度误差应小于等于0.01 mm。

③检查表面6对表面3、4的径向圆跳动误差及圆度误差应小于等于0.01 mm。

④检查表面5对表面3、4的径向圆跳动误差及圆度误差应小于等于0.01 mm。

⑤检查表面4对表面1的垂直度误差应小于等于0.005 mm。

2) 平旋盘轴若各表面超差,可用镀铬后精磨的办法修复。

3. 装配与调整

(1) 主轴机构的装配。零件经过修理、制造,总是不可避免地产生误差,这些误差如果累积起来,很可能使主轴机构装配后达不到精度要求。故应采取定向装配法,以提高主轴的回转精度。

1) 空心主轴轴承外环径向圆跳动误差最小处,应与平旋盘轴孔的径向圆跳动误差的最大处相对应装配。

2) 空心主轴的最小径向圆跳动误差处,分别与两轴承内环最大径向圆跳动误差处相对应装配。

3) 如果主轴箱三孔存在微量同轴度误差,也可按径向圆跳动误差实际误差的相位予以补偿。

4) 轴承采取热装配法,先将轴承放入80~100℃的机油中浸15 min,然后取出装配。

5) 将空心主轴的轴承装好后,钢套内孔与镗杆应保持0.01~0.015 mm的间隙。镗杆装配,可在主轴箱装在立柱上后,再装入空心主轴。由于镗杆和空心主轴接触面积大,间隙小,装配时,可用黏度小的润滑油。尾部箱的导轨经磨损和修刮等,使镗杆尾端固定的轴承孔与镗杆产生中心线偏移,这个问题应在总装中解决。其补修办法一般有补偿法、镶装或胶接补偿垫等。最后将镗杆尾部各件配齐全、调整好间隙。

(2) 主轴机构的调整与验收。主轴机构的旋转精度,取决于轴承的制造精度、与主轴轴承相配合零件的制造精度、装配质量、轴承的间隙或过盈量等,其中,起决定性作用的是轴承的制造精度。

1) 调整

①滚动轴承应进行定向装配。

②调心滚子轴承及双向推力角接触球轴承应进行预加载荷。

③镗杆与衬套之间的实际配合间隙应选为:

$$\delta = Kd \times 10^{-4} \; \mu m$$

式中 K——系数,为0.75~1.5;

d——主轴直径,应换算成 μm 代入公式。

2) 验收

①将镗杆伸出300 mm,将千分表固定在机床上,转动镗杆,径向圆跳动误差应小于0.025 mm。

②将心轴插入镗杆中,在水平平面内平行度误差为:近镗杆端0.02 mm,在300 mm处为0.04 mm。

③在心轴前端中心孔处放置一钢球,用黄油粘住,转动镗杆,窜动误差为0.015 mm。

④平旋盘轴端面圆跳动误差和定位凸台径向圆跳动允差为 0.02 mm。

以上四项检测如有超差,可能是滚动轴承间隙调整不当,也可能是定向装配时把误差方向搞错。属于后者,应当重新装配;属于前者,可通过主轴箱后端的带槽螺母来调整平旋盘轴的圆锥滚子轴承。

五、热模锻压力机修理

1. 高温、高压机械设备易损零件的损坏形式

高温设备常指热加工的铸造设备、造型设备、金属成型设备(压铸机)、熔模设备等。高压设备一般指锻压设备,如空气锤、蒸汽—空气锤、水压机、油压机、平锻压力机、热模锻压力机等。它们的共同特点是零部件损坏基本上都是在高压、高温的环境条件下造成的。例如运动副的拉毛、磨损,基体或关键零件的断裂(锤杆、砧座、缸体等),力的传动件在高压、高温环境下的变形、损坏,滑动或滚动轴承的损坏等。

2. 热模锻压力机主要零部件的修理

热模锻压力机的传动原理如图2—81所示,其主要零部件的修理如下:

(1) 齿轮的修理

若断齿,小齿轮可以更换,大齿轮则可镶齿,焊补后按样板锉齿。若磨损严重,大齿轮按负高度变位修正滚齿,小齿轮按正高度变位修正制造。

(2) 曲轴部件的修理

曲轴修理时首先要对轴做超声波探伤,检查轴颈和过渡圆角的表面裂纹及内部缺陷。过渡圆角表面裂纹较深者必须更换,若较浅则可用风动砂轮打磨至无裂纹,并修磨成光滑圆弧后可继续使用。偏心轴(曲柄轴)轴颈磨损不严重,可进行人工打磨,即在车床上用风动砂轮机夹持页状砂布轮或用砂带磨光表面轴颈,并对过渡圆角抛光,不允许车削轴颈。若必须更换偏心轴时,可采用换轴换轴承或换轴修轴承的方法。

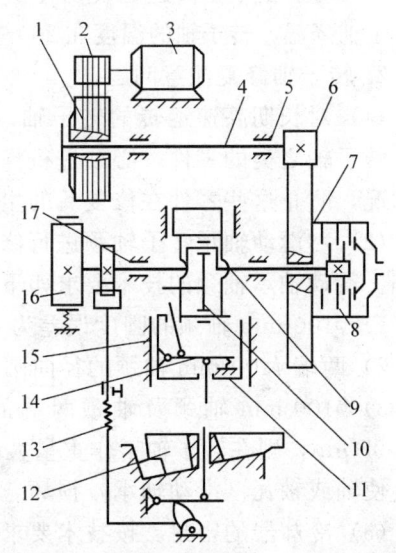

图2—81 热模锻压力机传动原理图
1—大带轮 2—小带轮 3—电动机 4—传动轴
5、17—轴承 6—小齿轮 7—大齿轮 8—离合器
9—偏心轴 10—连杆 11—滑块 12—楔形工作台
13—下顶料装置 14—上顶料装置 15—导轨
16—制动器

(3) 轴承的修复

1) 对于分开式轴承(两半瓦)可采用修轴修套的方法,即按修后轴尺寸将上、下轴承及轴承座分别刨去 A 值:

$$A=0.5(D-d+c)$$

式中 D——轴承未修复前孔的尺寸,mm;
d——偏心轴修复后轴颈的尺寸,mm;
c——轴承套应留加工余量,mm。

2) 修轴换套。新套以 0～0.03 mm 过盈量压入轴承座，轴承座装在机架上，镗内孔，尺寸按修复后的轴直径留出间隙 Δ：

$$\Delta = (0.001\ 0 \sim 0.001\ 2)d$$

式中　Δ——轴承与偏心轴偏合间隙，mm；
　　　d——偏心轴修复后的实际尺寸，mm。

对于分开式轴承，新瓦也应在轴承座上配合适的垫片，便于维修和调整间隙。

六、7K—15—8 型透平空气压缩机转子轴的修理

1. 转子轴的结构

7K—15—8 型透平空气压缩机的转子轴，质量 900 kg，额定转速 $n=7\ 000$ r/min，总长 2 417 mm，滑动轴承间距是 2 053 mm，转子直径 1 级、2 级为 ϕ750 mm，3 级、4 级为 ϕ640 mm，5 级、6 级为 ϕ530 mm，7 级、8 级、9 级为 ϕ420 mm，两端滑动轴承轴颈尺寸是 ϕ100 mm。由于是高速运转，转子轴在 1 级、4 级、6 级后面各带有一个中间冷却器，为转子轴降温，转子轴的温度在 200～250℃之内。

2. 转子轴修复注意问题

(1) 对长期高速运转的转子轴，首先要进行探伤。对于高速运转零件，尤其是主轴、转子轴之类的零件，必须进行探伤检验，以防在零件的金属组织中出现内伤、裂纹等情况，防止这些零件在修复后的生产工作中引发事故。

(2) 对滑动轴承转子轴颈进行修复。长期高速运转使轴颈产生磨损、拉毛、烧伤等缺陷。滑动轴承轴颈的技术要求如下：

1) ϕ100 mm 轴颈的圆度误差为 0.005 mm，圆柱度误差为 0.01 mm。

2) 两端 ϕ100 mm 轴颈的径向圆跳动误差均在 0.01 mm 以内。

3) ϕ100 mm 轴颈及轴颈两端的表面粗糙度为 $R_a0.05$ μm。若表面粗糙度大于 $R_a0.05$ μm，则在转子轴工作重量大于 1 t、转速达 7 000 r/min 的情况下，设备启动时就会使轴或轴瓦（滑动轴承）损坏，这是转子轴修复最关键的技术问题。

(3) 冷却器的密封。按技术要求对中间冷却器进行试压，气室压力要求 0.4 MPa，水室压力要求 0.3 MPa，在不漏气、不漏水的情况下才能使用。

(4) 转子轴上要装配 9 个由合金钢制成的叶轮，每一级的导液叶轮都是用螺钉固定在隔板上。所以，在修复时必须用扭矩扳手逐个将螺钉上紧，并检查叶轮的磨损情况。

(5) 转子轴的动平衡是修复的关键技术，是修复高速旋转轴必须做的工作。

第四节　精密零件制造

→ 能够掌握大型、精密零件的制造技术
→ 掌握电加工的有关知识

一、精密机械零件的制造要求及成形工艺

1. 精密零件制造材料的选择

制造精密零件所用的材料，要求有足够的力学性能和良好的加工性能。零件要有耐磨性和尺寸的稳定性，在热处理后要有较高的强度和硬度，并且要求变形最小。因为精密机床的加工精度与使用寿命在很大程度上都取决于机床上主要零部件的制造精度和装配精度。零件的制造精度首先取决于零件材料的合理选择。材料的选择见表2—4、表2—5、表2—6。

表2—4　　　　　　　　　　　　　　制造精密零件所用的钢材

材料牌号	热处理方式	应用范围
12CrNi3	渗碳、淬火、回火 58～63HRC	要求形状复杂，表面硬度高，耐磨性好，有很好的韧性和高强度的零件，如滑动轴承的主轴、套筒、高速传动齿轮等
20Cr	渗碳、淬火、回火 58～62HRC	要求表面硬度高、耐磨性好，有足够的韧性和强度的零件，如滑动或滚动轴承的主轴、套筒、蜗杆、主传动齿轮、凸轮等
40Cr	淬火、回火 40～50HRC；高频淬火 48～52HRC	要求强度和耐磨性高的零件如滚动轴承的主轴等；要求耐磨性高和硬度高的零件，如转子主轴、中速传动齿轮等
38CrMoAlA	氮化 64～72HRC（867～1021HV）	要求耐磨性极高、高疲劳极限、变形小的零件，如主轴、滑动轴承的主轴、套筒等
T10A	球化退火（或调质）高温回火 170～240HB	要求耐磨性好和变形小的零件，如车制精密丝杠
CrWMn CrMn	淬火、回火 58～64HRC	要求耐磨性好和变形小的零件，如磨制精密丝杠
GCr15	淬火、低温回火 58HRC	要求耐磨性好和变形小的零件，如滚动轴承的滚子、丝杠、滚珠丝杠等
9Mn2V	淬火、低温回火 56～62HRC	要求耐磨性好的零件，如精密淬火丝杠、磨床主轴等

表2—5　　　　　　　　　　　　　　制造精密零件所用的有色金属材料

材料牌号	适用范围
锡青铜6—6—3 锡青铜4—4—7	普通耐磨青铜，具有高的切削加工性能，适用于在中速（$v=3～6$ m/s）和低载荷（$P_s \leqslant 1\ 000$ MPa）下工作的零件，如一般轴套和螺母
锡青铜10—0.5	高级耐磨青铜，能在单位压力$P_s \geqslant 1\ 000$ MPa及高速度（$v<8$ m/s）的情况下工作的零件，如主轴滑动轴承、主要蜗轮的齿圈等
锡青铜8—14	适用于速度$v<5$ m/s及高载荷场合，如主轴滑动轴承
铝铁青铜9—4	在高载荷、低速条件下，尚有良好的耐磨性的零件，如进给机构的蜗轮

表 2—6　　　　　　　　　制造精密零件所用的铸铁

铸 铁 名 称	适 用 范 围
耐磨铸铁	用于主轴套筒、螺母、交换齿轮等
Ⅰ级铸铁	用于螺母、交换齿轮等

2. 铸造和成形工艺

金属成形工艺包括热加工工艺（锻造、挤压、轧制等）和冷加工工艺（挤压、弯曲、冲裁等）。铸造工艺和成形工艺是精密零件制造经常采用和选择的。

3. 热处理工艺

以改变金属性能为目的，受控制的加热和冷却的过程，即为热处理。热处理工艺是精密零件制造的重要工艺之一，因热处理能显著地改变金属的力学性能和物理性能。选择了制造精密零件的金属材料之后，就要根据零件的需要选择合理的热处理工艺，以提高零件的强度、硬度、耐磨性及减小变形量。

4. 机械加工工艺

（1）测量、检验和质量控制。高精度的零件，要选用合适的仪器、量具，并选择适当的测量方法才能测量出高精度的尺寸和形位公差。精密零件测量的准确性、可靠性是机械加工最关键的技术问题之一。

（2）金属切削加工设备的选择。根据零件精度的技术要求，要合理、正确地选择切削加工设备，这也是精密零件制造工艺的重要条件。例如，普通的卧式车床不能加工出5级丝杠，只有精密丝杠车床或螺纹磨床才能完成这项任务。

二、零件的电加工技术

1. 电火花脉冲加工技术

电火花加工是特种加工方法中最为常见的一种，可以加工各种难加工的导电材料（如淬火钢、耐热钢和硬质合金等）和低刚度零件；可以加工各种模具及特殊、复杂的表面；在一定条件下，还可以加工半导体材料和非导电材料。在实际应用中，电火花加工用得最多的是电火花成形加工（包括电火花穿孔加工和电火花型腔加工）和电火花线切割加工。现在，先以电火花成形加工为例对电火花加工的一般原理、电火花加工精度、加工表面质量的主要影响因素及电火花加工的设备等进行说明。

（1）电火花加工的原理。电火花加工是在一定的工作介质中（如机油和煤油），通过工具电极与工件电极之间的脉冲放电对工件产生电腐蚀作用，从而实现对物体的加工的一种加工方法。

电火花加工的工作原理如图 2—82 所示。工件 1 安装在充满工作液 5 的工作槽中；工作液 5 则在泵 6 的作用下循环流动，工具电极 4 通过主轴端的夹具固定好，依靠电火花加工机床的自动进给调节器 3，使工具电极 4 与工件 1 之间经常保持一定的放电间隙（通常为 0.01~0.20 mm）。工件电极和工具电极 4 分别与直流脉冲电源的正、负极接通，形成电流回路。脉冲电源产生的脉冲电压将在工具电极 4 和工件电极之间的最小间隙处或绝缘强度最低的工作液处产生火花放电，在 10 000 ℃ 以上的瞬时高温作用下，两极表面金属的微小部分被腐蚀，被腐蚀掉的金属颗粒掉到工作液 5 中冷却、凝固并被冲走，从而在两极表面形成微小凹坑。当一个脉冲结束后，工作液介质立刻恢复到原来的绝缘状态。通过每秒钟上千到上万次这样的火花放电循环，工件表面便形成了无数的微小凹坑，这些凹坑就组成了希望得到的加工表面。因此，电火花加工的过程，相当于将工具电极 4 的形状逐渐"复制"到工件 1 上的过程。

上述电火花加工过程必须具备的条件是：

1）脉冲放电。即工具与工件之间的放电过程应该是间隔进行的，并且持续时间很短。可保证在放电局部区域产生的瞬时高温，使其微小部分被腐蚀。

2）放电间隙。正、负电极间应该经常保持适当的间隙。如果两极间的间隙过大，两极间的脉冲电压便不能击穿它们之间的绝缘介质，从而不能产生火花放电；倘若两极间的间隙过小，则极易导致两极短路。因此，必须采用能精确调整工具电极间隙的自动控制机构控制放电的间隙。

3）火花放电的绝缘介质。绝缘介质多为液体，如煤油、机油、皂化液或去离子水等，正、负两电极间有绝缘介质时才能形成脉冲放电和电火花击穿。通过绝缘介质的不断流动，可以及时地将工作区域的电蚀产物排除掉，同时冷却电极及消除电离，提供干净的工作液体。

（2）影响电火花加工精度的主要因素。电火花加工过程中，工具电极的损耗及其制造精度、放电的间隙、二次放电、工件定位的误差以及机床运动的误差都会影响加工的精度。图 2—83 为各种情况下加工轮廓对比图。

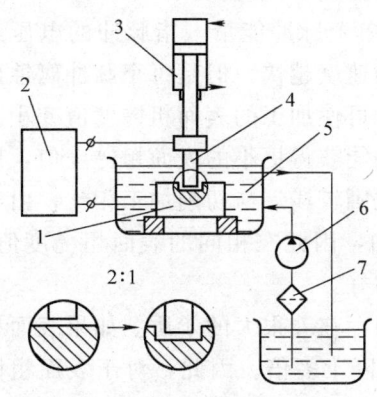

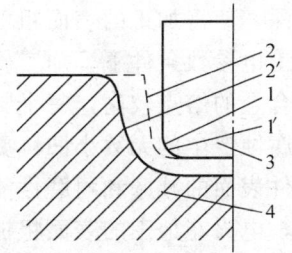

图 2—82 电火花加工示意图

1—工件　2—脉冲电源　3—自动进给调节器

4—工具电极　5—工作液　6—泵　7—过滤器

图 2—83 各种因素影响下加工轮廓对比图

1—工具电极无损耗时的轮廓线

2—工具电极有损耗但不考虑二次放电时的工件轮廓线

1′—工具电极有损耗时的轮廓线

2′—工具电极有损耗且产生二次放电时的工件轮廓线

3—工具电极　4—工件

1）工具电极的损耗及其制造精度。电火花加工的过程相当于对工具电极进行"复制"，故工具电极的制造精度会影响加工精度。电火花加工过程中，在工件电极被腐蚀的同时，工具电极也会发生损耗，特别是在工具电极的棱边或尖角处。由于这些地方能量较集中,所以造成的损耗也尤为显著。棱边或尖角随着加工的进行会逐渐转变为圆角,因此,这些地方很难精确地复制到工件上去。目前,有人采用前沿很陡的高频短脉冲进行电火花加工,这样可以减少圆角的半径,从而提高了仿形的精度。

2) 放电间隙。对于电火花仿形加工,由于存在放电间隙,故工件上被加工的孔或腔的尺寸应等于相对应的工具尺寸加上放电间隙的尺寸。因此,放电间隙会影响加工的仿形精度。在实际应用中,由于工具电极材料的不均匀以及其他加工条件的变化等原因,使得放电间隙会跟着发生变化,从而导致加工误差的产生。如果只考虑加工精度,则间隙越小,仿形精度越高。在精加工和半精加工中,放电间隙的大小通常为 0.01~0.1 mm;而在粗加工过程中,由于更注重的是加工的速度而非仿形精度,所以,放电间隙可在 0.5 mm 以上。

3) 二次放电。二次放电是指由于腐蚀产物的介入而在已加工表面上再次进行的非正常放电,其大多发生在侧面的两电极间。当循环液体流动条件较差,工作液浑浊,电腐蚀产物排除不流畅等情况出现时,二次放电尤其严重。另外,各处放电几率不同,造成材料损耗不一样,使加工后的工件侧面有一定的斜度。

4) 工件定位的误差以及机床运动的误差。这一类误差的大小取决于电火花加工机床的机械精度,通过采用现代精密自动机床,可大大降低该类误差。

(3) 影响电火花加工表面质量的主要因素。电火花加工和一般的机械加工相比,机械加工多是在强力作用下去除多余材料或者使之形状改变;而电火花加工是利用电火花放电产生的高温腐蚀材料来实现加工目的的。电火花加工的表面质量主要包括表面粗糙度、表面变质层和表面物理力学性能三个部分,下面分别予以说明。

1) 表面粗糙度。影响表面粗糙度的主要因素是单个脉冲能量(指脉冲的电压或电流)的大小。单个脉冲的能量越大,则电火花加工的速度越快,但是每个脉冲腐蚀出来的凹坑较深,使得加工的表面粗糙度值变大;反之,可使加工的表面粗糙度值变小。在同等的加工电参数条件下,加工硬质合金要比加工钢能获得更小的表面粗糙度值,原因在于硬质合金的熔点较高,每个脉冲腐蚀出来的凹坑则较浅。与切削加工相比,由于电火花加工腐蚀产生的无数小凹坑更有利于储存润滑油,因此在相同的表面粗糙度值下,其加工工件表面的减摩和耐磨性能都要比切削加工的好。

另外,电火花加工的表面粗糙度与加工速度之间存在着很大的矛盾。如果表面粗糙度值从 $R_a 2.5\ \mu m$ 降到 $R_a 1.25\ \mu m$,加工速度则要下降十多倍。因此,对于表面粗糙度值要求较小的加工,如 $R_a < 1.25\ \mu m$,采用电火花加工方式则在经济上很不合算。

2) 表面变质层。表面变质层是由于工件表面在加工过程中受到瞬时高温和液体介质冷却的作用,其化学成分和组织结构发生变化而形成的,它包括熔化层和热影响层两个部分。熔化层在被加工工件表面的顶层,是工件材料在高温作用下熔化又被工作液迅速冷却凝固而成的。对于钢,由于该层在金相图上呈白色,故又被称为"白层"。熔化层的厚度与单个脉冲能量有关,单个脉冲能量越大则厚度越大,但通常不超过 0.1 mm。该层与基体金属完全不同,是一种树枝状的淬火铸造组织,硬度通常较高。另外,工件加工表面由于高温迅速冷却,会产生拉应力,极易导致微裂纹的产生。微裂纹多出现在熔化层,而且单个脉冲能量越大,微裂纹的宽度和渗入深度也就越大。通常,在加工硬、脆材料时，要特别注意微裂纹的产生。熔化层下面是热影响层，顾名思义，该层是由于热作用改变了金属的金相组织而形成的。

3) 表面物理力学性能。该项所包括的内容非常多，这里只对显微硬度以及耐疲劳性能两个方面作说明。工件在电火花加工前的热处理状态和加工中脉冲参数的不同，导致加工后表面变质层显微硬度的变化也不相同。通常说来，工件材料越软，则加工后表面变质层的显微硬度提高得越多。对于未淬火钢，在加工后表面有淬火现象，硬度提高而且耐磨；对于淬火钢，表面硬度可能提高，也可能下降。如 T8A 钢淬火后在宽脉冲粗加工时，熔化层的显微硬度下降；而在使用 RC 线路脉冲电源精加工时，硬度就没有下降。同时，电火花加工后淬火钢表面变质层的残余应力要比未淬火钢的大；残余拉应力的大小和分布深度则随脉冲能量的增大而增大。由于电火花加工后的工件表面存在着较大的拉应力，甚至还可能有微裂纹，因此，与切削加工相比，电火花加工获得的表面，其耐疲劳性能更差。针对这种情况，可以采用回火和喷丸等工艺方法来降低残余应力，或使残余拉应力转变为压应力。如果加工余量比较充足，还可以采用机械抛光或电解抛光的方法，以去除表面变质层，从而改善工件的表面质量。

(4) 电火花加工的设备。现在，电火花加工多半和数控技术相结合，形成数控电火花加工机床，这样可以获得较精确的控制效果。电火花加工机床由脉冲发生器、机床本体、伺服控制系统和工作液循环系统四个大部分组成，如图 2—84 所示。

1) 脉冲发生器。其作用是转换交流电或直流电，使之变成频率较高的脉冲电源，为电火花加工两极间放电提供能量来源。根据工作原理的不同，脉冲发生器可分成

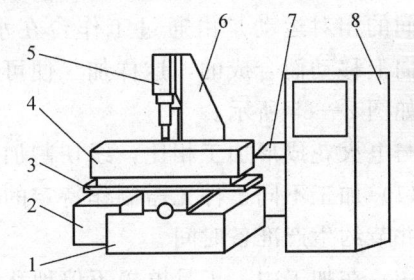

图 2—84 电火花加工机床示意图
1—床身 2—工作油箱 3—工作台 4—工作液槽
5—主轴头 6—立柱 7—工作液箱 8—电源箱

独立式和非独立式两大类。独立式脉冲发生器发出脉冲的各项参数仅取决于发生器本身；而非独立式脉冲发生器发出脉冲的各项参数随电火花放电间隙的物理状态不同而变化，如 RC 和 RLC 电路。

2) 机床本体。它可实现工件和工具的装夹与固定以及对工件与工具间相对位置的调整，并提供加工所需的工作液。机床本体由床身 1、工作台 3、立柱 6 和主轴头 5 等部分组成（见图 2—84）。其中，主轴头 5 最为关键，通过它的带动，可以实现工具电极向工件电极的进给。在主轴头 5 的位置还可以安装平动头附件，这样可使工具电极上每一点都能围绕其初始位置作平面运动，以达到修光型腔内壁的目的。

3) 伺服控制系统。该部分包括进给机构及其控制装置。电火花加工过程中，两极间必须保持一定的放电间隙。但是，随着加工的进行，工具和工件的两个电极都不断地被腐蚀（接负极的工具电极的腐蚀情况一般较小），两极间的间隙随之增大，因此，在加工过程中，必须控制工具电极不断地并适当地向工件移动。一旦两电极间因放电击穿形成短路时，工具电极应能迅速移走，而后又恢复到正常的工作状态。伺服控制系统多采用自动调节装置，且装置应有比较大的速度调节范围、较强的抗干扰能力、较好的稳

定性及灵敏性等特点。

4) 工作液循环系统。电火花加工通常是在一定绝缘性能的液体介质中进行的。但加工中会产生电腐蚀产物，而且浑浊的工作液会导致二次放电更加严重、两极容易造成短路及产生电弧等问题。工作液循环系统能够及时带走加工过程中产生的电腐蚀产物，使加工时获得更干净的工作液，以保证加工能稳定而顺利地进行。

2. 电火花线切割加工技术

电火花线切割加工与电火花成形加工相比，两者加工的基本原理是相似的。这两种方法的主要区别在于加工过程中所采用的刀具不同。

电火花线切割加工简称"线切割"。它的两极分别是一交替作正、反向运动的线状工具电极（常用的有钼丝或黄铜丝）和待加工工件。两极与脉冲电源相连，并通过工具电极向工件作规定的相对运动；同时，浇注工作液介质（常用乳化液或去离子水），两极间便会发生火花放电使工件发生电腐蚀，从而切割出所需要的工件形状。两极间的相对运动是由通过工作台在水平 X、Y 两个坐标方向上移动而合成的，这样加工便可以得到各种二维曲线轮廓的工件。线切割工作示意图如图 2—85 所示。

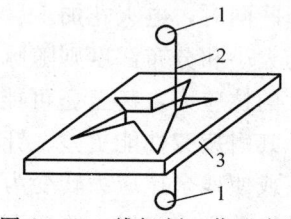

图 2—85 线切割工作示意图
1—丝架 2—工具 3—工件

与电火花成形加工相比，线切割加工有以下特点：

(1) 加工不同工件无需制作特定的成形工具电极，用线状工具电极可使生产成本降低，并节约生产准备时间。

(2) 在加工中，工具电极不停地移动，使得单位长度线状工具电极损耗较小，从而对加工精度的影响更小。

(3) 通过 CNC 控制的多轴复合运动可获得复杂的平面几何轮廓，还可加工任意形状的工件。

(4) 与电火花穿孔加工相比，加工同样的工件，线切割加工的总腐蚀量更少。

(5) 因是对工件进行切割，故余料可以再利用，材料的利用率较高。

(6) 容易实现数字控制，且自动化程度高，操作方便。

相对而言，线切割加工的主要缺点在于不可以加工盲孔类零件表面及立体成形表面。

目前，线切割加工广泛应用于加工各种硬质合金和淬硬钢的冲模、冷拔模、拉丝模、成形刀具、各种形状复杂的精细零件和窄缝等。而且，线切割中可将多个相同要求的待加工对象叠在一起进行加工，以便使它们获得同样的尺寸。因此，线切割工艺为新产品试制、精密零件加工和模具制造等开辟了一条新的工艺途径。

3. 电化学加工

电化学加工是特种加工中继电火花加工之后，应用较为广泛的一种加工方式，在国防及民用工业中常可以看到它的身影。它包括去除金属表面材料的电解加工及向工件表面沉积的金属的电铸加工等加工方法。另外，电化学加工可与其他加工手段相结合，形成一些复合的加工方法，如电解磨削。本节主要以电解加工为例对电化学加工进行介绍，其他加工方法只作简要说明。

(1) 电解加工

1) 电解加工的工作原理。电解加工是根据金属在电解液中会产生"阳极溶解"的电化学原理来进行尺寸加工的，其加工原理如图2—86所示。

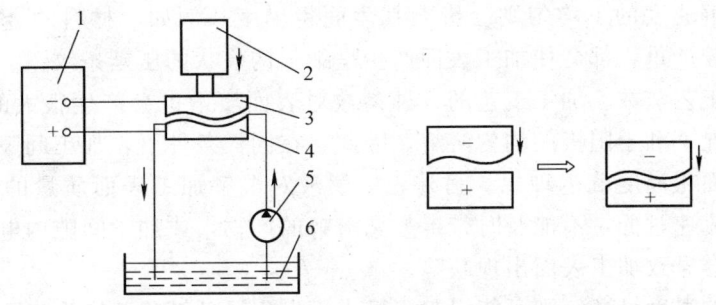

图2—86 电解加工原理示意图
1—直流电源 2—进给机构 3—工具 4—加工工件 5—电解液泵 6—电解液

电解加工两极接的是直流电源，工件端接电源的正极，工具端则与电源的负极相连。加工时，电源输出一个较低的电压（5～25 V），两极间保持一定的间隙（0.1～0.8 mm），并在间隙中通以高速（6～60 m/s）流动的电解液（氯化钠和碳酸钠等）。这样，两极间便形成了导电通路，被加工工件表层的金属材料将发生电化学反应而不断地溶解到流动的电解液中，电解液再把电解产物带走。如果工具电极靠近工件的一端不是一个平面，则开始时两极间各处的间隙将不相等，间隙大的地方场强较弱，电流密度较小，则与之对应的工件金属材料溶解速度慢；反之，间隙小的地方工件溶解速度快。通过工具电极恒速连续进给，首先会使两极间各处的间隙趋于一致，这时工件表面各处的溶解速度相等。随着加工的进行，工件正极继续溶解，工具电极的形状尺寸逐渐被"复印"到工件上，直到最终获得所需要零件的形状和尺寸。

2) 影响电解加工精度的主要因素。电解加工过程中，影响电解加工精度的因素有很多。先以加工间隙为例，通常加工间隙越小，加工精度便会越高。但是，如果加工间隙过小，则容易造成两极间的电解液流动受阻，电解产物不能及时运送出去。在这样的情况下，加工过程很可能发生短路现象，导致两极烧伤。下面从影响加工的复制精度和重复精度这两个方面的因素分别说明。

① 复制精度。复制精度是指加工后零件表面相对于工具型面的尺寸偏差。电解加工过程中，机床定位精度引起的误差、毛坯加工余量的不均匀、调整误差、工艺系统受力和受热影响产生变形所引起的误差等因素，都会在不同程度上影响加工的复制精度。

② 重复精度。重复精度是指在同样加工条件下，同一工具电极加工一批相同要求的工件，工件之间的形状及尺寸的偏差。重复精度主要受加工间隙稳定性的影响。

3) 影响电解加工表面质量的主要因素。电解加工的表面质量主要包括表面粗糙度和表面物理化学性质两个方面的内容。一般情况下，其表面粗糙度为$R_a 0.8$～0.2 μm。电解加工由于运用了电化学反应并受其影响，因此，其加工件表面具有自身特点的物理化学性质。与传统的切削加工相比，电解加工过程中由于不受切削力和切削热的影响，其加工工件的表面不会产生塑性变形，也不会存在残余应力、烧伤退火层或冷作硬化等缺陷。以下从三个大的方面阐述影响电解加工表面质量的主要因素。

①工件材料的合金成分、金相组织及热处理状态。工件金属材料溶解速度的快慢与工件材料中合金成分和杂质的多少、金相组织是否均匀及采用的热处理方式有关。而工件表面各处溶解速度的不均匀则会影响其表面粗糙度。例如，材料的金相组织不够均匀，带状组织较严重，都会使加工表面产生呈细长沟痕状的压延条纹。

②加工的工艺参数。加工工艺的各种参数对表面质量也会产生很大的影响。通常，高电流密度情况下利于阳极的均匀溶解。因此，在同样条件下，加工间隙越小，阳极溶解越均匀，表面粗糙度就越理想。另外，电解液对电解加工表面质量的影响亦不可忽视。电解液的流速过低，不能及时带走金属溶解的产物，或加工间隙内电解液发生局部沸腾汽化，都会导致加工表面出现缺陷。

若电解液的温度过高，则可能引起阳极表面发生局部剥落而产生表面缺陷；温度过低，则会使钝化变得较为严重，同样会使阳极表面溶解不均匀。

③工具阴极。电解加工的过程也就是工具阴极"复制"到工件上的过程，因此，工具阴极的表面质量会影响加工的表面质量。工具阴极表面应保证平整而清洁，不应有条纹或刻痕等，同时应采用较好加工特性的电解液，使得加工过程中金属阳离子不能在工具阴极形成镀膜，以免影响阴极型面的形状。另外，在加工中，工具阴极应均匀进给，以防止在工件表面上产生横向条纹。

(2) 电铸加工。电铸加工是用原工件模型作为电极，通过电解沉积作用使模型表面形成金属"外壳"。

电铸加工的一般过程为：阴极是可导电的原工件模型，阳极是进行电铸的金属，采用的电铸液应保证能电解出阳极的金属离子。加工时接通直流电源，电铸液中的金属阳离子便会在阴极还原成金属，并沉积于原工件模型的表面；而阳极金属在电源正电压作用下，不断地转变成金属阳离子并溶解到电铸液中进行补充，使电铸液中金属离子的浓度保持不变，即保证溶液中正负电荷平衡。当阴极的电铸层逐渐加厚达到要求的尺寸时，加工停止，然后把原工件模型从电铸层中分离出来，即可获得与原模型相反的电铸件。电铸加工的基本原理与电镀相同。不同之处在于：电镀时要求得到与基体结合牢固的金属镀层，而电铸加工要求电铸层与原模型分离，同时电铸层的厚度也远远大于电镀层。

电铸加工主要用于：

1) 加工形状复杂且精度高的空心零件、注塑用的模具及薄壁零件等。

2) 复制精细的表面轮廓，如纸币、邮票的印刷版等。

3) 加工反光镜、喷嘴和表盘等。

(3) 电解磨削。电解磨削是电化学加工与机械磨削相结合的一种复合加工方法。其两极与直流电源相连，电源正极接工件，负极接导电的磨削砂轮，在磨削砂轮与工件接触的加工区不断浇注电解液。砂轮导电基体表面密布磨料，不导电的磨粒与工件接触。电解液充满工件和砂轮基体（一般为石墨或金属粉末）的间隙中。电源接通后，电流通过工件和砂轮形成通路，在电流及电解液的作用下，工件表面发生电化学反应，在其表面形成氧化膜（硬度比工件金属低得多）。在高速旋转的磨削砂轮的作用下，氧化膜被磨料刮除，并随电解液流走。新的工件表面接着又发生电化学反应，又形成氧化膜，加工得以继续进行。

电解磨削广泛应用于内孔、外圆、平面、成形等各种磨削加工中，适合磨削高硬度、高强度、热敏性和磁性材料。如淬硬钢、硬质合金、高速钢、钛合金、镍基合金等普通磨削很难加工的材料以及有高精度和高表面质量要求的零件，形状复杂的模具和各种硬质合金刀具等。电解磨削要比一般的机械磨削效率高，而且可以提高工件加工精度及表面质量。它的不足是需要的辅助设备较多，电解液具有腐蚀性，需采取措施防止机床设备被腐蚀；另外，还需妥善处理电解液带走的加工产物，故成本较高。

4. 工件表面硬化技术

工件表面的硬度强化技术是通过一定的工艺手段，进一步提高工件的硬度、强度、耐磨性、耐腐蚀性等，这些相应的工艺方法就是工件表面强化技术。表面热处理、化学热处理、喷涂、喷焊、镀铬、低温镀铁、刷镀等都属于强化技术。对于机床导轨表面的强化技术，特介绍以下几种工艺：

（1）机床导轨表面电接触加热自冷淬火。电接触加热是利用调压器、变压器将工业用电的电压降至 2～3 V，电流可达 600～800 A。其原理是电极与工件表面接触时，电极与工件表面接触处产生很大的接触电阻，当回路中通过相当强度的电流时，电流能量即转变成热能（电阻热）消耗在接触部位，这就是淬火热源，瞬时温度可达 1 000 ℃。经过床身的自身冷却，或经过风冷急速冷却，接触部件的金相组织变为隐针状马氏体，深度可达 0.1～0.2 mm，其硬度可达 60HRC 左右，即在工件表面形成点接触式淬火。当这些点连成线，很多淬火的线覆盖导轨表面时，就形成了导轨表面的强化处理，提高了导轨表面局部硬度、耐磨性和使用寿命。

对于点接触式淬火来讲，符合其性能要求且常用的电极材料是电石墨电极，也可用铜。电石墨电极的效果最好，但它的耐磨性较差，所以常用棍状电石墨在导轨面上进行淬火。

机械传动式滚轮电极由机械传动操作，采用滚轮作为电极。滚轮以各种连续花纹在导轨上进行排列，组成比较美观的图案，且又起到表面强化的作用。

滚轮可采用硬拔紫铜、软紫铜（退火）或黄铜（退火）制作，但常用的是冷锻紫铜。铜滚轮尺寸如图 2—87 所示。

因淬火轮行走速度为 1～1.5 m/min，所以滚轮行走机构的动作由机械传动执行。为减轻行走机构即小车的重量，采用行星差动减速器（见图 2—88）比较简单可靠。有的淬火机是把减速机构、变压器、驱动电动机、滚轮调整部分放置在一个装有可调跨距的胶木轮小车上，并带有压缩空气冷却控制和电气控制的装置。也有的淬火机把电气部分全放在一个电气柜内，淬火机上只有减速机构、控制部分及电极、行走胶木轮。为提高工作效率，一般淬火机都采用两个铜轮电极同时淬火。

淬火机也可放在床身导轨上，以导轨为导向，也可在床身导轨旁放置辅助导轨作为导向。

随着电气科技发展，现在有的淬火机采用可控硅控制的无级变速机构，结构更为轻巧、灵便、先进。

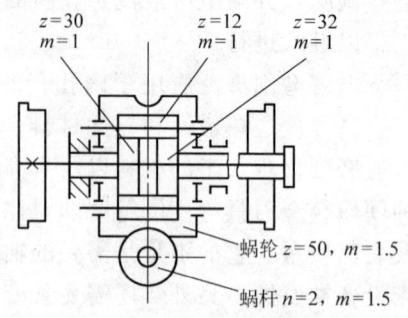

图 2—87 铜滚轮　　　　　图 2—88 行星差动减速器

电接触式表面淬火工艺的使用范围正在日益扩大，如很大、很重的轴类零件，装夹在车床上，把淬火机安装在刀架（或床鞍）上，淬火轮可在轴面进行淬火，有很好的效果。还有一些长、薄的零件或形状较复杂的盘体零件无法进行热处理，也可用电接触式淬火。有些大型的齿面、缸体孔，为提高硬度和耐磨性，采用手工操作的电石墨为电极的表面强化处理，也可得到较好的效果。

（2）机床导轨高频感应淬火。它是使工件在高频交变电磁场作用下，表面产生感应电流而加热，然后再冷却的淬火工艺。适用于高频淬火的材料有 HT300（53HRC 以上）和 HT200（48HRC 以上，淬火深度达 1.5～2 mm）。此材料在淬火前必须精刨（$R_a 3.2\ \mu m$ 以下）。高频淬火设备及工艺装备如下：

1）加热设备。高频淬火可用频率 200～300 kHz，输出功率为 60 kW 或 100 kW 的灯式加热设备。

2）淬火装置。因床身移动而感应器固定，所以床身 1.2～1.4 mm/s 的移动速度要平稳、均匀。

3）感应器。感应器是用方形铜管制造的（以便通水冷却），采用与导轨形状基本一样的双回线。其中，一条导线起预热作用，不装导磁体；另一条导线加热，装有导磁体。两条导线间距为 8～12 mm。

4）浮动装置。为得到均匀的淬火层，在淬火过程中应使感应器与导轨间的间隙保持不变，把感应器固定在一浮动装置上，以小滚动轴承作滚轮，使感应器与导轨的间隙固定。

5）工艺参数

①导轨运动速度为 2～4 m/min。

②淬火温度为 900～950℃。

③冷却方式为连续喷水冷却。

④回火方式为自行回火，可在浮动装置上加一挡水板，调整挡水板与感应器的间距（20～30 mm）来控制回火。

单元考核要点

考核类别	考核范围	考核点	重要程度
理论知识	设备搬迁、安装、调试知识	龙门刨床的安装、调试技术	★★★
		卧式镗床的安装、调试技术	★★★
		恒温环境的控制技术	★
		特种环境下的作业知识	★
	设备保养和维护知识	万能外圆磨床运行中的常见机械故障及排除方法	★★★
		龙门刨床运行中的常见机械故障及排除方法	★★★
		滚齿机运行中的常见机械故障及排除方法	★★
		机床液压系统常见故障产生的原因及排除方法	★★★
		典型机床液压系统常见故障及排除方法	★★★
		机械设备的二级保养	★★★
	设备中修、大修及精化知识	机械零件的修复	★★
		机械零件的制造技术	★★
		零件的电加工基本知识	★
操作技能	基本操作技能	高级工所应具备的专业技能	★★★
		按时完成作业的能力	★★★
	卧式镗床主轴的修理	卧式镗床主轴结构	★★★
		卧式镗床主轴结构修复知识	★★★
		卧式镗床主轴结构装配知识	★★★
	热模锻压力机曲轴的修理	热模锻压力机曲轴的结构	★★★
		热模锻压力机曲轴修复知识	★★★

单元测试题

一、单项选择题（下列每题的选项中，只有1个是正确的，请将正确答案的代号填在横线空白处）

1. 恒温工作环境温度范围_____℃，控制精度为±1℃。
   A. 20～25　　B. 20～22　　C. 20～27　　D. 18～22

2. 凡在坠落高度_____m，有可能坠落的高处进行的作业，均称为高处作业。
   A. ≥1　　B. ≥2　　C. ≥2.5　　D. ≥3

3. 噪声对人体的危害程度与_____有关。
   A. 声音的大小   B. 频率与强度   C. 声源的远近   D. 工作环境
4. 龙门刨床工作台齿条与斜齿轮_____，将导致工作台运动不稳定。
   A. 间隙过大   B. 接触不良   C. 间隙过小   D. 齿面磨损
5. 滚刀主轴的轴向窜动过大，将导致被切齿轮齿面_____。
   A. 齿形精度超差   B. 母线凹凸不平   C. 表面粗糙度差   D. 出现波纹
6. 齿轮油泵轴向及径向间隙过大，_____，系统将产生爬行。
   A. 输出油量减小   B. 输出压力波动
   C. 建立不起工作压力   D. 输出油量波动
7. 二级保养所用的时间一般为_____天左右。
   A. 7   B. 6   C. 5   D. 4
8. 卧式车床二级保养中，如发现主轴箱摩擦片磨光，可_____。
   A. 更换新摩擦片   B. 进行喷砂修复   C. 进行电镀修复   D. 进行喷涂修复
9. 精密主轴滑动轴颈硬度不得低于_____。
   A. 62HRC   B. 60HRC   C. 58HRC   D. 55HRC
10. 电火花加工适用于_____材料的加工。
    A. 金刚石   B. 金属   C. 玻璃   D. 陶瓷

二、判断题（下列判断正确的请打"√"，错误的打"×"）

1. 设备安装时，灌浆后必须经过2～3天，待水泥硬化后方可拧紧地脚螺栓的螺母，在拧紧螺母时，应保证设备所调整的精度不发生变化。（   ）
2. 安装铸造用冲天炉底座、炉底和外壳下部时，应对各连接面的水平度、冲天炉中心线的垂直度进行测量。（   ）
3. 对于恒温恒湿环境设备，在自然季节或温室内的温度、湿度发生变化时，应选择各种控制转换开关进行调整。（   ）
4. 如果万能外圆磨床工件头架中心线与尾座中心线相对于工作台的高度不一致，将导致磨削工件外圆的锥度超差。（   ）
5. 如果发现龙门刨床工作台运动不稳定，应首先检查机床润滑工作台的油管供油情况是否正常。（   ）
6. 滚齿机的分度蜗轮副装配时齿侧间隙过大，会导致滚齿机工作时噪声增大，甚至发生强烈的振动。（   ）
7. 液压系统中，当空气混入压力油以后，会溶解在压力油中，使压力油具有可压缩性，驱动刚度下降，出现爬行现象。（   ）
8. 液压冲击不仅影响液压系统工作的稳定性，还会撞坏系统中的某些零部件。（   ）
9. 以操作人员为主、设备维修人员参加的对设备的定期维修，称为机械设备的二级保养。（   ）
10. 电火花加工和线切割加工都是应用了放电加工的原理。（   ）

三、简答题

1. 什么是液压冲击？
2. 恒温环境控制的要求有哪些？
3. 简述万能外圆磨床磨削工件表面有螺旋线的原因及排除方法。
4. 大型、精密机械零件的制造要求是什么？

四、技能题

1. 基本操作模拟试题

(1) 考核前的工量具准备（见表 2—7）

表 2—7　　　　　机修钳工技能考核自备工量具清单表

序号	名称	规格	精度	数量	备注
1	游标高度尺	0.02 mm；0～300 mm		1	
2	游标卡尺	自定		1	
3	量块	83（总块数）	2级或5等	1	
4	外径千分尺	0.01 mm；0～25 mm	1级	1	
5	外径千分尺	0.01 mm；25～50 mm	1级	1	
6	外径千分尺	0.01 mm；50～75 mm	1级	1	
7	外径千分尺	0.01 mm；75～100 mm	1级	1	
8	杠杆百分表	0.01 mm；0～0.8 mm		1	
9	万能角度尺	2′；0°～320°		1	
10	内径百分表	0.01 mm；6～10 mm		1	
11	刀口形直尺	125 mm	1级	1	
12	刀口角尺	自定	1级	1	
13	塞尺	0.02～1 mm		1	
14	心轴	$\phi 8$ mm×16 mm、$\phi 10$ mm×16 mm		各2	测量用
15	平板	300 mm×300 mm	1级	1	
16	磁性表座			1	
17	正弦规	100 mm×80 mm		1	
18	钢板尺	0～150 mm		1	
19	整形锉	自定		1	
20	锉刀	自定			
21	铰刀	$\phi 8$ mm、$\phi 10$ mm	H7	各1	机用手用均可
22	直柄麻花钻	自定			
23	中心钻	自定			
24	手锯			1	
25	锯条				
26	划规			1	
27	划针			1	

续表

序号	名称	规格	精度	数量	备注
28	样冲			1	
29	锤子			1	
30	活铰手（铰杠）			1	
31	等高垫铁	自定			
32	压板及螺栓	自选			
33	平口钳	自定		1	
34	錾子	自选		1	
35	软钳口			1	
36	锉刀刷			1	
37	毛刷			1	
38	活扳手	自定		1	
39	计算器			1	
40	防护眼镜			1	
41	油壶			1	
42	红丹粉				

(2) 技能考核评分表（见表2—8）

表2—8　　　　　　　　　机修钳工考核评分表

姓名		考号		开工时间			
单位				停工时间			
序号	件1 检测项目	配分	评定标准	实测结果	扣分	得分	检测人
1	(52 ± 0.01) mm	1	超差不得分				
2	$26_{-0.02}^{0}$ mm	2	超差不得分				
3	(10 ± 0.01) mm（2处）	3	1处超差扣1.5分				
4	(32.5 ± 0.01) mm（2处）	3	1处超差扣1.5分				
5	(55.01 ± 0.01) mm	2	超差不得分				
6	(26 ± 0.01) mm（2处）	3	1处超差扣1.5分				
7	(40 ± 0.02) mm	2	超差不得分				
8	$\phi10H7$	1					
9	⫽ 0.04 A	2	超差不得分				
10	⫽ 0.02 A （3处）	6	1处超差扣2分				
11	$120°\pm2'$	1	超差不得分				
12	$60°\pm2'$（2处）	2	1处超差扣1分				
13	$90°\pm2'$（2处）	2	1处超差扣1分				
14	孔 $R_a0.8\mu m$	1	超差不得分				

续表

姓名		考号		开工时间			
单位				停工时间			
序号	件1 检测项目	配分	评定标准	实测结果	扣分	得分	检测人
15	面 $R_a 1.6\ \mu m$（9处）	2.25	1处超差扣0.25分				
16	技术要求1（9处）	2.25	1处超差扣0.25分				
17	技术要求2（9处）	2.25	1处超差扣0.25分				
序号	件2 检测项目	配分	评定标准	实测结果	扣分	得分	检测人
18	(90±0.015) mm	1	超差不得分				
19	(75±0.015) mm	1	超差不得分				
20	(15±0.02) mm（2处）	4	1处超差扣2分				
21	(60±0.02) mm	2.5	超差不得分				
22	$\phi 8H7$（2处）	2	1处超差扣1分				
23	= 0.04 A	2	超差不得分				
24	= 0.03 A （4处）	8	1处超差扣2分				
25	孔 $R_a 0.8\ \mu m$（2处）	2	1处超差扣1分				
26	面 $R_a 1.6\ \mu m$（13处）	3.25	1处超差扣0.25分				
27	技术要求1（13处）	3.25	1处超差扣0.25分				
28	技术要求2（13处）	3.25	1处超差扣0.25分				
序号	装配 检测项目						
29	件1与件2正反向配合间隙不大于0.02 mm（16处）	24	1处超差扣1.5分				
30	— 0.03 （2处）	3	1处超差扣1.5分				
31	// 0.02 A （2处）	3	1处超差扣1.5分				
核分人			总分		评审组长		

(3) 考核图如图2—89至图2—91所示。考核说明：本考核件名称为"角度组合体"，考核料由考核单位统一准备，考核时间为7 h，考生加工时间超过规定时间为废件。

2. 精密机械零件——Y7520W型螺纹磨床砂轮主轴的修复

(1) 内容及操作要求

1) 正确叙述螺纹磨床砂轮主轴在机床中的作用，主要的尺寸精度、形位公差、表面粗糙度及技术要求。

2) 正确叙述螺纹磨床砂轮主轴的常见破损状况及相应的修复方法、修复的工艺路线。

3) 正确运用测量工具对螺纹磨床砂轮主轴进行测量操作，确定其破损状况。

4) 经过测量，确定砂轮主轴的具体修复方法和修复的工艺路线。

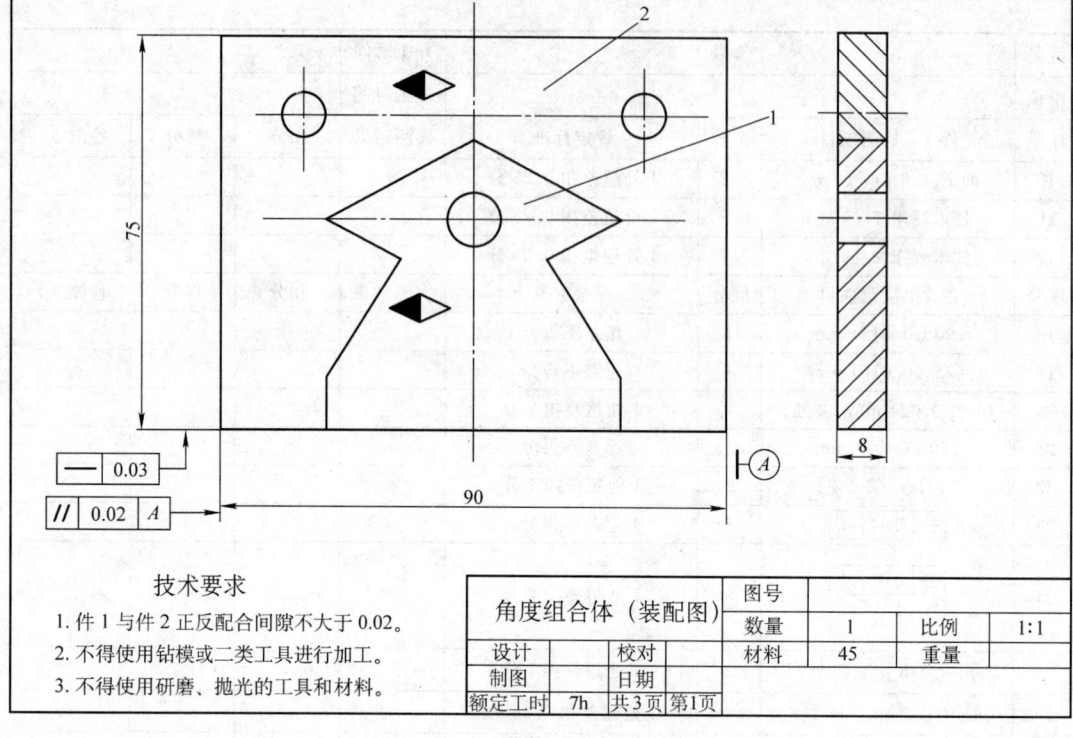

图 2—89 角度组合体（装配图）

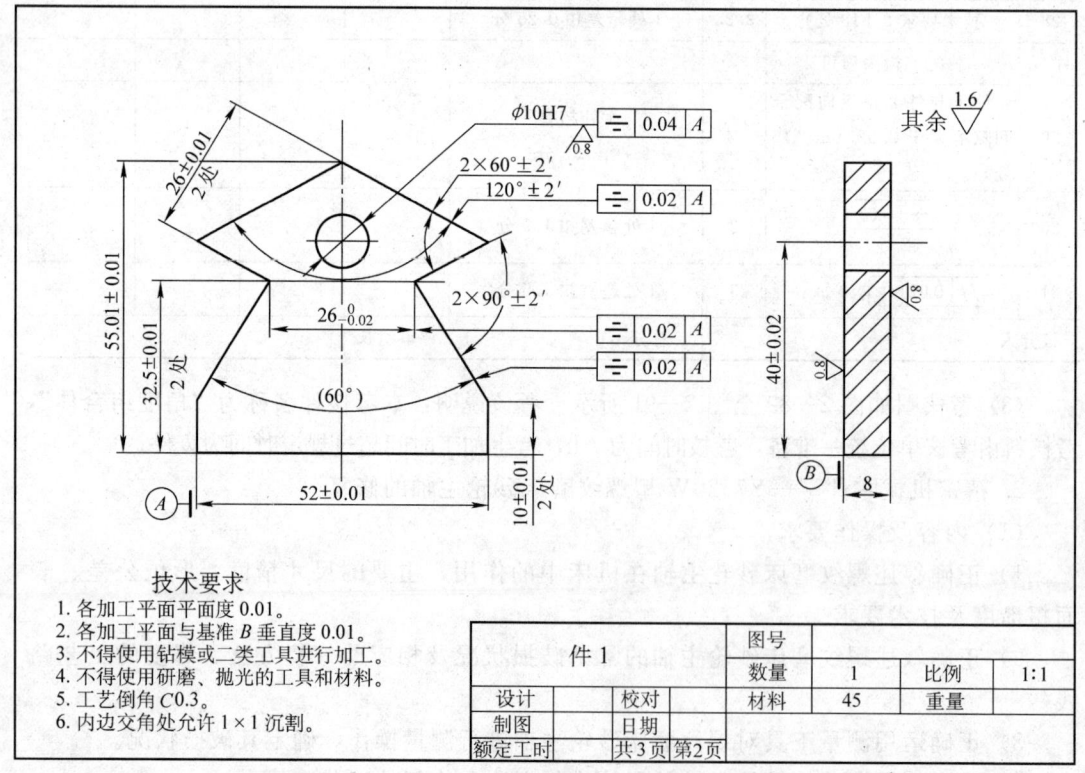

图 2—90 角度组合体（件 1）

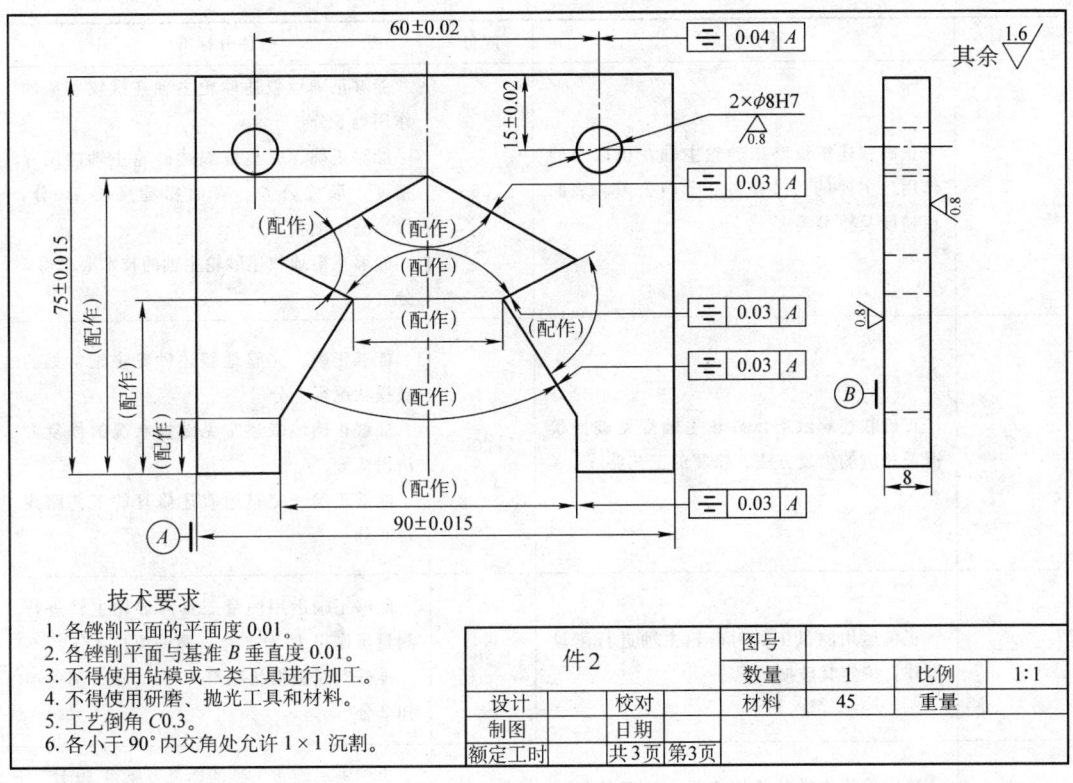

图2—91 角度组合体（件2）

5）在卧式车床上对砂轮主轴滑动轴承面实施抛光操作，要求圆度误差不大于0.001 mm、圆柱度误差不大于0.003 mm、表面粗糙度值小于R_a0.025 μm。

（2）准备工作

1）文件资料准备。Y7520W型螺纹磨床砂轮主轴的零件图。

2）材料准备。清洗用料：煤油、航空汽油、抹布、脱脂棉花、医用纱布；研磨用料：研磨微粉、研磨膏。

3）设备、工具准备。待修的Y7520W型螺纹磨床砂轮主轴1根，CA6140型卧式车床（在主轴三爪自定心卡盘装夹一棒料，并加工成60°锥顶尖，尾座套筒内也装入一个60°锥顶尖）1台，抛光用研磨抛光板1块，鸡心夹头1个，清洗用油盆1个，盛研磨材料用小盆2个，测量用千分表连同磁性表座1套，外径千分尺1套。

（3）考核时限

1）基本时间。准备时间10 min，正式操作时间180 min。

2）时间允差。每超出基本时间10 min，从总分中扣除1分，不足10 min按10 min计，超过40 min终止考核。

（4）评分项目及标准（见表2—9）

表 2—9

序号	评分要素	配分	评分标准
1	正确叙述螺纹磨床砂轮主轴在机床中的作用，主要的尺寸精度、形位公差、表面粗糙度及技术要求	20	能够正确地叙述砂轮主轴在螺纹磨床的作用得5分 能够正确、完整地叙述砂轮主轴的尺寸精度、形位公差、表面粗糙度得10分，错、漏1项扣2分 能够正确地叙述砂轮主轴的技术要求得5分
2	正确叙述螺纹磨床砂轮主轴常见破损状况及相应的修复方法、修复的工艺路线	20	能够正确、完整地叙述砂轮主轴常见的破损状况得7分 能够正确地叙述常见破损状况的修复方法得7分 能够正确、完整地叙述修复的工艺路线得6分
3	正确运用测量工具对砂轮主轴进行测量操作，确定其破损状况	20	能够正确运用测量工具对砂轮主轴进行测量操作得10分，错、漏一项扣2分 准确判断破损状况得10分，错、漏一项扣2分
4	确定砂轮主轴的具体修复方法和修复的工艺路线	20	正确确定砂轮主轴的修复方案得10分 正确确定砂轮主轴的修复工艺路线得10分
5	在卧式车床上实施抛光操作，要求圆度、圆柱度和表面粗糙度达到要求	20	抛光操作正确熟练得10分 抛光后达到要求的圆度、圆柱度和表面粗糙度得10分 出现不安全操作1次扣5分，发生事故或事故未遂得0分

单元测试题答案

一、单项选择题

1. A　2. B　3. B　4. B　5. B　6. C　7. A　8. B　9. C　10. B

二、判断题

1. √　2. √　3. √　4. ×　5. √　6. ×　7. ×　8. √　9. ×　10. √

三、简答题（略）

四、技能题（略）

第3单元

作业后检查

- 第一节　外观检查/143
- 第二节　设备几何精度检查/154
- 第三节　设备运行检查/175
- 第四节　特殊检查/181

设备的检查是对机器设备的运行情况、工作精度、零部件的磨损和腐蚀程度进行检查和校验。通过检查，及时发现和查明故障隐患，针对检查中发现的问题，提出改进和维护措施。

机床的几何精度检查，是指对影响机床工作精度的那些零部件的精度进行检查。

工作精度是设备在工作中，即受力运行的状况下，设备综合精度的反映。不仅反映静态几何精度，还反映了动态传动精度、设备的刚度、振动，以及刀具、辅具、润滑、冷却等指标。为了全面分析工作精度故障，设备的诊断技术得到发展和重视，以发现设备工作中的传动元件失效、刀具失效等故障，并找出故障源，然后有针对性地进行预防和处理。

第一节　外观检查

→ 能够进行不同形式故障检查判断
→ 能够进行精密平板平面度的测量与评定

一、设备定期检查

1. 设备中修外观检查

（1）检查设备安全防护装置

1）各类防护罩均应牢固可靠地装在适当的位置上，不得有松动或缺少紧固螺钉的现象。

2）各部位安全保险装置，如行程挡铁、限位开关和制动器应安全可靠。

3）各操纵手柄应灵活准确。

4）机床接地线不能脱落或松动，总停按钮必须灵敏可靠。

（2）检查设备润滑状态

1）滑动导轨面应有油膜存在。

2）通过油窗观察油液流量是否充足。

3）检查油毡、油线、油杯的油量和油质。

4）对无法进行外观检查的轴承可以采用听有无异常尖叫声响或观察有无温升异常现象来判断。

（3）检查机床的液压系统

1）设备液压系统总压力是否在规定范围内。

2）设备液压系统各部分工作压力是否在规定范围内。

3）液压系统各元件是否有渗漏、泄漏现象。

4）系统油温是否正常。

5）油泵、油缸等元件的声响是否正常。

2. 设备大修外观检查

（1）空运转试验前的检查

1）机床找平后，各地脚螺母应均无松动。

2）用 0.03 mm 塞尺检查各固定接合面的密切接合程度，要求塞尺插不进接合面，检查各滑动导轨的端面时，其插入深度应小于或等于 20 mm。

3）检查各润滑油路装置是否正确，油路是否畅通。

4）按润滑表检查是否按规定的油质、品种及数量在机床各润滑处注入润滑油。

5）用手操纵在全行程上的所有移动部位，检查移动是否轻巧均匀，动作是否正确，定位是否可靠，手柄作用力是否符合通用技术要求。

6）检查限位装置是否齐全可靠。

7）机床接上电源以后，应检查电动机的旋转方向，并按照机床标牌上所注明的旋转方向校正接线。

8）在摇动手轮或手柄时，特别是操纵机动进给时，应先将工作台各个方向的夹紧手柄松开后再进行手动或机动进给。

（2）空运转试验中的检查

1）空运转自低速逐级加快至最高转速，每级速度的运转时间不少于 5 min，在最高转速时的运转时间不少于 30 min，主轴轴承达到稳定温度时不得超过 60℃。

2）启动进给箱电动机，应用纵向、横向及升降进给进行逐级运转试验及快速移动试验，各进给量的运转时间不少于 2 min，在最高进给量运转至稳定温度时，各轴承温度不应超过 50℃。

3）在所有转速的运转试验中，机床各工作机构应平稳、正常，无冲击振动和周期性的噪声。

4）在机床运转时，应保证系统各润滑点得到连续和足够数量的润滑油，各轴承盖、油管接头及操纵手柄轴端均不得有漏油现象。

5）检查电气设备的各项工作情况，包括电动机启动、停止、反向、制动和调速的平稳性，磁力启动器、热继电器及终点开关工作的可靠性等。

（3）非工作表面的检查。检查内外非工作表面上的腻子、刮光、刷底漆和喷漆质量。

二、精密平板平面度的测量与评定

1. 精密平板的技术要求

精密平板按用途可分为检验平板和研磨平板两种。检验平板是理想平面的模拟体，通常把它作为测量的基准。研磨平板是超精密加工的工具，一方面通过在它表面进行干研磨（嵌砂）或湿研磨（敷砂），实现对工件锋利切削；另一方面，以它为基准，获得与之同精度的平面。

（1）检验平板

1）分类。检验平板的永久性，决定了它要耐磨损；高精密性决定了它要极不易变形；而可修缮性又决定了它的硬度、密度要均匀。这些恰恰是对材质的要求。因此检验平板是按材质进行分类的，它分为铸铁平板和岩石平板。

①铸铁平板。由于铸铁本身是极其稳定的一种材料，因此常选它作平板材料。

②岩石平板。它虽不具备铸铁平板的易修复、可着色检验等优点，又有检测物在其上相对运动不顺畅的缺点，但由于它的天然时效长带来的材质稳定、不变形以及耐酸、耐碱、耐腐蚀、抗磁、不生锈、线膨胀系数小、受碰及划伤后只产生凹坑而不影响测量精度的天然优势，使其应用越来越普遍。

2）尺寸系列与精度等级。我国平板工作面尺寸系列采用 R5 优先数系（公比 1.6）。我国标准规定，平板的精度等级划分为六级：000、00、0、1、2、3 级，其中 000～2 级为检验平板，3 级为划线平板。000 级平板一般制成正方形或圆形。平板的精度等级是按平面度误差的公差范围划分的。计算平面度公差 T 的公式为：

$$T=K(1+\frac{d}{1\,000})$$

式中　T——平面度公差，μm；

　　　d——工作面对角线长度，mm；

　　　K——系数，其数值见表 3—1。

表 3—1　　　　　　　　　不同精度等级平板的 K 值

精度等级	000	00	0	1	2	3
系数 K	1	2	4	8	16	40

平板尺寸系列和平面度公差值见表 3—2。

表 3—2　　　　　　　　　平板尺寸系列和平面度公差

工作面 尺寸（mm）	对角线 长度（mm）	平面度公差（μm）					
		000 级	00 级	0 级	1 级	2 级	3 级
160×140	189	1.5	2.5	5.0	10	19	—
160×160	226	1.5	2.5	5.0	10	20	—
250×160	297	1.5	3.0	5.5	11	21	—
250×250	353	1.5	3.0	5.5	11	22	—
400×250	472	1.5	3.0	6.0	12	24	—
400×400	566	2.0	3.5	6.5	13	25	—
630×400	746	2.0	3.5	7.0	14	28	70
630×630	891	2.0	4.0	8.0	16	30	75
1 000×630	1 182	2.5	4.5	9.0	18	35	87
1 000×1 000	1 414	2.5	5.0	10.0	20	39	96
1 600×1 000	1 887	—	6.0	12.0	23	46	115
1 600×1 600	2 262	—	6.5	13.0	26	52	130
2 500×1 600	2 968	—	8.0	16.0	32	64	158
4 000×2 500	4 717	—	11.5	23.0	46	92	228
局部直线度检具 示值允许变动量（μm）		2	4	8	16	32	80

（2）研磨平板

1）分类。研磨平板分为开槽铸铁研磨平板和嵌砂铸铁研磨平板。

①开槽铸铁研磨平板。开槽铸铁研磨平板用于湿研磨。为了刮去多余的研磨剂，使工件与平板接触均匀，提高加工工件的平面度要求，使研磨产生的热量易散去，这种平板工作面上开有十字相交的方形槽或 60°V 形槽，如图 3—1 所示。这种平板也由此得名，它适用于粗加工，工件表面粗糙度值可达 $R_a 0.1\,\mu m$。

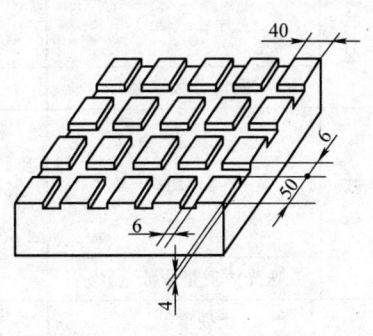

图 3—1　开槽铸铁研磨平板

②嵌砂铸铁研磨平板。嵌砂铸铁研磨平板用于干研磨。它的研磨剂就是表面压层中的金刚砂,它适用于精研加工。工件表面粗糙度值可达 $R_a 0.025~\mu m$,最高可达 $R_a 0.010~\mu m$。它分为长方形(100 mm×200 mm 或 200 mm×300 mm)、正方形(200 mm×200 mm 或 300 mm×300 mm)和圆形(ϕ200 mm~ϕ500 mm)等类别。

2) 研磨平板的材质

①研磨平板的材质要求:

a. 能加工多种材料的工件。

b. 适应于不同加工性质的研磨,具有良好的嵌砂性能。

c. 具有良好的耐磨性。

d. 热处理简单,质量易控制。

e. 有良好的加工性能,便于制造、修理。

②常用的研具材料有铸铁、低碳钢、铜、巴氏合金、铅及玻璃等,而最适合研磨平板材质要求的材料是铸铁,但不是任何普通铸铁都可用的。作为制作平板的铸铁材料在铸造工艺上有如下要求:选择适当的熔炉吨位、炉料品级、加入元素、铁水温度,选用铁水中间段、适当的冷却时间和凝固条件,还要在炉外进行磷铜处理。研磨平板的适应化学成分和金相组织见表3—3、表3—4。

表3—3　　　　　　　　优质研磨平板的化学成分

化学成分 平板编号	w_C %	w_{Si} %	w_{Mn} %	w_P %	w_S %
Ⅰ	3.32	2.62	0.54	0.353	0.111
Ⅱ	3.88	2.12	0.66	0.25	0.09

表3—4　　　　　　　　优质研磨平板的金相组织

项目		平板编号	Ⅰ	Ⅱ
石墨状况		形状分布	中细片及粗片,团状较多,中等旋涡状,呈不明显花瓣状分布	同左
		片长(μm)	大部分　125~250 少　量　250~500	同左
		质量分数(%)	8~12	同左
基体		基体组织	珠光体为中等片及薄细片,少量粗片,较少铁素体(分散小块),磷共晶呈分散分布,单个最大面积为 2 000~10 000 μm²	珠光体为中等细片或薄细片,部分为粗片及铁素体,铁素体沿石墨分布,磷共晶状况同左
		珠光体质量分数(%)	≥98	≥90
		维氏硬度	187HV	156HV

3) 嵌砂研磨平板的平面度要求。首先从研磨方法上看,操作者通常把力不均匀地

用在工件的边缘上，而且手的热量传到工件的上表面，使其边缘向下变形，这两种情况都使工件的边缘被研掉较多的金属。其次，从研磨平板自身看，它的中间部位使用机会比边缘多，因而磨损较快，影响了平板的使用寿命。

综上所述，在平板的加工过程中（三块相互交替研磨），应把工作面加工成中凸的。这样既可提高工件的研磨精度，又可延长平板的使用寿命。以 300 mm×300 mm 研磨平板为例，其中凸量约为 2~3 μm。

4）嵌砂研磨平板的使用要求。作为一种超精密加工的切削工具，研磨平板有如下使用性能的要求：

①对表面粗糙度值的要求。量块在其表面研磨后，表面粗糙度值应达到 $R_a 0.025 \mu m$。

②对切削能力的要求。量块在平板上研磨 40 m 的行程时，应切削掉 7 μm 左右为宜。

③对使用寿命的要求。量块在平板的同一部位上往复研磨，直到研磨 16 m 行程时，应切削 0.5 μm 时，量块磨掉量应为 4 μm 左右。

5）研磨平板的硬度要求。粗研磨平板的硬度以 110~140HBW 为宜。因为这个硬度的材质可嵌入粒度较大的金刚砂，有利于大力切削，而精研磨平板硬度应为 140~180HBW。

硬度是由材料的金相组织决定的，珠光体含量多，硬度就高，而碳的增加会使珠光体成分减少，从而降低平板硬度。在铁水中加入适量的磷铜（质量分数为 0.5%~1.0%），有利于获得以珠光体为基的组织，从而使平板硬度不致于下降。

2. 精密平板平面度误差的测量

检验平板平面度误差的测量应在如下条件下进行：平板不受载荷，安放或安装稳妥；环境要避风、避热、清洁；平板与测量仪必须与环境达到温度平衡，避免温度变化。平面度误差是检验平板精度的主要指标，其测量方法很多，包括比较测量法、节距测量法、水平面测量法、平尺测量法、跨步仪测量法、专用表桥测量法、液体连通器测量法等。本章仅介绍其中的比较测量法、水平面测量法和平尺测量法。

（1）比较测量法。比较测量法就是以一个面积更大、精度更高的平板为基准，通过三个千斤顶在基准平板上支承被测平板，利用其调平被测平板后，用千分表作比较，实现测量的方法。其优点是简捷、直观、适用于现场，不足之处是只适用于小型平板。

1）调平被测平板的方式

①按对角线调平

a. 要求：将被测平板的两条对角线均调到平行于基准平板。

b. 优点：因为结果唯一，且接近最小条件，所以通常可直接作为评定平面度误差的依据。

c. 缺点：因为调平一根对角线后，再调另一条，会引起已调平对角线的变化，所以经验不足者调平困难。

②按三角点调平

a. 要求：使任意三个角点对基准平板等高。

b. 优点：因为调平两点后，再调第三点时，前两个角点基本不变，所以易调平。

c. 缺点：由于四个角点任取三个有四种取法，所以测量结果也有四个。

③按水平面调平

a. 要求：只要将被测平板中央纵横放置的两个水平仪的气泡都调到居中，就可以了。因为基准平板可视为水平面。

b. 优点：调平更方便。

c. 缺点：测量结果是无规则的。

2）操作要点

①测量前，要对基准平板进行必要的校验。只有校验合格后，才能进行后续操作。

②三个支承点自身要灵活、可靠。三个支承的放置应使被测平板处于居中位置，且挠度最小。

③具体调平时，三角点调平法和水平面调平法较简单。这里着重介绍一下对角线调平法的要领。首先，可用水平调整法进行粗调，然后调整 A、C 等高，如图 3—2 所示。再利用三角点法调整 B、D 与 A、C 等高。在这期间要保证 A、C 始终等高。把握住以 AC 为轴，调 B、D 等高的原则，这样就会使调平有条不紊地进行。

3）操作步骤

①选择基准平板。

②把三个千斤顶，按前面介绍的分布形式放置在基准平板的居中位置，以便使被测平板的重心和基准平板的重心基本重合，且挠度最小。

③将被测平板放在三个千斤顶上。

④把两块水平仪纵横放置在被测平板上进行粗调至水平，如图 3—3 所示（若用水平法，到此结束）。

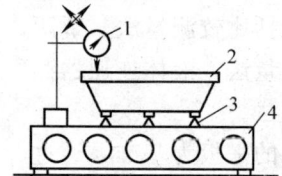
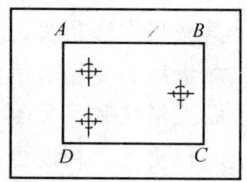

图 3—2　比较测量法

1—千分表　2—被测平板
3—千斤顶　4—基准平板

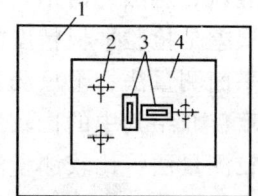

图 3—3　按水平面调平被测平板

1—基准平板　2—千斤顶（3个）
3—水平仪（2个）　4—被测平板

⑤用千分表调两对角点等高。

⑥调第三个角点与前两个角点等高（若用三角点法，到此结束）。

⑦调整第四个角点与前三个角点等高。此时，通常会破坏前面的调整结果。但必须坚持前面操作要点中介绍的以一个对角线为轴，调另两个角点等高的原则。

⑧调平四角点后，就可进行平面度误差评定了。

例 3—1　以精密镗床工作台下定位面为基准，用对角线调平法评定其上工作面的平面度误差。操作步骤如下：

第一步：选择一个 0 级 2 000 mm×2 000 mm 的平板做基准平板。

第二步：按前面介绍的分布形式，将三个螺旋千斤顶放在基准平板上。

第三步：用天车将精密镗床的工作台轻而准地放在三个千斤顶上。

第四步：用水平法粗调水平。

第五步：由于工作台的四个角磨损较少，所以调整时，以四个角为基准即可。首先用千分表调一组对角等高。

第六步：微调千斤顶，始终保持调平的对角线处于水平位置（即对角点等高），直至调整到另两个对角与其等高。

第七步：调平后（允许四个角的高度有微小差异），以该面为基准，就可用千分表测量其他各点的高度差了，从而评定出镗床工作面的平面度误差。

（2）水平面测量法。以水平面为基准，测出平板上各点相对于水平面的高度的方法，就是水平面测量法。其特点是测量过程和数据处理大为简化，因而实用性强，用途较广泛。

1) 操作要点。正确运用"闭合差"这个水平面测量法的优点。对平板进行粗调后，把水平仪放在桥板上，如图3—4所示，按以下顺序进行测量。

$a \to e \to i \to m \to n \to o \to p$;

$a \to b \to c \to d \to h \to l \to p$;

$b \to f \to j$;

$c \to g \to k$。

以 a 为基准进行测量，不难看出 p 点的高度可能有两个值，因为 lp 和 op 两环相交。这两个数值之差就是闭合差。闭合差既可作为衡量测量精度高低的尺度，又可用于检核测量和计算是否有误差。闭合差若不大，p 点高度可取两值的平均值；闭合差若较大，则应重测。闭合差的闭合点应取在最长测量环的交点上，因为此点闭合差最大。因此 jn、ko 两挡未测。

注意水平仪的放置，当改变测量截面时，一定避免出现水平仪调转180°的情况，否则，水平仪和桥板综合后的零位误差将影响测量结果。为此，应使副水准管一侧始终在测量顺序方向的前方，如图3—5所示。

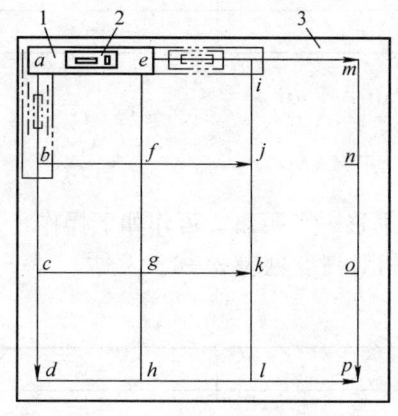

图3—4 水平面测量法
1—桥板 2—水平仪 3—被测平板

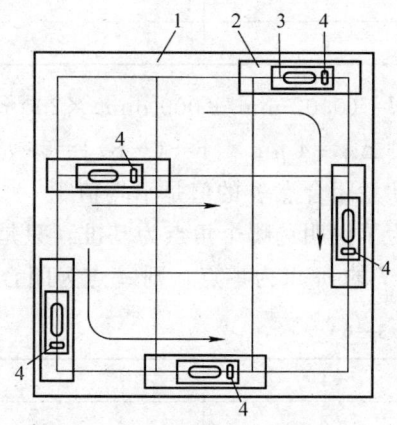

图3—5 水平仪转向时的位置
1—被测平板 2—桥板 3—水平仪 4—副水准管

测量基准除了选自然水平面外,也可以选水准管上任意一个基准刻度(长刻度线)作为读数的零位,读取气泡偏离基准的格数。如图3—6所示,左侧长刻线为基准时,读数为 $\bar{3}$,右侧长刻线为基准时,读数为 $\bar{1}$。

以哪个角点为累积相加的零点是无关紧要的,因为只是相当于基准平移了一个距离。

2)操作步骤(举例说明)。用水平面法测定平板 630 mm×630 mm 的平面度误差。

①选用刻度值为 0.02 mm/1 000 mm 的水平仪和跨距为 200 mm 的桥板进行测量。

②选择图 3—7 中的 a 点为测量基准,则闭合差产生在 p 点。

③测量时,在转换截面时,应始终使副水准管一侧在测量顺序的前方。

④每格测量值如图 3—7 所示。

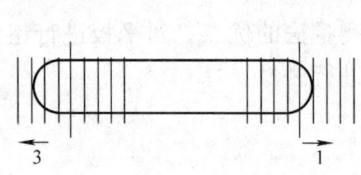

图 3—6 水平仪示值

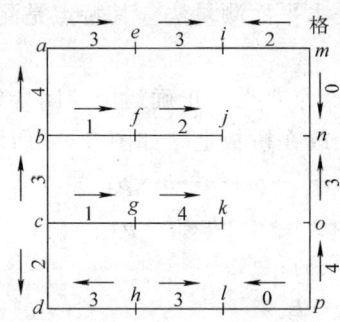

图 3—7 水平仪气泡偏移的方向与格数

⑤数据处理时,取理想平面过点 a,则 $\delta_a=0$,ae 格示值表示 e 比 a 高 3 格,所以 $\delta_e=0+3=+3$ 格,ei 格示值表示 i 比 e 高 3 格,则 $\delta_i=+3+3=+6$ 格。同理,依次可得各测点相对高度,见表 3—5。

表 3—5　　　　　　　　　　　格(4 μm)

0	−8	+5	+4
−4	−6	−1	+4
7	−6	−2	+1
−5	−8	−5	−4

$N=(0.02\ \text{mm}/1\ 000\ \text{mm})\times 200\ \text{mm}=0.004\ \text{mm}=4\ \mu\text{m}$

则 $\Delta_{对}=4\ \mu\text{m}\times[6-(-8)]=56\ \mu\text{m}$

注意闭合点 p 的值是平均值。

为了说明选哪个角点为基准,只是相当于基准平移一个距离。可作如下操作:选取图 3—7 的 m 点为零点,则 d 点为闭合点。各测点相对高度见表 3—6。

表 3—6　　　　　　　　　　　格(4 μm)

−4	−1	+2	0
−8	−7	−5	0
−11	−10	−6	−3
−8	−10	−7	−7

因为 $\delta_a = -4\ \mu m$，所以各高度差加 4 后，相当于零点移到了 a 点，见表 3—7。

表 3—7　　　　　　　　　　　　　　格（4 μm）

0	+3	+6	+4
-4	-3	-1	+4
-7	-6	-2	+1
-4	-6	-3	-3

（3）平尺测量法。平尺测量法就是以宽面平尺为基准，分别测出各截面的直线度误差，然后再综合为平面度误差的方法。其优点是简单、直观，便于现场采用。通常采用的平尺有工形平尺和桥形平尺。

1) 操作要点

①支承点的合理设置。在使用工形平尺时，两个支承点设置在距两端的距离为平尺全长的 2/9 处。这样平尺挠度最小，为支承两端时的 1/50；用桥形平尺时，由于其刚度较好，可以支在两端。

②注意千分表的读数。用工形平尺时，千分表的测头通常放在平尺的上表面，所以千分表的读数为正时，反映被测面凹（千分表测头被压紧）；千分表的读数为负时，反映被测面凸（千分表测头被放松）。用桥形平尺时，千分表的测头通常放在平尺下表面。所以千分表读数为正时，反映被测面凸（千分表测头被压紧）；当千分表读数为负时，反映被测面凹（千分表测头被放松）。

③测量布点的要求。为了便于基面转换，平尺测量法的测量布点应均匀分布。对于小平板可如图 3—8 所示进行布点，测 6 个截面，9 个测量点；对于尺寸大于 600 mm 的平板，可测 8 个截面，25 个测点，如图 3—9 所示。

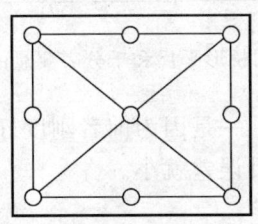
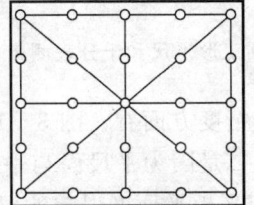

图 3—8　小平板的测量截面与测量点分布　　图 3—9　较大平板的测量截面和测量点的分布

2) 操作步骤

①合理支承平尺。工形平尺如图 3—10 所示；桥形平尺如图 3—11 所示。

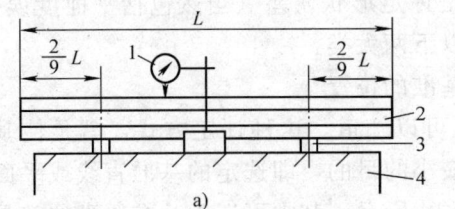
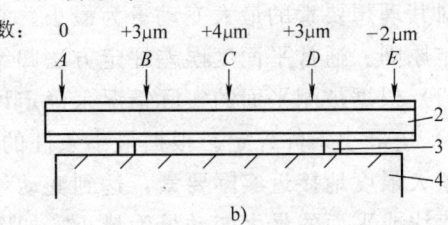

图 3—10　用工形平尺和千分表测量

1—千分表　2—工形平尺　3—等高量块（2个）　4—测量截面

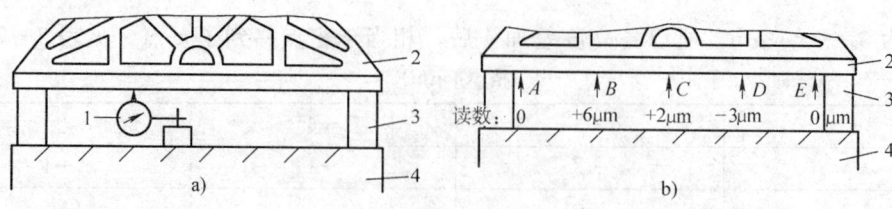

图 3—11 用桥形平尺和千分表测量
1—千分表　2—桥形平尺　3—等高量块（2个）　4—测量截面

②按大、小平板测量截面和测点分布的要求，进行测量。

③测量时，若用工形平尺，千分表测头顶在平尺上表面；若用桥形平尺，千分表测头顶在平尺下表面，如图 3—10、图 3—11 所示。

④记录测量点数据，并根据工形平尺和桥形平尺示值的正负与被测面凹凸的关系，划出误差曲线。用工形平尺时，千分表测头顶在上表面，正值表示被测面凹，向下画，负值表示被测面凸，向上画，如图 3—12 所示；用桥形平尺时，千分表测头顶在下表面，正值表示被测面凸，向上画，负值表示被测面凹，向下画，如图 3—13 所示。

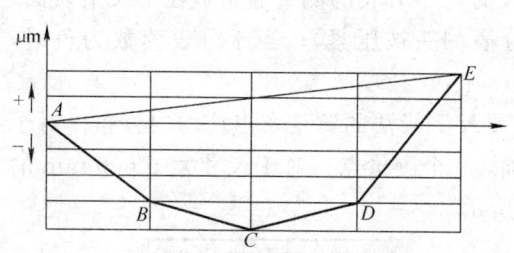

图 3—12 用工形平尺和千分表测量的误差曲线

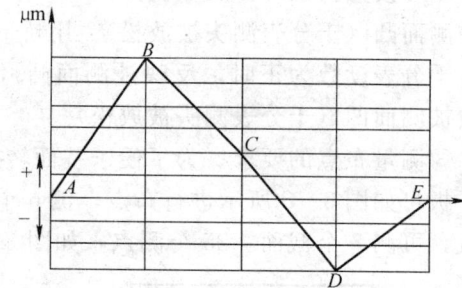

图 3—13 用桥形平尺和千分表测量的误差曲线

从测量精度方面看，图 3—11 比图 3—10 的配置好，一是因为前者刚度好，平面度误差极小，二是因为平尺面与平板截面间的距离小，阿贝误差就小。

3. 精密平板平面度误差的评定

平板平面度误差是形状误差之一。形状误差的测量，是被测形状与理想形状相比较的结果。而理想形状所在位置直接影响着误差的大小。所以 GB/T 1182—1996 规定，"理想形状相对于实际形状的位置，应按最小条件来确定"。最小条件就是指：被测实际要素对其理想要素的最大变动量为最小。它就是评定形状误差（当然包括平面度误差）的基本原则。通常平面度误差评定方法归结为以下两大类：

(1) 根据被测平面的实际情况来确定评定基准的位置

1) 按最小条件评定。根据最小条件的定义可以知道，这种评定方式，就是使基准要素最大限度地接近实际要素，达到变动量为最小的目的，即选定的基准直线或平面对实际直线或平面的最大变动量为最小，如图 3—14 所示。其中可选为基准要素的就是理想直线 A_1B_1。

这种评定方法的优点是最大限度地排除了基准要素带来的额外误差，应认为是更符合实际情况地反映了被测平面的形状误差。所评定的误差值为最小，有利于最大限度地保证产品合格，而且评定结果是唯一的，可避免发生争执。

2）按最小二乘法评定。最小二乘法就是指被测实际要素对其理想要素变动量的平方和为最小。其优点是评定平面度误差更合理，难度在于二元线性回归的计算量相当大，不过，对于日益普及的微处理机来说，这种计算又是最方便的。所以按最小二乘法评定平面度误差将在现场广泛应用。

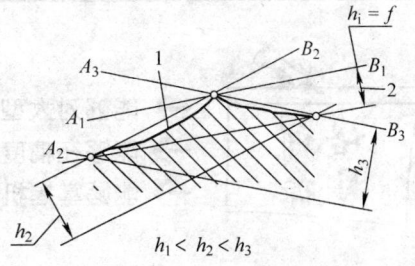

图3—14 轮廓要素的最小区域
1—被测实际要素 2—最小区域

无论是按最小条件评定，还是按最小二乘法评定，其测量步骤都分为两步，一是测量，求出被测平面相对于某个理想平面的变动量；二是评定，以测量结果作原始数据，通过基面转换（作图法）或二元线性回归（计算法），找到符合上述两原则的评定基准，从而确定平面度误差的数值。

（2）预先规定评定基准的位置。这类评定方法，虽不符合国标定义，却很实用。因为它可使测量基准和评定基准重合，省去了测后的基面转换，使评定过程大为简化。

1）按对角线平面评定。以通过平板一根对角线且平行于另一根对角线的理想平面作评定基准的方法，就是对角线平面法。其优点是评定的结果唯一，一般和最小条件的评定结果相接近，还可省去基面转换，实现快速评定。这种方法在生产中广为应用，因为其结果可反映平板是凸、是凹，还是扭曲，便于发现平板是否有变形或不均匀磨损。在平板修理中多用此法，在前面讲到的平面度误差测量中该方法已具体应用。

2）按水平面评定。以水平面作为评定基准的方法就是水平面评定法。其特点是可以实现快速评定。水平面评定法主要用于大型平板的修理，通过这种方法逐次修理，不但不会破坏安装水平，反而会使之得以改善。这种方法在平面度误差测量中也已应用。

3）按三角点平面评定。以平板的任意三个角点所组成的平面作评定基准的方法，就是三角点法。其优点是调整方便，评定快捷；其缺点是一个被测截面可能有四种不同的测量结果。这种方法广泛应用于机床行业，因为我国规定机床工作台面的平面度误差按三角点平面评定。

同样的测量结果，若评定方法不同，平面度的误差值也不同。其中以按最小条件评定的结果为最小，当然有利于保证产品合格，其他几种方法评定结果的大小是无规律的，但只要评定结果在平面度公差范围内，就认为平面度合格。另外，在生产实践中，为求简便，在测定各截面后，不进行综合，而以测量中的最大直线度误差作为平板的平面度误差。不过，这样评定的结果不能作为平板定级的依据，除自修自用的低级平板，一般不宜采用此法评定。

第二节 设备几何精度检查

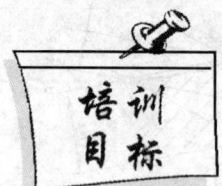
→ 能够对大型、精密、复杂设备进行几何精度检查
→ 能够在精度检查中合理使用精密量具、量仪
→ 能够掌握机床诊断技术

一、测量误差及其产生原因

1. 测量基准误差

测量基准就是测量过程中所依据的标准件或校对件。如量块、塞规、批量生产的专用检具等。测量基准误差就是由测量基准在制造和检定时不精确或使用方法不正确而产生的误差。

2. 测量工具误差

测量工具包括：万能量具、机械式测微仪以及光学、电动、气动量仪。它们产生的误差有：原理误差（设计过程中采取了近似计算等）、制造误差（元件的制造精度差、装配间隙不当或静摩擦力造成的瞬间不动等）、使用方法误差（调整不到位，如不垂直、达不到水平等，或手劲、视角的不合理）、磨损误差（量具使用后发生磨损产生的误差）。

3. 测量条件误差

由于温度、湿度、振动等环境条件变化，引起测量基准、测量工具和被测物变化而产生的误差就是测量条件误差。

4. 测量方法误差

被测值是间接得出的或需采取一些近似的测量和计算而得到的，所产生的误差称为测量方法误差。由于操作者分辨能力所限或因偏视、疲劳、粗心引起的误读、误记而产生的误差，均属测量方法误差。

二、精密测量设备

1. 万能工具显微镜

该仪器的原理是主显微镜把位于工作台上的被测件成像在目镜分划板上。纵、横向移动工作台，使目镜分划板十字线依次瞄准被测件影像的边缘，在投影读数器上读得所需要的轮廓尺寸。仪器以精密的玻璃刻度为基准。

万能工具显微镜主要用来测量机械工具及零件的长度尺寸和几何形状，如螺纹的各项参数，刀具的轮廓角及各项参数，样板和模具的几何形状，凸轮的坐标尺寸及其他机械零件的内孔尺寸和孔距等。它的纵向行程、横向行程的投影读数器最小分度值为 0.001 mm；目镜分度范围 360°，最小分度值 1′；圆分度头分度范围 360°，最小分度值 1″。

仪器测量时要求的室内温度为20℃±2℃，测件与仪器的温度差不大于0.5℃。万能工具显微镜如图3—15所示。

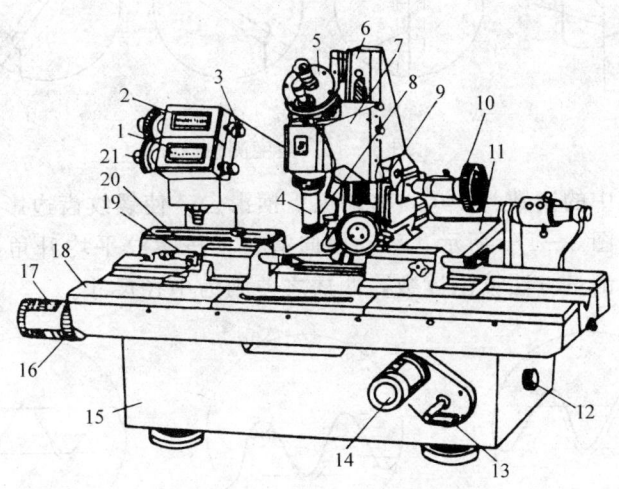

图3—15　万能工具显微镜结构外形
1—横向读数器　2—纵向读数器　3—调零手轮　4—物镜　5—测角目镜　6—立柱
7—臂架　8—反射照明器　9、10、16—手轮　11—横向滑台　12—调整螺钉　13—手柄　14—横向微动手轮
15—底座　17—纵向微动手轮　18—纵向滑台　19—紧固螺钉　20—玻璃刻度尺　21—读数手轮

主显微镜有可调换的1X、3X、5X共3种，上面装物镜、测角目镜（装有可转动米字形分划板）、轮廓目镜（装有可调换的12块可转动的螺纹图形和圆弧图形的分划板），与主显微镜相配使用。平工作台可换成圆分度台，上面安装圆分度头。

(1) 长度测量。将被测件装在工作台上，使其纵、横方向与纵、横滑台移动方向调至一致，然后压紧。

移动滑台，使被测面至主显微镜视场内，进行焦距、平工作台旋转的调整，使被测件影像边缘与目镜视场中的十字线之一对准，并移动纵向滑台，观察影像边缘移动时是否通过目镜分划板上同一点，若有偏差则调节螺钉。

移动滑台，用测角目镜中十字线之一作为对准线，测量工件长度，并在投影读数器中读出数值，两读数之差即为测件长度。

(2) 角度测量。将测件夹持在平工作台上，移动滑台及转动测角目镜分划板十字线，使被测件角度一边的影像与目镜十字线之一对准，如图3—16所示，在测角目镜读数显微镜中读数。再使目镜的同一刻线与被测件角度的第二影像对准，并进行读数。两次读数之差则是所求的角度值。

(3) 螺纹中径测量。螺纹中径测量如图3—17所示，夹持住被测件，按光阑直径表选用相应的光阑直径。螺纹中径可以用螺纹目镜、测角目镜和轴切法来测量。这里只介绍螺纹目镜测量法。

按被测件螺纹升角倾斜主显微镜立柱，选择相应的螺纹分划板。转动手轮，使轮廓

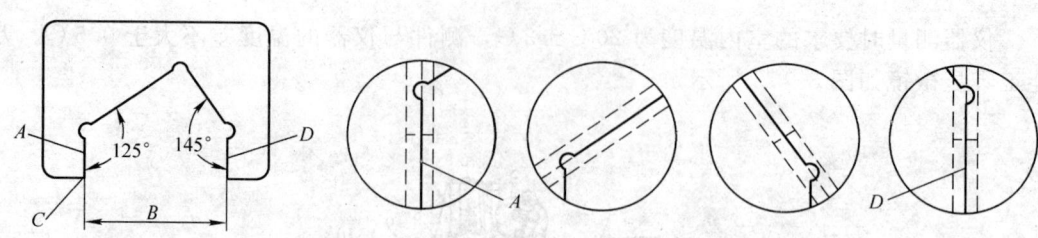

图 3—16 角度测量

目镜上读数显微镜中的读数为 $0°0'$,移动纵、横滑台,使螺纹齿边影像与分划板图像对准并进行读数。如图 3—17a 所示,移动横向滑台,按螺纹平均升角,反向倾斜主显微镜立柱,以同样的测量方法读出读数,两次之差则为中径尺寸。

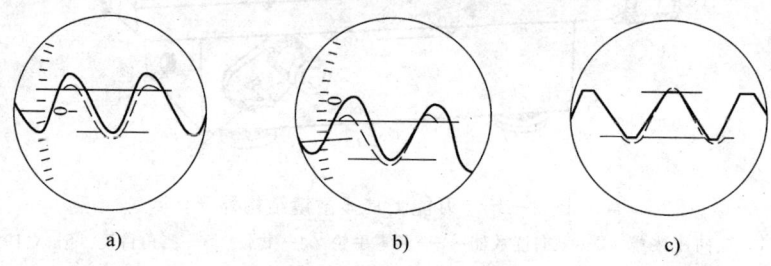

图 3—17 螺纹中径测量

若螺纹顶尖孔与螺纹中心线不平行,可将分划板转一角度,如图 3—17b 所示,若螺纹角偏差,则应选中间位置对准,如图 3—17c 所示。

2. 万能测齿仪

万能测齿仪是用来测量齿轮的齿形误差和传动误差的精密仪器,它的测量内容包括齿距误差、基节偏差、公法线长度偏差及变动值、齿厚误差和齿圈径向跳动等。一般是用万能测齿仪进行测量,再经过计算或作图来得到各被测参数的误差。万能测齿仪由底座、工作台(纵向、横向、水平测量工作台)、可调顶尖、测量比较仪 4 大部分组成,如图 3—18 所示。

以测量一齿轮的齿距累积误差 ΔF_p 为例,如图 3—19 所示,齿距累积误差是在分度圆上任意两个同侧齿面间的实际弧长与公称弧长之差的最大绝对值。同时也可测量齿距偏差 Δf_{pt}。

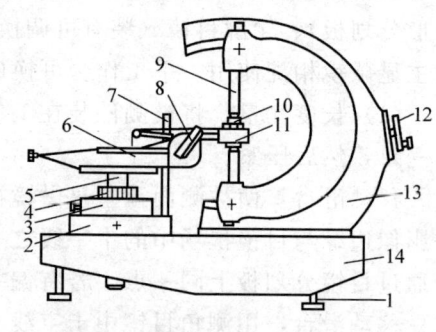

图 3—18 万能测齿仪基本结构

1—可调支承 2—纵向工作台 3—横向工作台
4—调节螺母 5—升降丝杠 6—水平测量工作台
7—滑轮架 8—测微仪 9—顶尖 10—心轴
11—被测齿轮 12—调整手轮
13—弓形可调顶尖架 14—底座

万能测齿仪的操作方法如下:

(1) 在水平工作台或其他工作台上放置水平仪,调节支承脚,使仪器处于水平位置。

(2) 在水平工作台的活动测杆上装测微仪,并使测微仪的测头与固定测杆连在一起。

(3) 装被测齿轮。检测之前穿心轴，检查齿轮节圆跳动，记录高低点。心轴带齿轮装在顶尖上，并调整顶尖架的位置和倾斜角度，使被测齿轮的被测部位对准固定角杆。

(4) 将重锤的线通过滑轮装在心轴上，使齿轮能在拉力作用下沿顺时针方向转动，同时使一齿的被测部位紧靠在固定测杆头上。

(5) 拉开活动测杆，使其在弹簧的作用下靠在相邻一齿的同侧，调整测微仪（比较仪），使其读数为零。

(6) 移动两测杆，转动齿轮一个齿，进行第二次测量，并记录测量值。重复上述过程，依次循环测量 1 周，记录每次数据并汇总。

(7) 画出坐标系，将数值标在坐标系内，连接各点即可得到被测参数误差曲线，如图 3—20 所示。

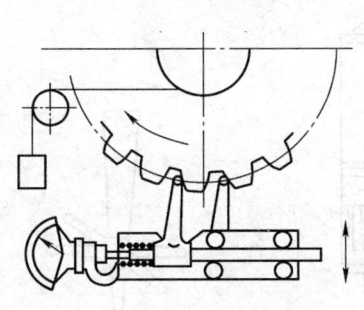

图 3—19 测量齿轮齿距累积误差

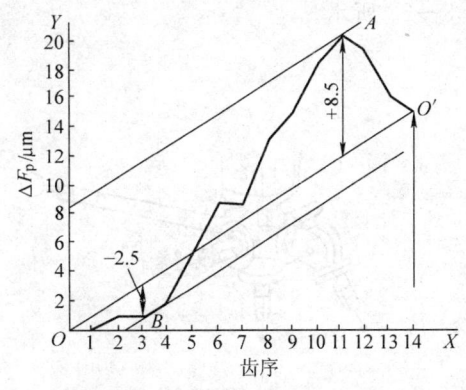

图 3—20 齿距累积误差曲线

(8) 将曲线上首尾点相接，得到直线 OO'，然后作误差曲线的包容线（分别过 A 点、B 点作 OO' 的平行线），包容线的 Y 坐标值即是齿距累积误差值。

3. 三坐标测量机

三坐标测量机在 3 个互相垂直的方向上有导向机构、测量元件、数显装置和放置工件的工作台。可以用手动或机动方式移动仪器的测头到测量点上，并通过数显装置将各个方向的坐标值显示出来。从某种意义上讲，三坐标测量机又是一种数字化设备，即把模型量转化成数字量，这与数控加工机床将数字量转化成模型量的过程正好相反。三坐标测量机是利用点位测量原理工作的，即借助测量机采集零件表面上一系列有意义的空间点，然后通过数字处理，求得这些点所组成的特定几何元素的位置及其形状。三坐标的测量过程是：采点→数据处理。

(1) 坐标测量系统。测量机系统是由计算机、接口电路、外部设备、测头、软件所组成的，如图 3—21 所示。

型号后面第一位数字为 Z 坐标最大尺寸，第二位数字为 Y 坐标尺寸，第三位、第四位数字代表 X 坐标尺

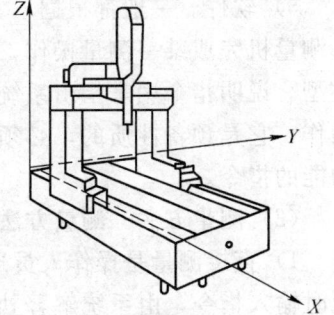

图 3—21 IOTA 型三坐标测量机

寸，其中"0"表示 410 mm，"1"表示 610 mm，"2"表示 970 mm，"3"表示 1 320 mm，"4"表示 1 840 mm，"5"表示 2 540 mm。例如：IOTA1204，表明该型号 $X=1\ 840$ mm，$Y=970$ mm，$Z=610$ mm。它的结构形式是桥式结构，三向气浮，无摩擦运动，手柄及 CNC 控制的齿轮齿条传动。运动部件的运动形式是主滑架沿 X 轴移动，副滑架沿 Y 轴移动。测长装置有金属光栅、光学读数头和测量头。

1) 计算机。用于控制全部的测量操作、数据处理和输入输出。

2) 接口电路。是构成外部设备、测量机和计算机之间信息传输通道的各种电子线路。

3) 外部设备。简称外设，分为标准外设和专用外设。

4) 测头。如 EDA 公司提供有 3 种用于点位测量的测头：TF6、TF56 和 PH9，如图 3—22 所示。

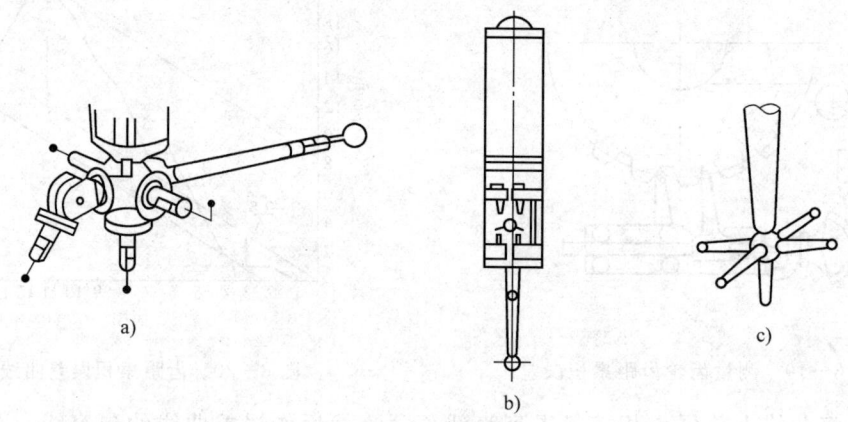

图 3—22 测头
a) TF56　b) TF6　c) PH9

① TF6 由测头体和一个测杆组成。测头体是有 6 个电气触点的串联电路。

② TF56 可以同时安装 5 个 TF6 测头。

③ PH9 是一种万向测头，可沿水平和垂直方向旋转，步进间隔均为 7.5°，总共有 720 种方位。

5) 软件。一般都根据厂家所产三坐标测量机型号，自配软件，通过一系列指令指挥测量机完成某一测量操作，或执行某项功能。指令通常分为说明指令和执行指令两种类型。说明指令用来指出系统完成某种操作所需的条件，系统对此指令不做任何计算和操作，它是预备性质的，必须出现在执行指令之前。执行指令是完成特定的测量和处理功能的指令。

(2) 测量方法。测量方法分直接测量和程序测量两种。

1) 直接测量是操作人员通过手柄控制机床的运动，并利用键盘、按钮和手柄部分，随时输入指令，由系统解释执行的一种操作方式，其目的在于得到几何元素的测量值（尺寸、位置或直径）。

2) 程序测量是把测量一个零件所需的全部测量操作，按照执行的顺序排列，编成程序，并以文件形式存入磁盘。测量时操作人员只要调出相应零件的测量程序，计算机按程序内容即可完成全部测量操作，不必通过键盘、按钮和手柄输入任何指令。

三、分度机构的检测

用经纬仪与平行光管配合使用，可以检测分度机构的分度误差。如滚齿机工作台分度误差的测量、机床回转台分度误差的测量等。现以回转工作台分度误差的测量为例，说明其基本步骤和方法。测量时，仪器的布置如图 3—23 所示。

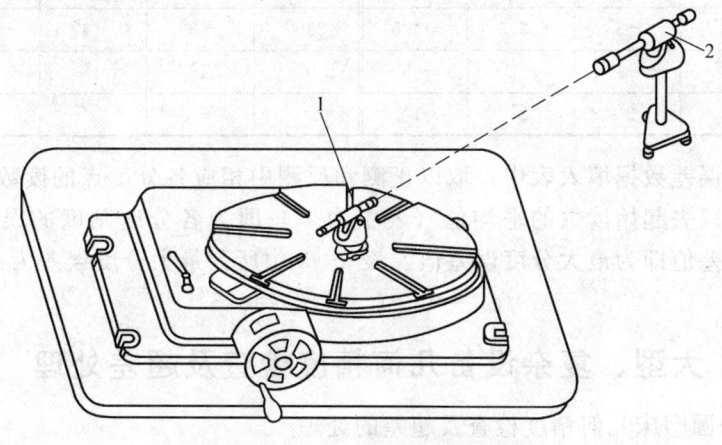

图 3—23 用经纬仪测量分度误差
1—经纬仪 2—平行光管

1. 先用水平仪调整转台平面，使转台处于良好的水平位置，水平误差不应超过 0.02 mm/1 000 mm。然后利用带螺纹的专用心轴（螺纹大小与经纬仪配），配装在转台中心孔中，再将经纬仪与心轴作固定连接。

2. 将经纬仪调整水平。调整方形水准器，使水准器气泡最大偏离值不大于 1/2 格。

3. 调整经纬仪的望远镜管，使之处于水平位置。

4. 将被测转台的刻度盘与游标对准零位，同时使微分刻度值及游标盘精确地对准零位。

5. 平行光管用可调支架放置在离经纬仪约 3 m 处，以经纬仪为基准，调整望远镜焦距，使目标的影像清晰，无视差存在。调整平行光管使其光轴与经纬仪望远镜光管轴同轴，并使平行光管的十字线与望远镜分划板的十字线对准。

6. 测量时，先记录经纬仪水平分度盘的读数，然后将被测转台按分度盘刻度转过一个规定的测量角度，如 30°。随即将经纬仪反向转过同等角度，也是 30°（作为标准量），并用微动手轮调节，使平行光管的十字线重新对准望远镜的十字线，记下微调量的读数。在整个圆周上依次测量，最后当被测转台回到零位，如果经纬仪的对准读数仍为起始零位点，说明测量正确。当误差较大时，需重测，然后再反向依次测一遍。在反向测量时，为消除回程误差，应把分度盘先旋过一个小角度后，再倒转重新使平行光管的十字线与经纬仪分划板的十字线对准。记录好返回测量时的起始读数。

回转工作台按规定测量角度为 30°的测量分度误差，数据处理见表 3—8。

表 3—8　　　　　　　　　　　转台分度误差记录表

转台分度盘读数	经纬仪水平回转角读数			分度误差	转台分度盘读数	经纬仪水平回转角读数			分度误差
	正	反	平均			正	反	平均	
0°	0″	2″	1″	0″	210°	5″	4″	4.5″	3.5″
30°	4″	4″	4″	3″	240°	2″	2″	2″	1″
60°	3″	2″	2.5″	1.5″	270°	6″	4″	5″	4″
90°	3″	0″	1.5″	0.5″	300°	3″	3″	3″	2″
120°	−2″	−3″	−2.5″	−3.5″	330°	−3″	−4″	−3.5″	−4.5″
150°	−3″	−1″	−2″	−3″	0°	1″	1″	1″	0″
180°	2″	2″	2″	1″					

将各分度误差数据填入表中，取以正测和反测中相应各分度点的读数平均值，并以每个平均值中减去起始读数的平均值（表中为 1″）即为各分度刻度的误差值，其中最大正、负值之差值即为最大分度误差值。表 3—8 中所列最大分度误差为：

$$f_{max} = 4'' - (-4.5'') = 8.5''$$

四、精密、大型、复杂设备几何精度检查及超差处理

1. 万能外圆磨床几何精度检查及超差的处理

万能外圆磨床是一种精密的设备，它的几何精度检查共计 21 项：

检验 1：床身纵向导轨的直线度。

检验 2：床身纵向导轨在垂直平面内的平行度。

检验 3：床身横向导轨在垂直平面内的直线度。

检验 4：床身横向导轨的平行度。

检验 5：下工作台面对床身横向导轨的平行度。

检验 6：头架、尾座移至导轨对工作台移动的平行度。

检验 7：工作台移动在垂直平面内的直线度。

检验 8：工作台移动时的倾斜。

检验 9：头架主轴定位轴颈的径向圆跳动；主轴的轴向窜动；主轴定位轴肩的端面圆跳动。

检验 10：头架主轴锥孔轴线的径向圆跳动。

检验 11：头架主轴轴线对工作台移动的平行度。

检验 12：头架回转时主轴轴线的等高度。

检验 13：尾座套筒锥孔轴线对工作台移动的平行度。

检验 14：头架、尾座顶尖中心连线对工作台移动的平行度。

检验 15：砂轮架主轴定心锥面的斜向圆跳动、轴向窜动。

检验 16：砂轮架主轴轴线对工作台移动的平行度。

检验 17：砂轮架移动对工作台移动的垂直度。

检验 18：砂轮架主轴轴线与头架主轴轴线的等高度。

检验 19：内圆磨头支架孔轴线对工作台移动的平行度。
检验 20：内圆磨头支架孔轴线对头架主轴轴线的等高度。
检验 21：砂轮架快速引进重复定位精度。

由于在中级机修钳工培训教程中已经全面而详细地介绍过卧式车床、牛头刨床的几何精度检查方法及超差处理，这里仅对检查方法或处理方式较特殊的第 1、6、12、17、18、19、21 共 7 项精度，以 M1432A 型万能外圆磨床为例，叙述几何精度检查方法及超差处理。

(1) 检验 1：床身纵向导轨的直线度

内容包括：a 表示在垂直平面内测量；b 表示在水平平面内测量。检验简图如图 3—24 所示，允差值见表 3—9。

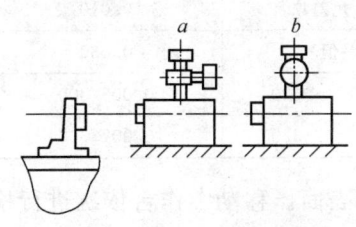

图 3—24　检验 1 简图

表 3—9　　　　检验 1 的允差值　　　　　mm

检验范围	允差
a 及 b 在 1 000 测量长度上	0.020
在导轨的全部长度上	长度增加 1 000 允差增加 0.015 最大允差值：0.050 局部允差：任意 250 上为 0.006

在床身纵向导轨的专用检具上放自准直仪的反射镜，光管放在床身的外面，读数头转至测量垂直平面直线度的 a 处。移动检具，每隔检具长度记录一次读数，并画出导轨的误差曲线。

全长误差以误差曲线对其两端点连线间坐标值的最大差值计；局部误差以相邻两点相对误差曲线两点连线坐标值的最大差值计。

将自准直仪光管接目镜的读数头回转 90°至测量水平平面直线度的 b 处，移动检具，按上述方法再检验导轨的水平平面内直线度。

M1432A 型万能外圆磨床床身纵向导轨是平面导轨和 V 形导轨的组合。修复 V 形导轨时，必须对导轨垂直面内的直线度和水平面内的直线度综合考虑后，才能确定要修去的部位。图 3—25 为一磨床床身纵向导轨在垂直平面和水平平面的直线度误差曲线图。其中曲线 1 是导轨在垂直平面内的直线度，曲线 2 是导轨在水平平面内的直线度。A—A 为导轨垂直面截直后的理想

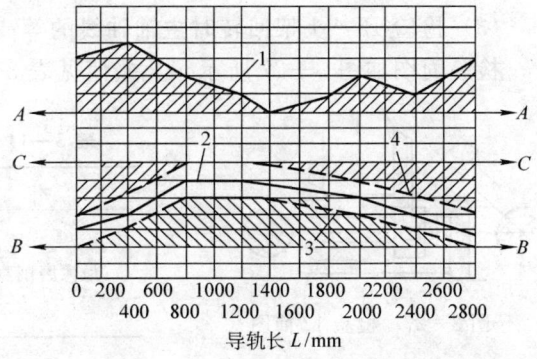

图 3—25　V 形导轨两个方向误差曲线图

直线；B—B 和 C—C 为导轨水平面截直后的理想直线，阴影区表示需要刮削去除余量的区域。对比两条曲线的阴影区，修刮去垂直和水平两个方向都有余量的部分导轨面。如本例中 C—C 侧面 0～800 mm 段及 1 400～2 800 mm 段，两端重刮，接近中部时应逐

渐减轻刮削量。B—B 侧面虽然从水平面误差曲线上分析中部也有余量，但从垂直面误差曲线上看，导轨是中凹的，所以 B—B 侧面先保持不动，待 C—C 侧面刮到一定程度的时候，水平、垂直两个方向导轨直线度误差均有所减小后，再对导轨的直线度测量一次。根据测量结果综合分析后，确定修刮部位。这种逐渐趋近要求精度的修复方法，可以避免操作返工。

(2) 检验 6：头架、尾座移至导轨对工作台移动的平行度

检验简图如图 3—26 所示，允差值见表 3—10。

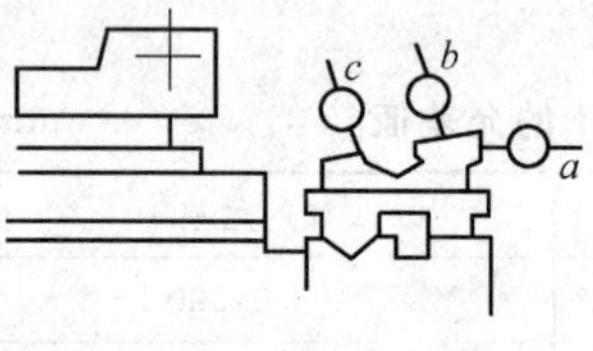

表 3—10　　　　检验 6 的允差值　　　　　　mm

检验范围		允差
工作台全长	在 1 000 测量长度上	0.010
	每增加 1 000 允差增加	0.010
	最大允差值	0.030
局部长度	最大磨削直径 ≤320	0.005/300
	最大磨削直径 >320	0.007/300

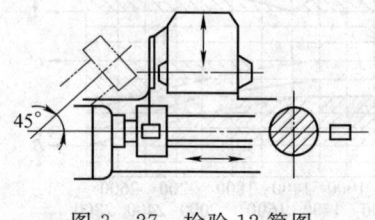

图 3—26　检验 6 简图

固定千分表，使其测头触及头架、尾座移至导轨的各表面。移动工作台依次进行检验。误差分别以千分表在任意 300 mm 和全长上读数的最大代数差值计。

为了避免测量误差，首先将千分表测头触及工作台的侧面 a 处。移动工作台的同时，对上工作台做微量旋转调整，直至在全部行程长度上达到允差的要求为止。再将千分表测头移至 b、c 处进行检验。发现超差时，可先将上工作台拆去，用千分表对下工作台的顶面与床身纵导轨的平行度进行复查，要求平行度误差在全长上不超过 0.03 mm。如超差，对下工作台的顶面进行修复，然后再将上工作台安装就位，重新按本项检验方法进行检验。如仍然超差，则需对上工作台的顶面（b、c 处）进行修复。修复后，需对头架、尾座及上工作台专用桥板（检具）的配合面进行修刮，以保证它们接触良好。

(3) 检验 12：头架回转时主轴轴线的等高度

检验简图如图 3—27 所示，允差值见表 3—11。

表 3—11　　　　检验 12 的允差值　　　　　　mm

检验范围		允差
最大磨削直径	≤200	0.015
	>200～320	0.020
	>320	0.030

图 3—27　检验 12 简图

在头架主轴锥孔中插入一专用检验棒，在砂轮架上固定千分表，使其测头触及检验棒表面，记录读数。然后将头架回转 45°，移动工作台和砂轮架，使测头再次触及检验棒表面的原测点，记录读数。误差以千分表两次读数的代数差值计。如发现超差，可将头架拆下，测量头架底座上平面与床身横向导轨（砂轮架导轨）的平行度误差，要求在全长上不超过 0.005 mm。如超差，切不可修整头架底座上平面，因为这样做会破坏上

平面与回转中心孔的垂直度，此时必须修整头架底座与工作台的连接面。头架底座修复后，将头架装上重新测量。

头架装上后，若本项精度仍然超差，则应再次将头架拆下，修复头架的连接底面相对于头架主轴的平行度，要求在 150 mm 的测量长度上不超过 0.01 mm，并且远端只许向上偏，修复时应一边在头架底座上研点，一边按点进行局部修刮，以保证它们良好接触。

(4) 检验 17：砂轮架移动对工作台移动的垂直度

检验简图如图 3—28 所示，允差值见表 3—12。

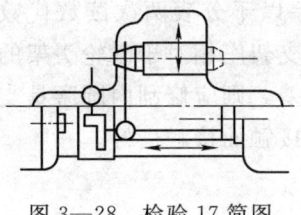

图 3—28 检验 17 简图

表 3—12　　　　检验 17 的允差值　　　　mm

检验范围		允差
最大磨削直径	≤100	0.010
	>100~200	0.015
	>200	0.020

在工作台上的专用桥板（检具）上放一个 90°角尺，调整 90°角尺，使其一个工作面与工作台移动方向平行。在砂轮架上固定千分表，使其测头触及 90°角尺的另一个工作面，移动砂轮架在全部行程上检验，误差以千分表读数的最大差值计。如本项检验超差，可调整砂轮架下方的滑鞍座与床身的相对安装位置，调整的方法是先将滑鞍座的两个定位销拔去，所有连接螺钉均轻轻紧固后再按上述检验方法，一边测量一边轻轻敲击滑鞍座，使之产生微量偏转，直至本项精度合格后，紧固全部连接螺钉后再次检查本项精度。如精度仍然不符合要求，可将滑鞍座与床身的连接定位销孔重新铰出，再配制两个直径较大的定位销装入。

(5) 检验 18：砂轮架主轴轴线与头架主轴轴线的等高度

检验简图如图 3—29 所示，允差值见表 3—13。

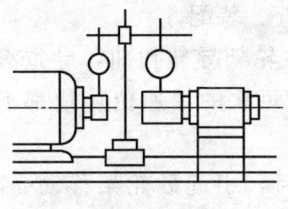

图 3—29 检验 18 简图

表 3—13　　　　检验 18 的允差值　　　　mm

检验范围	允差
不限	0.300

在砂轮架主轴定心锥面上装入一检验套筒，在头架主轴锥孔中插入一直径相等的检验棒。在工作台的专用桥板（检具）上放一个带条形底座的千分表，移动千分表，使其测头分别触及两个检具的圆柱形测量面的上母线，然后进行检验。误差以千分表读数的代数差值计。经检验，如果是头架主轴中心线高于砂轮主轴中心线，可在平面磨床上将上工作台的下底面（即与下工作台的连接面）按超差值修磨去；如果是砂轮主轴中心线高于头架主轴中心线，可将砂轮架下方的滑鞍座与床身按超差值修磨去。

(6) 检验 19：内圆磨头支架孔轴线对工作台移动的平行度

检验简图如图 3—30 所示，允差值见表 3—14。

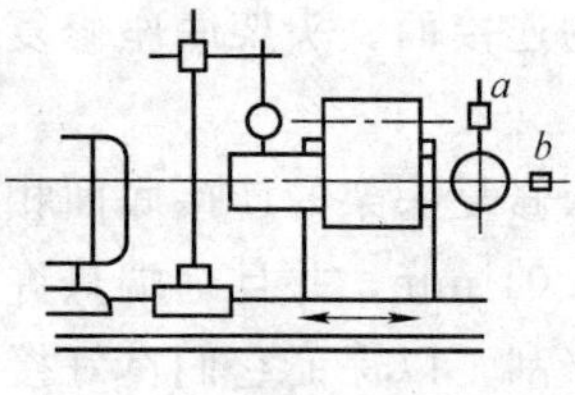

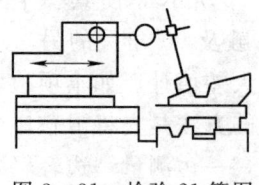

图 3—30　检验 19 简图

表 3—14　　　　检验 19 的允差值　　　　　mm

检验范围	允差
a 及 b 在 100 测量长度上	0.015 检验棒自由端只许向上偏

在内圆磨头支架孔中插入检验棒，在工作台面上固定千分表，使其测头触及检验棒表面，a 表示在垂直平面内测量，b 表示在水平平面内测量。移动工作台检验，然后将检验棒转动 180°后，再检验一次。a、b 误差分别计算，误差以千分表两次读数代数和的平均值计。若是垂直平面内的平行度超差，可将内圆磨具支架座相对于砂轮头架的支座安装面偏转一个微小的角度；若是水平平面内的平行度超差，则应修刮内圆磨具支架座的安装基面。修刮时应与砂轮头架支座安装面配研，使其接触面接触良好。

(7) 检验 21：砂轮架快速引进重复定位精度

检验简图如图 3—31 所示，允差值见表 3—15。

图 3—31　检验 21 简图

表 3—15　　　　检验 21 的允差值　　　　　mm

检验范围		允差
最大磨削直径	≤320	0.002
	>320～500	0.003
	>500	0.004

固定千分表，使其测头触及砂轮架外壳，测头轴线应与砂轮架主轴轴线在同一水平面内，砂轮架快速引进连续 6 次检验。误差以千分表读数的最大差值计。此项精度要求很高，很容易产生超差，超差的主要原因有：

1) 快速引进机构装配精度不高，如定位端面不平、传动装置有游隙等，导致每次引进的行程都不一致。此时应将快速引进机构拆下，重新检查、装配。

2) 砂轮架导轨的直线度、平行度等未达到精度要求，砂轮架导轨扭曲，导致滚动导轨中的滚子转动受阻，造成砂轮架的移动阻力过大，所以每次的快速位移量都不一致。此时可重新检查导轨接触质量，对精度超差进行修复。

3) 送进液压缸或送进丝杠轴线与砂轮架移动方向不平行，引起砂轮架移动受阻。此时要用检验棒重新找正支承孔（座）的位置，使之与导轨母线平行。

2. 龙门刨床几何精度检查及超差的处理

龙门刨床是一种大型的设备，它的几何精度检查共计 13 项：

检验 1：床身导轨在垂直平面内的直线度。

检验 2：床身导轨在水平面内的直线度。

检验 3：床身导轨的平行度。

检验 4：工作台移动在垂直平面内的直线度。

检验 5：工作台移动时的倾斜。

检验 6：工作台在水平面内移动的直线度。

检验7：工作台面对工作台移动的平行度。
检验8：中央T形槽对工作台移动的平行度。
检验9：横梁移动时的倾斜。
检验10：垂直刀架水平移动的直线度。
检验11：垂直刀架水平移动对工作台面的平行度。
检验12：侧刀架垂直移动对工作台面的垂直度。
检验13：侧刀架垂直移动的直线度。

这里仅对检查方法或处理方式较特殊的第7、8、9、12共4项精度，以B220型龙门刨床为例，叙述其几何精度检查方法及超差处理。

(1) 检验7：工作台面对工作台移动的平行度

检验简图如图3—32所示，允差值见表3—16。

表3—16　　　　检验7的允差值

检验范围		允差（mm）
在工作台每1m行程上		0.02
在工作台全部行程上（m）	≤2	0.02
	2～3	0.03
	3～4	0.04
	4～6	0.05
	6～8	0.06
	8～10	0.08
	10～12	0.10
	12～16	0.14
	16～22	0.20

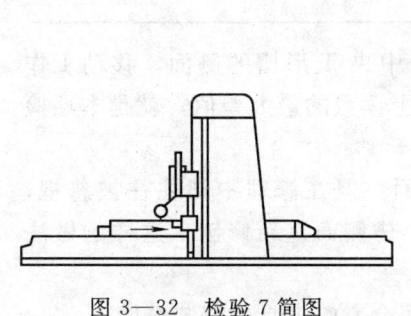

图3—32　检验7简图

将千分表固定在刀架上，使千分表测头触及工作台面或放在工作台面的量块测量面上。移动工作台，在工作台全部行程上检验。千分表在每1m行程上和全部行程上读数的最大差值，就是本项检验的误差。在工作台宽度方向的两边各检验一次。

龙门刨床的工作台面是由刨床自身刨出来的，一般能够保证它对工作台移动的平行度。出现检验值超差的原因一般有：

1) 龙门刨床工作台导轨的润滑油由液压泵供给，油管集中在床身导轨中部，当润滑油压力超过工作台重力产生的压力时，即可将台面顶起。刨削工作台面时，由于切削力的作用，工作台局部被压下。但在测量工作台面时，由于测量力很小，工作台浮起，导致工作台在加工和测量时状态不一致，造成检验值超差。这时可将润滑油压力适当调低，并将导轨的回油孔用钢丝疏通。如果工作台导轨没有回油孔，可用手电钻在工作台导轨的两端钻出回油孔，使之与工作台导轨的油槽接通。

2) 齿条与斜齿轮的啮合不良或间隙过小，运行时将工作台顶起。此时可采用压铅法测量齿轮齿条的啮合间隙，并且用改变齿轮箱与床身间的连接垫片的厚度进行啮合间隙调整。

3) 刨刀与工作台面的刨削点和千分表测头在工作台面的接触点位置不一致,致使加工和测量不一致。此时可按刨刀刀尖的切削点位置设置千分表的测头与工作台面的接触点。

(2) 检验 8:中央 T 形槽对工作台移动的平行度

检验构图如图 3—33 所示,允差值见表 3—17。

表 3—17　　检验 8 的允差值

检验范围		允差(mm)
在工作台全部行程上(m)	≤2	0.02
	2~3	0.03
	3~4	0.04
	4~6	0.05
	6~8	0.06
	8~10	0.08
	10~12	0.10
	12~16	0.14
	16~22	0.20

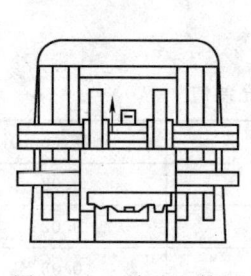

图 3—33　检验 8 简图

将千分表固定在刀架上,使千分表测头触及工作台中央 T 形槽的侧面,移动工作台,在工作台全部行程上进行检验。千分表在全部行程上读数的最大差值,就是本项检验的误差。中央 T 形槽的两侧面都要检验。

工作台中央 T 形槽是龙门刨床夹具的安装定位基面,但在修理中却往往被忽视,待到总装后才发现超差,因不愿意大返工,只得将 T 形槽侧面重新修刨。这样的做法是错误的,因为:

1) 加宽了的 T 形槽已经失去了定位键槽的作用,将会影响夹具的安装精度。

2) 中央 T 形槽在制造过程中与工作台齿条的定位侧面平行。如果 T 形槽与移动方向的平行度精度超差,说明齿条的齿面与工作台移动方向存在着一个不小的相交角度。

因此,在修复工作台导轨精度时,就要照顾到 T 形槽与导轨面的平行度,以免事后返工。如果在几何精度检验中发现本项精度超差,而机床又要采用有定位键的专用夹具加工时,必须对导轨面重新修整。

(3) 检验 9:横梁移动时的倾斜

检验简图如图 3—34 所示,允差值见表 3—18。

表 3—18　　检验 9 的允差值

检验范围		允差(mm)
在横梁全部行程上(m)	≤2	0.03/1 000
	2~3	0.04/1 000
	3~4	0.05/1 000

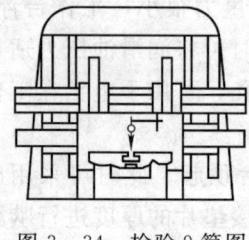

图 3—34　检验 9 简图

在横梁中央位置与横梁平行放一水平仪,移动横梁,每隔 500 mm(或小于 500 mm)记录一次水平仪读数,在横梁全部行程上至少记录 3 个读数并进行检验。水平仪在全部行程上读数的最大差值,就是本项检验的误差。检验时,两垂直刀架应移至横梁平衡的位置。

如果本项精度超差,可按以下措施进行处理:

1)检查横梁与立柱导轨面之间的间隙值,一般不得大于 0.02 mm。如超差,则要重新调整斜铁和压板。

2)检查横梁夹紧机构的工作是否可靠,横梁在每一个高度上是否都能夹紧。因为未夹紧的横梁将影响测量精度,此时可重新调整横梁夹紧螺母。

3)检查两根垂直进给丝杠螺距累积误差在长度上的分布是否一致,在机床上的转动是否同步,丝杠是否有局部磨损。如发现累积误差不一致或局部磨损,可修复丝杠或更换新丝杠。这两根丝杠必须是在同样的机床、同样的装夹位置一次加工出来的,以保证它们的螺距累积误差在长度上分布一致。

4)横梁升降蜗杆箱中蜗杆蜗轮副中的蜗轮齿面局部磨损,造成两对蜗杆副的转角不一致,影响横梁升降同步。此时可修复蜗轮,重新配作蜗杆,或更换新蜗杆副。

(4)检验 12:侧刀架垂直移动对工作台面的垂直度

检验简图如图 3—35 所示,允差值见表 3—19。

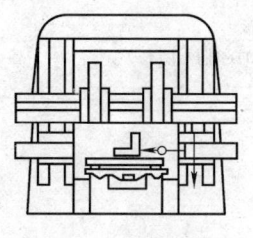

图 3—35 检验 12 简图

表 3—19　　　　检验 12 的允差值　　　　　　mm

检验范围	允差
在 500 测量长度上	0.02

把工作台移至床身的中间位置,在工作台面和工作台移动方向上垂直放置两个等高的量块,量块上放一把平尺,平尺上再放一把 90°角尺,将千分表固定在侧刀架上,使千分表测头触及 90°角尺的垂直检验面,移动侧刀架进行检验。千分表读数的最大差值,就是本项检验的误差。如本项精度超差,可按以下方法处理:

1)用框式水平仪检查立柱的侧导轨面与工作台面的垂直度,要求垂直度误差不大于 0.04 mm/1 000 mm。如超差,可调整立柱下方的垫铁和地脚螺栓,使之达到上述精度要求。

2)立柱垂直度调整合格后,本项精度仍达不到要求时,可能是侧刀架垂直移动不稳定,造成读数值的变动。此时可按以下方法进行检查和修复:

①用塞尺检查侧刀架溜板与立柱导轨配合面四周的间隙,要求间隙不大于 0.03 mm,使塞尺塞不进去。如果出现侧刀架向上移动时,其下端与立柱的贴合面能塞入塞尺,而侧刀架向下移动时,其上端与立柱的贴合面能塞入塞尺,说明侧刀架移动时相对水平面发生摇摆,其原因是接触面的接触区处于中部。此时可将溜板拆下,对溜板导轨面的中段用刮刀反复修刮几遍,使它与立柱的配合呈两端接触、中间脱空的状态,

就能防止侧刀架升降时出现的摇摆。

②用塞尺检查侧刀架溜板的压板与立柱的配合间隙是否合适，要求不大于 0.03 mm，使塞尺塞不进去。当发现配合间隙过大时，可重新磨削压板与侧刀架溜板的连接面，以减小间隙。

③检查斜铁与立柱导轨的接触状况，同样要求两端部接触，中间脱空。按修刮侧刀架溜板相同的方法修刮斜铁工作面，重新调整斜铁与立柱的配合间隙。注意侧刀架溜板移动时斜铁是否发生微量窜动，有窜动就说明斜铁没有可靠地固定，因为窜动会使配合间隙发生变化。这时可将斜铁相对溜板固定牢靠。

3. 滚齿机几何精度检查及超差的处理

滚齿机是一种复杂的齿轮加工设备，它的几何精度检查共计 13 项：

G1：工作台面的径向直线度。

G2：工作台回转轴线的径向圆跳动。

G3：工作台周期性的轴向窜动。

G4：工作台的端面圆跳动。

G5：外支架移动对工作台回转轴线的平行度。

G6.1：外支架顶尖轴线与工作台回转轴线的同轴度。

G6.2：外支架孔轴线与工作台回转轴线的同轴度。

G7.1：刀架轴向移动对工作台回转轴线的平行度。

G7.2：立柱移动的倾斜（用于最大工件直径大于 1 250 mm 的机床）。

G8：刀具主轴锥孔轴线的径向圆跳动。

G9：刀具主轴周期性的轴向窜动。

G10：活动轴承座的轴承孔与刀具主轴轴线的同轴度。

G11：刀架切向滑座移动对刀具主轴回转轴线的平行度。

这里仅对检查方法或处理方式较特殊的 G5、G6.1、G6.2、G7.1、G10 共 5 项精度以 Y38—1 型滚齿机为例，叙述几何精度检查方法及超差处理。

(1) 检验序号 G5：外支架移动对工作台回转轴线的平行度

检验简图如图 3—36 所示，允差值见表 3—20。

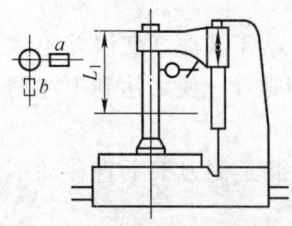

图 3—36 检验序号 G5 简图

表 3—20　　　检验序号 G5 的允差值

序号	允差（mm）	检验工具
G5	a 为 $8+0.3\sqrt{L_1}$ （本项误差相对工作台回转轴线只许前倾） b 为 $6+0.5\sqrt{L_1}$ L_1——外支架的最大工作行程，mm	指示器、检验棒或 90°角尺

检验棒置于工作台上，在外支架上固定指示器（即千分表，下同），使其测头分别在 a、b 位置垂直触及检验棒表面。移动外支架，在全行程内检验。然后将工作台回转 180°，再检验一次。a、b 误差分别计算，误差以指示器两次读数代数和的平均值计。

如外支架有夹紧机构，应将外支架在上、中、下位置夹紧后检验。

本项检验实际上是测量后立柱（小立柱）导轨面与工作台回转中心线的平行度。如超差，首先应检查后立柱导轨面的直线度，要求不超过 0.02 mm/1 000 mm，并进行修复。尤其应注意后立柱由固定部分和回转部分两段拼接而成，两段的导轨面必须在同一平面内。如果导轨直线度精度符合要求，则可根据测得的本项精度超差值（注意有方向性要求）修刮后立柱底面与床身的连接面，直至达到要求为止。

（2）检验序号 G6.1：外支架顶尖轴线与工作台回转轴线的同轴度

检验简图如图 3—37 所示，允差值见表 3—21。

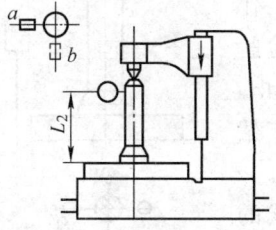

图 3—37　检验序号 G6.1 简图

表 3—21　检验序号 G6.1 的允差值

序号	允差（mm）	检验工具
G6.1	a 为 $6+0.4\sqrt{L_2}$ （本项误差相对工作台回转轴线只许前倾） b 为 $6+0.4\sqrt{L_2}$ L_2——工作台面至测量处的距离，mm	指示器、检验棒

外支架置于工作行程上端，检验棒安放在工作台上。固定指示器，使其测头分别在 a、b 位置垂直触及相距 L_2 处的检验棒表面，移动外支架，顶紧检验棒检验。将工作台回转 180°，再检验一次。a、b 误差分别计算，误差以指示器两次读数代数和的平均值计。当外支架有夹紧机构时，应将外支架夹紧后检验。

滚齿机外支架起增强机床的刚度、提高切削平稳性和加工精度的作用，所以在修理时应当重视。发现本项精度超差时，首先要检查外支架孔的轴线与后立柱导轨面的平行度（可以在外支架孔中紧密地插入一圆柱形检验棒进行检查），允差为 0.02 mm/250 mm。如超差，则应先修刮外支架的滑动面，直至达到要求为止。

当上述平行度符合要求后，可将后立柱与床身的连接螺钉拧松后再稍加紧固，将两个定位销拔去，调整后立柱相对床身的位置，直到本项检验精度达到要求为止。紧固全部连接螺钉，重铰定位销孔，配制直径较大的定位销。

（3）检验序号 G6.2：外支架孔轴线与工作台回转轴线的同轴度

检验简图如图 3—38 所示，允差值见表 3—22。

外支架置于工作行程上端，检验棒安放在工作台上。固定指示器，使其测头分别在

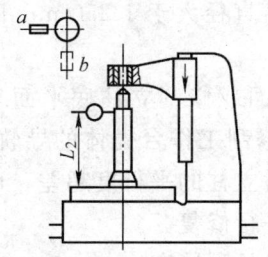

图 3—38　检验序号 G6.2 简图

表 3—22　检验序号 G6.2 的允差值

序号	允差（mm）	检验工具
G6.2	a 为 $6+0.4\sqrt{L_2}$ （本项误差相对工作台回转轴线只许前倾） b 为 $6+0.4\sqrt{L_2}$ L_2——工作台面至测量处的距离，mm	指示器、检验棒

a、b 位置垂直触及相距 L_2 处的检验棒表面。移动外支架,进入检验棒检验。然后将工作台回转 180°,再检验一次。误差以进入检验棒处于工作状态位置时取值。a、b 误差分别计算,误差以指示器两次读数代数和的一半加上轴套孔和轴颈之间间隙的一半计。外支架有夹紧机构时,应将外支架夹紧后检验。

为使检验棒顺利地进入外支架孔中,它们之间必须留有间隙,设间隙值为 0.04 mm。如果外支架孔与工作台回转中心线已经完全同轴,但按规定的检验方法计算,即有 $0.04/2 = 0.02$ mm 的同轴度误差。所以,建议采用回转检查法检验,如图 3—39 所示。在外支架孔中紧密地装入一圆柱形检验棒,在工作台上安装一带有回转套的检验棒。首先回转工作台,调整检验棒位置,直至回转套的支承轴颈与工作台回转中心同轴为止。套入回转套,在回转套上固定一千分表,使其测头触及外支架检验棒的外圆柱面,回转回转套,在 a、b、c、d 4 点读数。a 与 c、b 与 d 的读数之差就是外支架孔轴线与工作台回转轴线的同轴度误差。

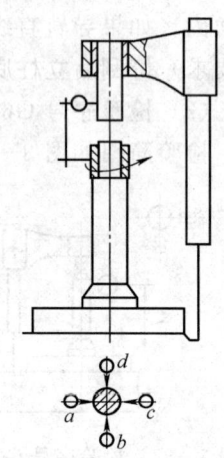

图 3—39 回转检查法

一般情况下检验项目 G6.1 合格时,G6.2 一定也会合格。如发现超差,则可能是顶尖套轴线与外支架孔轴线同轴度误差太大之故,此时可将顶尖套拆下修复后,重新调整 G6.1、G6.2 两项精度。

(4) 检验序号 G7.1:刀架轴向移动对工作台回转轴线的平行度

检验简图如图 3—40 所示,允差值见表 3—23。

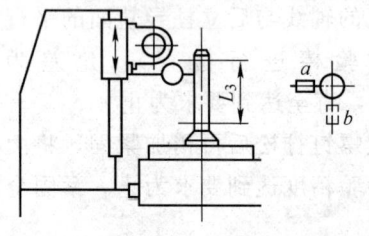

图 3—40 检验序号 G7.1 简图

表 3—23 检验序号 G7.1 的允差值

序号	允差(mm)	检验工具
G7.1	a 为 $8+0.8\sqrt{L_3}$ (本项误差相对工作台回转轴线只许前倾) b 为 $6+0.5\sqrt{L_3}$ L_3——刀架最大行程长度,mm	指示器、检验棒

检验棒安放在工作台上,刀架上固定指示器,使其测头在 a、b 位置互成 90°垂直触及检验棒,移动刀架在全行程内检验。然后工作台回转 180°,再检验一次。a、b 误差分别计算,误差以指示器两次读数代数和的一半计。最大工件直径大于 1 250 mm 的机床,移动部件置于床身导轨前端检验。

如本项精度超差,可修刮工作台壳体与床身导轨的滑动面或修刮立柱底平面来校正。当立柱导轨和后立柱导轨的平行度精度已经合格时,可修刮工作台壳体的导轨面,但要与床身导轨配刮以保持接触质量不致破坏。如果立柱与后立柱的平行度超差,可通过立柱底面的修整将本项精度与前后立柱导轨的平行度同时进行修复。

(5) 检验序号 G10:活动轴承座的轴承孔与刀具主轴轴线的同轴度

检验简图如图 3—41 所示,允差值见表 3—24。

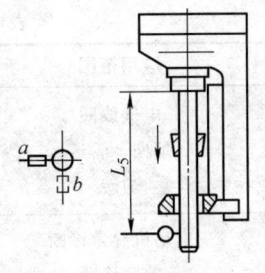

图 3—41　检验序号 G10 简图

表 3—24　　　　检验序号 G10 的允差值

序号	允差（mm）	检验工具
G10	a 为 $6+0.5\sqrt{L_5}$ （本项误差相对工作台回转轴线只许前倾） b 为 $6+0.5\sqrt{L_5}$ L_5——测量点至主轴端部的距离，mm	指示器、检验棒、检验套

刀具主轴轴线置于垂直位置，在刀具主轴锥孔中插入检验棒。活动轴承座移至靠近刀架末端，固定指示器，使其测头分别在接近活动轴承座 a、b 位置垂直触及检验棒表面，移动检验棒进入、退出轴承孔检验。然后将刀具主轴旋转 $180°$，再检验一次。a、b 误差分别计算，误差以指示器两次读数代数和的一半加上检验套与检验棒之间间隙的一半计。

在修复刀架各面时，只有以刀架前后轴承孔为基准，才能保证刀具主轴轴线与旋转面平行（要求在测量全长上不大于 0.01 mm），然后以旋转面为基准修复活动轴承座。修复前，先在活动轴承座孔中紧密地插入一圆柱形检验棒，找正该检验棒与刀具主轴的同轴度，同时进行修刮，这样做非常麻烦。建议作一个内孔留有加工余量的活动轴承座，先在刀架连接面圆弧中进行配刮至接触良好后用压板将它与刀架固定成一整体，在卧式镗床上以刀架前后轴承孔为基准找正后，镗活动轴承孔至要求的尺寸，从而保证了活动轴承孔与刀具主轴轴线的同轴度精度。

五、机床故障诊断技术

1．机床故障诊断技术的方法与应用

机床故障诊断技术是一种了解和掌握机床使用过程中的状态，确定其整体、局部是正常或异常，早期发现故障及其原因，并能预报故障发展趋势的技术。

机床故障诊断技术方法很多，而且还在不断发展。表 3—25 列出了常用的监测诊断技术的原理、方法及应用范围。

表 3—25　　　　监测诊断技术的方法与应用

序号	原理	方法	应用范围
1	音响信号	1. 振动法 2. 振动模型法 3. 声学法	回转型机械 滚动轴承 齿轮等
2	声波信号	1. 超声波法 2. 空间超声波法 3. 声发射法	轴承 泄漏部位 压力容器（即 AE 诊断法）
3	光谱信号	1. 发射光谱法 2. 原子吸收光谱法	高速轴承、花键轴 高速轴承、花键轴

续表

序号	原理	方法	应用范围
4	温度信号	1. 温度测量法 2. 温度显示法 3. 热流计法	电气线圈 烟囱、管道 炉砖
5	电气信号	1. 电流波形法 2. 电功率法 3. 放电法 4. 直流分量法 5. 泄漏电流法	电动机异常诊断 效率诊断 绝缘劣化诊断 绝缘劣化诊断 绝缘劣化诊断
6	磁力信号	1. 漏磁量法 2. 磁力线变形法	变压器 电动机
7	化学信号	1. 固体分析法 2. 液体分析法 3. 气体分析法	整流诊断 机床磨损 变压器
8	机械信号	1. 转速法 2. 位移法 3. 流量法	回转机械 低速轴承 破损程度
9	压力信号	1. 压力脉动法 2. 压力损失法 3. 冲击压力法	油泵 堵塞 阀、油缸

2．实用诊断技术的应用

由维修人员的感觉器官对机床进行问、看、听、触、嗅等的诊断，称为实用诊断技术。

(1) 问。就是向操作者询问机床故障发生的经过，弄清楚故障是突发性的还是渐发性的。一般操作者熟知机床性能，故障发生时又在现场，所提供的情况对故障的分析很有帮助。通常应询问下列情况：

1) 机床开动时有哪些异常现象。

2) 对比故障前后的工作的精度和表面粗糙度，以便分析故障产生的原因。

3) 传动系统和走刀系统是否正常，出力是否均匀，背吃刀量与走刀量是否减小等。

4) 润滑油品牌号是否符合规定，用量是否适当。

5) 机床进行保养检修的情况，以便对故障作出准确判断。

(2) 看。观察机床各种真实现象，通常要进行六看：

1) 看转速。观察主传动速度的变化，带传动的线速度慢了，可能是带传动过松或负荷太大；观察主传动系统中的齿轮、飞轮，主要看它是否跳动、摆动；观察传动轴，主要看它是否弯曲或晃动。

2) 看颜色。如果机床转动部位，特别是主轴和轴承运转不正常，就会发热。长时间升温会使机床外表颜色发生变化，大多呈黄色。油箱里的油也会因温升过高而黏度变稀，颜色变化。

3）看伤痕。机床零、部件碰伤损坏部位很容易发现。若发现裂纹时，应作一记号，隔一段时间后再比较它的变化情况，以便进行综合分析。

4）看工件。从工件来判别机床的好坏。若车削后的工件表面粗糙度 R_a 值大，主要是主轴与轴承之间的间隙过大，溜板、刀架等压板楔铁有松动，以及进刀机构传动部件有松动或进刀光杠弯曲等原因所致。若是磨削后的表面粗糙度 R_a 值大，则主要是主轴或砂轮动平衡差、机床出现共振以及工作台爬行等原因所引起的。若工件表面出现波纹，则看波纹数是否与主轴传动齿轮的齿数相等，如果相等，则证明主轴齿轮啮合不良是故障的主要原因。

5）看变形。主要观察机床的传动轴、丝杠和光杠是否变形，并观察直径大的飞轮、带轮与齿轮的端面是否跳动。

6）看油箱与切削液箱。观察油或切削液是否变质，确定其能否继续使用。

(3) 听。用于判断机床运转是否正常，一般运转正常的机床，其声响具有一定的音律和节奏，并保持稳定。

1）机械运动发出的正常声响

①一般旋转运动的机件，在运转区间较小或处于封闭系统的情况下，多发出平静的"嘤嘤"声；若处于非封闭系统或运行区间较大时，多发出较大的蜂鸣声。各种大型机床和包含多种机械运动的机组，则产生低沉而振动声浪很大的轰隆声。

②正常运行的齿轮副，一般在低速下无明显的声响；链轮和齿条传动副一般发出平稳的"唧唧"声；直线往复运动的机件，一般发出周期性的"咯噔"声；常见的凸轮顶杆机构、曲柄连杆机构和摆动摇杆机构等，通常都发出周期性的"嘀嗒"声；多数轴承副一般无明显的声响，但借助传感器（通常是用金属杆或旋具）可听到较为清晰的"嘤嘤"声。

③各种介质的传输设备产生的输送声，一般随传输介质的特性而异。如气体介质多作"呼呼"声；流体介质多作"哗哗"声；固体介质发出"沙沙"声或"嚙罗嚙罗"声。

2）容易出现的异声。掌握正常音响及其变化，并与故障时的声音相对比，是听觉诊断的关键。下面介绍几种一般容易出现的异声：

①摩擦声。声尖锐而短，常常是两个接触面相对运动的研磨。如传动带打滑或主轴轴承及传动丝杠副之间缺少润滑油，均会产生这种异声。

②泄漏声。声小而长，连续不断，如漏风、漏气、漏水等。

③冲击声。音低而沉闷，如气缸内的间断冲击声，一般均是由于螺栓松动或内有其他异物碰击。

④对比声。用锤子轻轻敲击来鉴别零件是否缺损，有裂纹的零件敲击后发出的声音就不那么清脆。

(4) 触。用手感来判别机床的故障，通常用下列方法来鉴别：

1）温升。人的手指触觉是很灵敏的，可相当可靠地判断各种异常的温升，其误差可准确到 3～5℃。根据经验，当机床温度在 0℃左右时，手指感觉冰凉，长时间触摸会产生刺骨的痛感；10℃左右时，手感较凉，但可忍受；20℃左右时，手感到稍凉，随着接触时间延长，手感潮湿；30℃左右时，手感微温有舒适感；40℃左右时，手感如触摸高烧病人；50℃以上手感较烫，如时间较长可有汗感；60℃左右时，手感很烫；70℃左右时，手感有灼痛感，且手的接触部位很快出现红色；80℃以上时，瞬时接触手感麻辣如火烧，时间过长可出现烫伤。为了防止手指烫伤，应注意触摸方法。一般先用右手并拢的食指、中指和无名指指背中节部位轻轻触及机件表面，断定对皮肤无损害后，方可用手指肚或手掌触摸。

2）振动。轻微振动可用手感鉴别，至于振动的大小，可找一个固定基点，用一只手去同时触摸，便可以比较出。

3）伤痕和波纹。肉眼看不清的伤痕和波纹，若用手指去摸则可很容易感觉出来。摸的方法是：对圆形零件要沿切向和轴向分别去摸；对平面要左右、前后均匀去摸。摸时不能用力太大，只要轻轻把手指放在被检查表面上接触便可。

4）爬行。用手摸可直观地感觉出来。造成爬行的原因很多，常见的原因是润滑油不足或选择不当，活塞密封过紧或磨损造成机械摩擦阻力加大，以及液压系统进入空气或压力不足。

5）松或紧。用手转动主轴或摇动手轮，即可感到接触部位的松紧是否均匀适当，从而可判断出这些部位是否完好可用。

（5）嗅。由于剧烈摩擦或电气元件绝缘破损短路，使附着的油脂或其他可燃物质发生氧化、蒸发或燃烧，产生油烟气、焦糊气等并伴随有异味。应用嗅觉诊断的方法可收到较好的效果。

3. 机床异响的诊断

机床在运行中发出均匀、连续而轻微的声音，一般认为是正常的。若声音过大、或伴有金属的敲击声、摩擦声等，则表明机床运转的声音不正常，称为机床异响。

异响主要是由于机件的磨损、变形、断裂、松动和腐蚀等原因，致使机件在运行中发生碰撞、摩擦、冲击或振动所引起的。有些异响，表明机床中某一零件产生了故障；还有些异响，则是机床可能发生重大事故性损伤的预兆。因此，对机床异响的诊断决不可忽视。

（1）首先确定应诊的异响。诊断机床异响，应考虑新旧机床的不同特点：新机床由于技术状态比较好，运转过程中一般无杂乱的声响，一旦由某种原因引起异响时，便会清晰而单纯地暴露出来，因而易于分析诊断；旧机床由于自然磨损，技术状况渐趋恶化，各运动件之间的间隙加大，致使运行期间声音杂乱，所以，应当首先判明哪些声响属于可保留，哪些声响属于必须予以诊断明白，并应排除的。

（2）根据机床运行状态确诊异响部位。机床是由很多零、部件连接为一个整体的，若其中一个在运转中产生异响，势必会传递给其他零、部件，这就容易混淆故障的真实部位。这时，可根据机床的运行状态，确定异响部位。例如，机床变速箱产生异响，可根据不同排挡的声响程度来判断异响发生的部位。

（3）根据声响特征确诊异响零件。机床的异响，常因发响零件的形状、大小、材质、工作状态和振动频率的不同而声响各异，如在实践中能用心分析所接触的各种异响,是可掌握其规律的。

(4) 根据异响与其他故障的关系进一步确诊或验证异响零件。同样的声响,比如同样是冲击声,其高低、大小等不一定相同,而且每个人的听觉也有差异,因此,仅凭声响特征确诊机床异响的零件,有时还不够确切,这时,可根据异响与其他故障征象的关系,进一步确诊异响零件。

1) 异响与振动。机床有异响存在时,异响零件就会产生振动,而且振动频率与异响的声频将是一致的,据此可进一步确诊异响零件。例如,由于旋转不平衡引起的冲击声,其声响次序与旋转不平衡引起的振动频率相同,根据两者间的关系,来查找和确诊由于旋转不平衡而发出冲击声的零件,比较方便、有效。

2) 异响与爬行。在液压传动机床里,若液压系统内有异响,且工作台伴有爬行,则可证明液压系统混有空气。这时,如果在油泵中心线以下还有"吱嗡吱嗡"的噪声,便可进一步确诊油泵吸空导致液压系统混入空气。

3) 异响与发热。某些零件产生故障后,不仅有异响,而且发热,滚动轴承就属于这类零件。如果某一轴上有两个轴承,其中有一个轴承产生故障,运行中发出"隆隆"声,这时只要用手一摸,就可确诊,发热的轴承即为损坏了的轴承。

第三节 设备运行检查

→ 能够对精密、大型、复杂设备进行运行状态检查
→ 能够对所修理设备实施过载试验的检查

一、精密、大型、复杂设备工作精度检验的超差处理

设备的工作精度检验必须在设备的空运转试验、负荷试验完成的前提下进行,一般按精度标准或说明书规定的试验规范进行。

随着设备动态测试技术的发展,在工作精度检验中逐渐形成了工作精度检验超差的概念,也形成了工作精度故障的概念。工作精度是设备在工作中,即受力运行的状况下,设备综合精度的反映。它不仅反映静态的几何精度,还反映了动态传动精度,设备的刚度、振动,以及刀具、辅具、润滑、冷却等指标。所以,要全面分析工作精度故障,设备的诊断技术就发展起来了。它能发现设备工作中的传动元件失效、刀具失效等故障,并找出故障源,然后有针对性地进行预防和处理。

1. 卧式镗床工作精度检验及超差处理

镗床工作精度检验试件尺寸如图3—42所示。

(1) 检验项目。以T68型卧式镗床为例。

1) 精镗外圆 D 的圆度:0.02 mm/ϕ300 mm。

2) 精车端面的平面度:0.02 mm/300 mm(只允许中凹)。

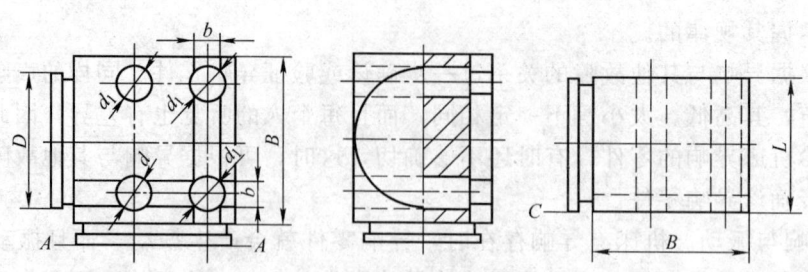

图 3—42　镗床工作精度检验试件尺寸

3）精镗孔的几何精度、圆度：0.02 mm/φ200 mm，圆柱度：0.02 mm/200 mm，孔 d_1 和 d 中心线平行度：0.03 mm/300 mm。

4）工作台横向进给和主轴箱垂直进刀铣槽对孔 d_1 和 d 中心线垂直度：0.03 mm/300 mm。

(2) 工作精度试验常出现的精度超差现象

1）在平旋盘径向滑板上装持镗刀，工作台纵向运动，精镗外圆 φ300 mm，该精度圆度的超差主要在于平旋盘。

①超差的原因

a. 平旋盘径向移动滑板燕尾导轨接触不好，斜铁配合不正确，调整过松，斜铁弯曲。

b. 平旋盘的回转精度差，平旋盘主轴定位面（轴承或锥度）径向圆跳动、端面圆跳动超差。

②处理方法

a. 轴承跳动则先调整平旋盘的轴承，若无效则更换轴承。箱体孔变形，或是轴承装配间隙过大，则需要按照孔的修复方法进行修复（镗孔镶套、孔系间隙填补胶等）。

b. 锥面定位。检查锥孔与镗杆套锥度的接触精度，可去毛刺、金相砂纸抛光锥度表面，局部可以修刮。

c. 调整平旋盘滑板斜铁，用 0.03 mm 塞尺塞不进去。若无效，则检查斜铁是否弯曲，并校正和刮削。修复滑板与平旋盘的接触精度，重新配斜铁和调整。

2）在平旋盘滑板上装持镗刀，滑板进给精车端面的平面度超差。

①产生原因

a. 平旋盘座和滑板的平导轨的平面度超差，镗刀运行轨迹不是直线。

b. 平旋盘的平导轨对镗杆中心线垂直度超差，且不符合方向要求，引起精镗端面中凸。

②处理方法

a. 先在平板上刮削滑板底面，再以滑板底面配刮平旋盘的平导轨，重新配刮斜铁并进行调整。

b. 检查平旋盘的平导轨对主轴中心线的垂直度。特别要求滑板进给方向渐低，但不超过 0.01～0.02 mm，这样才能使端面中凹。

3）在镗杆上装持镗刀，镗杆进给镗孔，工作台纵向进给镗另一孔。检查孔的圆度、圆柱度及两孔中心线的平行度。

①主轴进给镗孔的圆度、圆柱度超差原因

a. 主轴径向圆跳动、轴向窜动超差。

b. 主轴轴承损坏，精度丧失或调整螺母松动。

c. 主轴和钢套磨损，主轴弯曲变形，主轴受力变形。主轴轴线与尾部滑座轴承的同轴度超差引起的主轴变形。

T68型卧式镗床主轴结构是三层结构，如图3—43、图3—44所示。比改进后的二层三轴结构多了一层配合误差和轴承误差，三层结构支承零件多，主轴刚度低，主轴钢套与空心轴的润滑困难。这些缺点都会对加工工件孔的精度产生很大影响。当前生产的镗床基本上主轴结构都为二层结构，如图3—45所示。

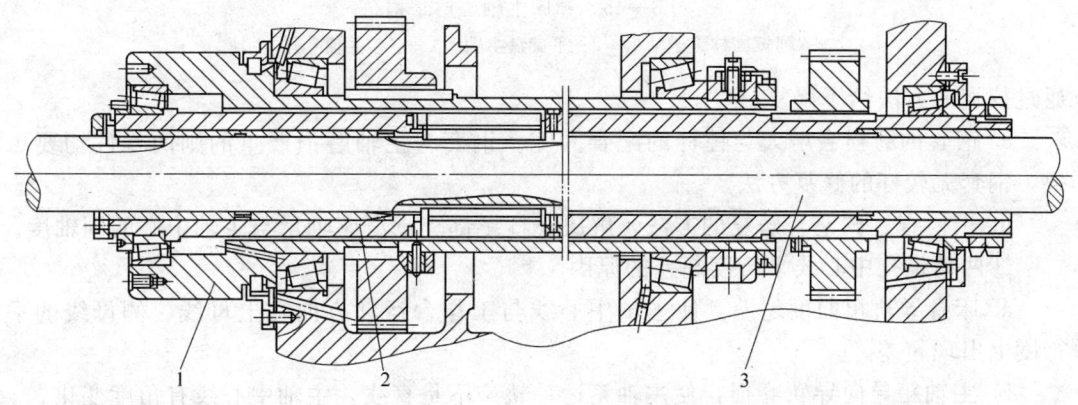

图3—43　T68主轴结构之一
1—圆柱体平旋盘轴　2—空心主轴　3—镗杆

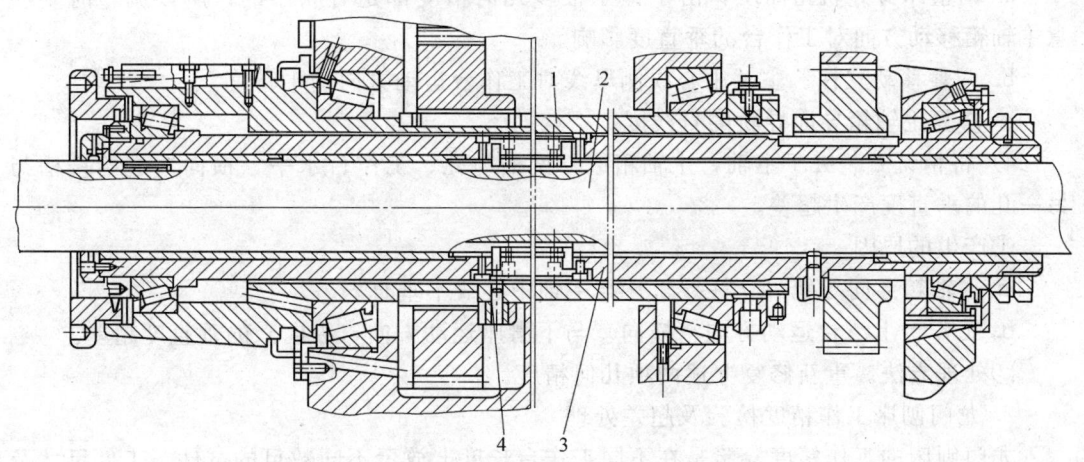

图3—44　T68主轴结构之二
1—锥体平旋盘轴　2—主轴　3—空心主轴　4—滑键

②孔圆度、圆柱度超差的处理方法

a. T68型卧式镗床主轴结构的轴承都是圆锥滚柱轴承，该轴承关键在于调整其轴向间隙和径向间隙。所以首先检查轴承调整螺母的松动情况，若无效则要更换轴承。

b. 检查镗杆的磨损、弯曲变形。镗杆磨损严重时一般都要更换，镗杆弯曲则可以

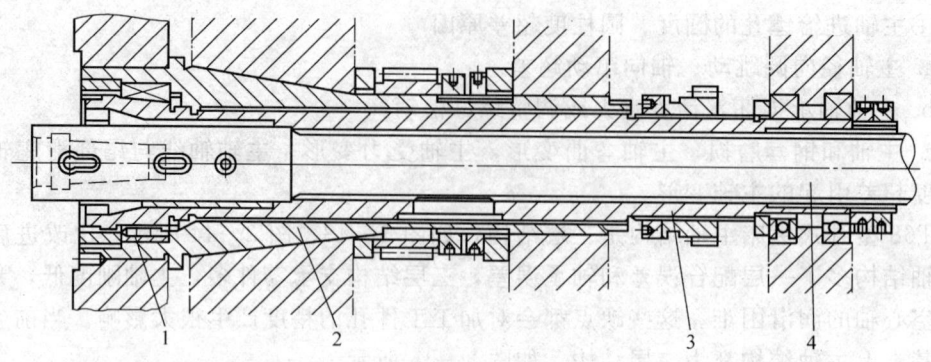

图 3—45 镗床主轴二层结构
1—双列短圆柱滚子轴承 2—平旋盘主轴 3—空心主轴 4—主轴

通过校直的方法给予修复。

c. 钢套的磨损会增大与镗杆的配合间隙。钢套与主轴磨损严重的则两零件均要更换，钢套无较好的修复方法。

d. 用检查、调整、修复的方法，解决镗杆尾部支承滑座轴承与主轴中心的同轴度。

③两精镗孔中心线平行度超差的原因

a. 床身导轨扭曲度超差，使主轴中心线与工作台运动方向在上母线、侧母线的平行度上出现超差。

b. 主轴箱导向导轨磨损，使主轴箱运动轨迹不是直线，主轴中心线有角度变化。

④孔中心线平行度超差处理方法

a. 调整床身导轨扭曲度，由于镗床很多几何精度都是有联系的，所以调整时要注意主轴箱移动方向对工作台的垂直度影响。

b. 调整移动立柱、主轴中心线侧母线对工作台运动方向的平行度。

c. 修复主轴箱导向导轨的直线度。

4）将精铣刀装夹于主轴，主轴箱进给铣槽与孔、工作台水平（横向）进给铣槽与另一孔的垂直度产生超差。

①产生的原因

a. 主轴箱导向导轨（立柱导轨）与主轴中心线不垂直。

b. 工作台上滑台运动方向（横向）与下滑座运动方向（纵向）的垂直度超差。

②处理方法。重新修复上述两项几何精度。

2. 龙门刨床工作精度检验及超差处理

龙门刨床的工作精度检验是在不同工作台长度上放置不同数目的试件，工件尺寸及放置如图 3—46 所示。工作台长度 $L_1 = 2\,000$ mm 时放置 4 件，$L_1 > 2\,000$ mm 时放置 6～8 件。

精度项目如下：

(1) A、B 面的等厚度 n_1 允差，等宽度 m 允差。等厚度 n_1 的允差见表 3—26，等宽度 m 的允差见表 3—27。

(2) 侧刀架加工 C 面对 B 面的垂直度允差。垂直度允差为 0.02 mm/300 mm。

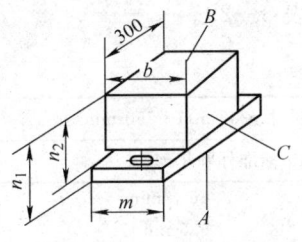 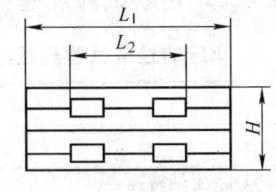 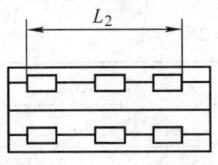

图 3—46 试件尺寸及放置

$b \geqslant 150 \quad n_1 \geqslant 150 \quad n_2 \leqslant 0.8n_1 \quad L_2 = 0.8L_1$

表 3—26　　　　　　　　　　等厚度 n_1 的允差　　　　　　　　　　　　　mm

L_1	≤2 000	2 000～5 000	5 000～10 000
n_1 的允差	0.03	0.04	0.05

表 3—27　　　　　　　　　　等宽度 m 的允差　　　　　　　　　　　　　mm

H	≤1 000	1 000～2 000	>2 000
m 的允差	0.02	0.03	0.04

等厚度的超差有两个方向，即纵向和横向的等厚度（试件4个角的等厚度）。床身导轨的垂直面内直线度超差或导轨的扭曲度超差，对龙门刨床的几何精度影响最大。等厚度是导轨水平面内直线度对试件的反映。

侧面对上平面的垂直度超差是由侧刀架运动方向与工作台面的垂直度超差引起的，也是由横梁与立柱导轨的垂直度超差引起的。

这些几何精度的超差属于安装和调整问题，处理方法是重新检查这几项几何精度，并进行调整。调整扭曲度对水平面内直线度、垂直面内直线度都有影响，导轨的抬高或降低要根据直线度的具体情况来调整。调整床身导轨就要考虑调整引起的应力变形。

调整横梁与立柱导轨的垂直度，一般情况下是通过修刮斜铁的两端厚薄来实现。

调整这几项几何精度后，重新刨工作台台面达到精度标准，再按要求刨试件。

二、设备的过载试验

一般情况下不进行设备的过载试验，只有在加工工艺或设备状况必需的情况下才进行，并且一定要慎重。

1. 设备过载试验规程

（1）允许进行过载试验的情况。如卧式车床在工艺的要求下，生产流水线的毛坯加工至半成品的工序，为节约时间，要求设备采取强力切削。或在设备使用的过程中，进行一般性的切断时出现了振动现象，这时要做过载试验和切断试验以观察设备的主轴刚度是否降低。

（2）过载试验时的注意事项

1）在机床过载试验时，必须随时观察设备状况，发现异常应及时停车，以便分析。

2）过载试验时，要把设备和人身安全放在第一位。

车床的过载试验规程见表3—28,切断试验规程见表3—29。

表 3—28　　车床的过载试验规程

项目	参数	数值
材料		45钢　尺寸 $\phi 208$ mm×750 mm
刀具		45°标准外圆车刀
切削规范	主轴转速 n	46 r/min
	背吃刀量 t	6.5 mm
	进给量 s	0.3~0.8 mm/r
	切削速度 v	29 m/min
	切削长度 L	95 mm
	机动时间 T	2 min
损耗功率	空转功率	0.625~0.72 kW
	切削功率	6.6 kW
	电动机功率	8.3 kW

表 3—29　　车床的切断试验规程

项目	参数	数值
材料		45钢
刀具		标准切刀　切刀宽度 5 mm
切削规范	主轴转速 n	200~300 r/min
	进给量 s	0.1~0.5 mm/r
	切削速度 v	50~70 m/min
	切割长度 L	120 mm

其他的一些设备也会有过载试验,在做试验时,一定要按规程操作,不能随意进行,不然将会发生意想不到的事故。

在卧式车床的过载试验中,规定了材料、尺寸、刀具牌号、主轴转速和切削速度,关键是背吃刀量和进给量。其他设备如龙门刨床主要是电动机拖动力的试验,一定要规定材料、尺寸、工作台进给速度、背吃刀量、进给量和刀具等。磨床的试验要规定材料、砂轮规格、工作台速度和进给量。钻床过载试验要规定主轴转速、主轴进给量、工件材料及钻头直径等。

2. 过载试验的要求

在保证人身、设备安全的前提下,过载试验的其他要求如下:

(1) 准备工作

1) 设备的准备。虽然设备已经做过空运转试验、负荷试验,但在过载试验前还是要把设备再检查一遍,如手柄位置、离合器的调整、主轴螺母等,确认正常后才能试验。

2) 工件的准备。按试验的规范准备工件材料、刀具、主轴转速、进给量等。

3) 安全防护的准备。刹车制动是否合理可靠,溜板箱脱落蜗杆是否可靠等。

(2) 设备准备工作完成后的空运转试车

(3) 装夹工件准备试验。工件的装夹要求可靠。过载试验是强力切削,要超过常规的切削力,所以工件装夹可靠尤为关键。

(4) 切削试验。按照不同的设备、不同的切削规范,严格执行试验规程。不同设备的过载均有相应的注意事项，如卧式车床的过载试验要求如下：

1) 在设备过载试验时，摩擦离合器不能脱开。
2) 溜板箱的脱落蜗杆不能自动脱开。
3) 挂轮架应固定可靠，在强力切削状况下不能脱开。
4) 切削时不应有显著的振动及噪声，各部手柄也不应有显著的颤抖和自动脱位现象。

(5) 异常情况的处理。在试验的过程中，若出现闷车（这是过载试验常出现的故障）、异常的声音就应立即停车进行检查，然后判断是否再继续试验。

第四节　特殊检查

→ 对旋转件进行动平衡
→ 能够对噪声进行检测
→ 能够对金属零件进行无损诊断

一、电动机转子动平衡试验

电动机转子属于典型的刚性转子，现介绍其动平衡试验的方法步骤和数据处理方法。

1. 试验要求

电动机转子尺寸如图 3—47 所示。技术要求为：转子质量 1 000 kg，转速 3 000 r/min，平衡精度 G6.3（$l\omega/1\,000=6.3$ mm/s），取转子两端面为校正平面，两端面的距离为 400 mm，在端面上去除不平衡质量时，距轴线距离为 100 mm。

通过动平衡试验，确定去除不平衡质量的数值和相位，鉴定转子原始平衡精度级别。

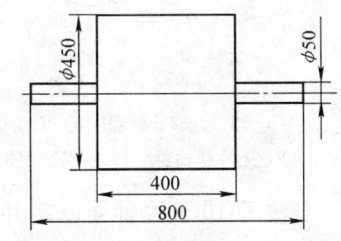

图 3—47　电动机转子尺寸图

2. 试验步骤

(1) 动平衡试验机的工作原理。图 3—48 所示为框架式动平衡试验机的结构原理图。框架 1 经弹簧 2 与固定底座 3 相连，它只能绕 Ox 轴线摆动，构成一个单自由度摆动系统。主轴 4 由框架 1 上的轴承 13 支承，由固定在底座上的电动机 14 通过带轮 12 驱动，主轴 4 上装有齿轮 6，它与立轴 9 上的齿轮 5 相啮合，角速比 $i_{65}=1$。齿轮 6 的宽度大于齿轮 5 的节圆周长，并可沿主轴 4 作轴向滑动。因此，调节手轮 18 使齿轮 6 作轴向滑移时，齿轮 5 和与齿轮 5 固连的立轴 9 能随之回转一周以上。通过这套机构可以调整立轴 9 与主轴 4 的相对转角 φ_c。立轴 9 上装有两个圆盘 7、8，其中圆盘 7 与立轴 9 固连，圆盘 8 可通过调节手轮 17 沿立轴 9 上下移动，以调整两圆盘间的距离 l_c。l_c 的数值由指针 16 指示。圆盘 7、8 本身的大小和质量均完全相等，上面各装有一个质量

为 m_c 的质量块,其质心距立轴 9 的轴线的距离均为 r_c,但相位差 180°,立轴 9 上端的指针 15 用来指示 φ_c 值。安装时,其原始位置应处于通过两质量块 m_c 的质心和立轴 9 的轴线所在的平面内。

进行平衡试验时,将确定平衡平面为 T' 和 T'' 的转子 10 装在主轴 4 上,先使框架 1 的振摆轴线通过平面 T'',以测出 T' 平面的不平衡质量 m'_0,如图 3—48 所示。

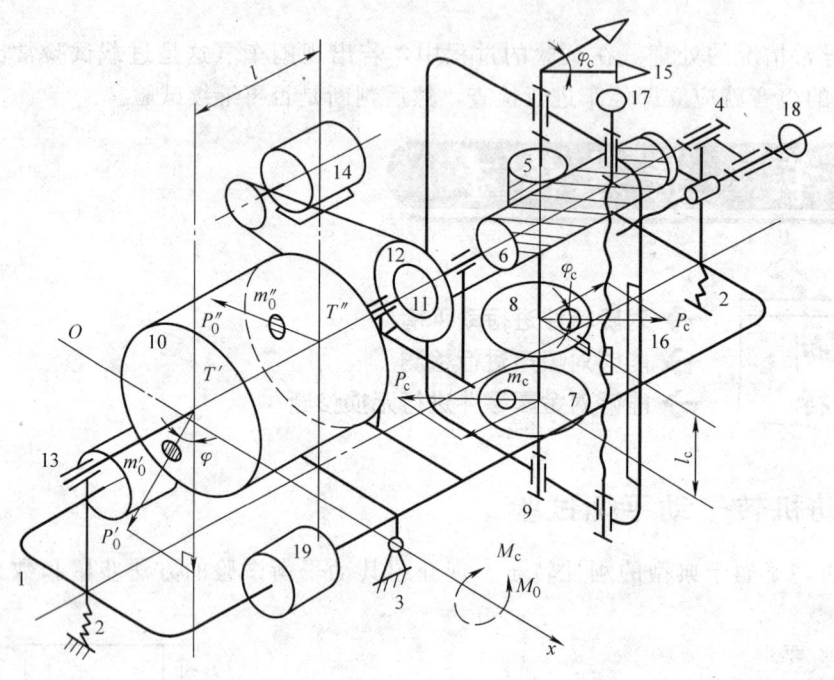

图 3—48 框架式动平衡试验机结构原理图

1—框架 2—弹簧 3—固定底座 4—主轴 5、6—齿轮 7、8—圆盘 9—立轴 10—转子
11—挠性联轴器 12—带轮 13—轴承 14—电动机 15、16—指针 17、18—手轮 19—质量块

当转子 10 被主轴 4 驱动并达到稳定转速后,平面 T'' 中的不平衡质量 m''_0 所产生的离心惯性力 P''_0 对轴线 Ox 的力矩为零,不会引起框架振动。只有平面 T' 中 m'_0 所产生的离心惯性力 P'_0 对轴线 Ox 形成力矩 M_0,使框架发生振动。力矩 M_0 的大小为:

$$M_0 = P'_0 l \cos\varphi \tag{1}$$

同时主轴 4 带动齿轮 5 使圆盘 7、8 转动,盘上的两个质量块 m_c 产生的离心惯性力 P_c 构成一个力偶矩 $P_c l_c$,它对于轴线 Ox 的分量 M_c 也使框架发生振动,其大小为:

$$M_c = P_c l_c \cos\varphi_c \tag{2}$$

因此,使框架绕 Ox 产生振动的合力矩为:

$$M = M_0 + M_c = P'_0 l \cos\varphi + P_c l_c \cos\varphi_c \tag{3}$$

当轮流调节手轮 17 和 18,分别改变 l_c 和 φ_c 的大小,直到两个力矩 M_0 和 M_c 的大小相等而方向相反时,对框架 1 的振动合力矩 $M=0$,框架将停止振动,这时:

$$P'_0 l \cos\varphi - P_c l_c \cos\varphi_c = 0 \tag{4}$$

或

$$m'_0 r'_0 l \cos\varphi - m_c r_c l_c \cos\varphi_c = 0$$

则满足上式的条件为：

$$\begin{cases} m'_0 r'_0 = m_c r_c \dfrac{l_c}{l} \\ \varphi = \varphi_c \end{cases} \tag{5}$$

由指针 16 和指针 15 读出这时的 l_c 和 φ_c 值，即可由式（5）求出重径积 $m'_0 r'_0$ 和相位角 φ 的大小。当选定在 T' 面内去除不平衡质量的回转半径为 r'_b 后，应去除不平衡质量的大小为：

$$m'_b = \dfrac{m'_0 r'_0}{r'_b} = \dfrac{m_c r_c l_c}{l r'_b} \tag{6}$$

显然，去除不平衡质量 m'_b 的相位应为 φ，才能使转子达到平衡。为此，当动平衡机停车后，缓慢转动转子 10，使指针 15 转到如图 3—48 所示与 Ox 轴线垂直的虚线位置上，这时 m'_b 应去除的位置就在平面 T' 内回转中心的铅直下方。

求平面 T'' 内所需去除不平衡质量 m''_b 的方法与上述方法相同，只是这时需使框架摆动轴线 Ox 通过平面 T' 以消除平面 T' 中 m'_0 的离心惯性力 P'_0 对框架振动所产生的影响。

图 3—48 中质量块 19 可在框架上移动用以调整框架的固有频率，使平衡试验时框架接近共振状态，以提高平衡精度。

（2）试验方法

1）将被测电动机转子安装于动平衡试验机主轴 4 的轴承 13 上。轴承 13 是和被测转子轴颈能够配合的专用偶件。保证转子几何回转轴线和动平衡机主轴 4 的轴线重合。取转子端面 T'、T'' 为平衡平面，将平衡平面 T'' 和 Ox 轴线重合，然后将转子与挠性联轴器 11 固连。先测出平衡平面 T' 的不平衡质量的大小和相位。安装时指针 15 应在 m_c 和立轴 9 的轴线组成的平面内。

2）启动电动机 14 使转子转动，达到稳定转速后，调整手轮 17 和 18，分别轮流改变 l_c 和 φ_c 的大小，直到框架停止振动，并处于稳定状态，此时记下 φ_c 和的 l_c 读数。

3）动平衡机停稳后，缓慢转动转子，使指针 15 沿偏转的反方向转到与 Ox 轴线垂直的平面内，在转子 T' 的平面上划出铅直线，转子轴线的正下方为去除不平衡质量的相位。

4）照 1）、2）、3）的方法步骤，测定平面 T'' 内的不平衡质量的大小和相位。

（3）数据处理

1）将动平衡试验数据填入动平衡试验记录表（见表 3—30），计算出不平衡质量 m_b。

2）确定转子原始平衡精度：

$$l' = \dfrac{m'_0 r'_0}{m} = \dfrac{m_b r'_b}{m} = \dfrac{50}{1\,000} = 0.05 \text{ mm} = 50 \text{ μm}$$

$$A' = \dfrac{l' \omega}{1\,000} = \dfrac{50 \times \dfrac{2\pi \times 3\,000}{60}}{1\,000} = 15.7 \text{ mm/s}$$

$$l'' = \dfrac{m''_0 r'_0}{m} = \dfrac{45}{1\,000} = 0.045 \text{ mm} = 45 \text{ μm}$$

表 3—30　　　　　　　　　动平衡试验记录表

	l_c (mm)	$\varphi_c=\varphi$	l (mm)	r_b (mm)	m_c (kg)	r_c (mm)	$m_0 r_0 = m_c r_c \dfrac{l_c}{l}$ (g·mm)	$m_b = \dfrac{m_c r_c l_c}{r_b l}$ (kg)
T'	200	30°	400	100	1	100	50 000	0.5
T''	180	40°	400	100	1	100	45 000	0.45

注：l_c——平衡盘间距；

　　φ——不平衡重径积的相位；

　　l——平衡平面 T'、T'' 的间距；

　　r_b——除去不平衡质量的偏心距；

　　m_c——补偿重径积的质量；

　　r_c——补偿重径积的偏心距；

　　$m_0 r_0$——转子不平衡重径积；

　　m_b——转子在 r_b、φ 处的不平衡质量。

$$A''=\frac{l''\omega}{1\,000}=\frac{45\times\dfrac{2\pi\times 3\,000}{60}}{1\,000}=14.13 \text{ mm/s}$$

比较 A' 和 A''，以精度较差的代表转子原始平衡精度。$A''<A'=15.7$ mm/s，大于 6.3 mm/s，小于 16 mm/s，转子原始平衡精度为 G16 级。

二、噪声的测量

1. 噪声

机械振动系统是机械噪声的声源，机械振动通过媒质传播而得到的声音，即为机械噪声。媒质可以是气体、液体和固体，噪声也分为空气噪声、液体噪声和固体噪声。而在机械设备中，固体都是以某种结构来具体体现的，所以固体噪声通常又称为结构噪声。不过，通常所指的噪声是人耳能感受到的空气噪声，一般频率在 20~20 000 Hz 之间。频率低于 20 Hz 的机械波称为次声波，频率高于 20 000 Hz 的机械波称为超声波。

2. 噪声测量

设备的声响诊断，一般采用声压级。声压级定义为：

$$L=20\lg\frac{p}{p_0}$$

式中　L——声压级，dB；

　　　p——被测声压，Pa；

　　　p_0——基准声压，$p_0=2\times 10^{-5}$ Pa。

噪声测量中往往用声级，特别是 A 声级来代表噪声强弱，声级是经过频率计权网络测得的声压级，按所采用的计权网络的不同，分别称为 A 声级（LA）、B 声级（LB）和 C 声级（LC），其 dB 数也分别标为 dB（A）、dB（B）、dB（C）。

声压级和声级都可以用图 3—49 所示的声级计来测量。声级计由传声器、放大器、衰减器、计权网络、均方根检波电路和电表组成。

传声器是将声波信号变换为相应的电信号的传感器。衰减器位于放大器之前，它能将信号加以衰减或放大，测量微小信号时，它将信号加以放大，当输入较大信号时，则将信号加以衰减，以便于在指示电表上获得适当的读数，同时又可避免放大器过载。放大器是高稳定的，其增益一般固定不变。计权网络是对不同频率的声响进行不同程度衰减的装置，声级计中常用的频率计权网络有 A、B、C 三种，分别用于 A 声级、B 声级和 C 声级的测量。均方根检波电路把放大后的信号进行检波，并由表头以"dB"指示，表头的读数为有效值。

声级计分为普通声级计和精密声级计，普通声级计频率范围为 20～8 000 Hz，固有误差为 ±1.5 dB；精密声级计频率范围为 20～12 500 Hz，固有误差为 ±0.7 dB。

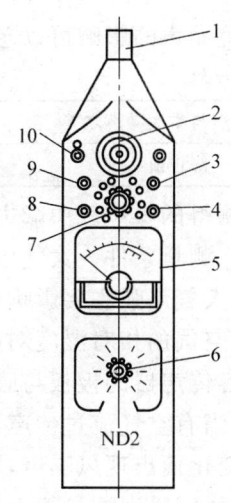

图 3—49　ND2 型精密声级计外观
1—电容传声器　2—衰减旋钮
3—放大器输入　4—外接　5—表头
6—频率分析旋钮　7—计权旋钮
8—外接输出　9—外接输入　10—旋钮

在现场测量噪声时，一般采用近声场的测量法，将传声器置于距机器 1 m、距地面 1.5 m 的地方测量噪声。如果机器不是均匀地向各个方向辐射噪声，则应当围绕机器并在与其表面相距 1 m、距地面 1.5 m 的几个不同位置上进行测量。除找出 A 声级最大的一点作为评价该机器噪声的主要依据外，还应测出若干点（一般多于 5 点）的 A 声级作为评价的参考，必要时应作出机器在各个方向的噪声级的分布图。测量时应当避免本底噪声、反射声波、气流的影响。

3. 噪声的测量位置、测量环境和测量条件

(1) 测量位置。在确定测量位置时，应考虑到近场误差和反射声波的影响。声源振动才能发声，但是振动的能量并没有完全变为声能以声波形式向外传播，有一部分振动能量在声源附近使空气产生扰动，引起空气压强的变化。这部分不作为声音传播的压强变化也被声级计接收，引起测量误差，称为近场误差。

此外，在靠近反射面附近的区域，其声场是直达声与反射声的叠加，形成混响场。在此区域的声压不稳定，波动较大，使声级计测量不准确。因此，在噪声测量之前，应了解在具体测试环境下声源的声场特性。

为了避免反射声波的影响，测点要尽量远离反射面，如高墙、大型装置等，一般应距主要反射面 2～3 m 左右。

此外，使用声级计时还应注意测量者身体引起的反射，一般采用三脚架支承声级计，若用手持声级计时，应将前臂尽量伸直或在传声器与声级计之间加用延伸杆。

(2) 测量环境。在测量噪声时，会受到周围环境噪声的干扰，导致测量的准确性降低。所以，在现场测量时，应先测定本底噪声。

本底噪声是被测噪声源停止发声时的周围环境噪声。当环境噪声大于或等于被测噪声源时，就不能进行噪声测量。若被测噪声的声压级大于相应的本底噪声 10 dB 以上

时,环境噪声的影响可以忽略不计。若相差不到 10 dB 时,则应按表 3—31 进行修正。

表 3—31　　　　　　　　　被测噪声源的修正值　　　　　　　　　　dB

被测噪声与本底噪声之差	3	4	5	6	7	8	9	10
修正值	3	2	2	1	1	1	1	0

从测得的噪声级中减去修正值,就是机器的实际噪声级。

(3) 测量条件。大气压强、湿度、风速等对噪声测量也有一定的影响。

1) 大气压强主要影响传声器的校准,当大气压强改变时,应适当修正读数。

2) 空气的相对湿度对噪声测量也有影响,当潮湿空气进入电容传声器并凝结时,会使电容传声器的极板与膜片产生放电现象,影响测量结果。

3) 当有空气流过传声器时,在传声器吸流一侧产生湍流,因而使传声器的膜片压力产生变化而出现风噪声,风噪声的大小与风速成正比。

4) 风对噪声测量能引起很大的误差,在大风(风速高于 20 km/h)时不能使用声级计,因为此时的被测噪声将被风掩盖。

4. 噪声源与故障源识别

噪声监测的一项重要内容就是通过噪声测量来分析和确定机械设备故障的部位和程度。噪声识别的主要方法有:

(1) 主观评价和估计法。经过长期实践的人,有可能主观判断噪声源的频率和位置。此外还可以借助听音器,听那些人耳难以直接听到的部位的声音。

(2) 近场的测量法。用声级计在紧靠机器的表面扫描,并从声级计的指示值大小来确定噪声源的部位。由于生产现场多种声音混响,一台大机器上的被测点又是处于机器中其他噪声源的混响场内,所以这种方法只能用于主要发声部位的一般识别或用作精确测定前的粗定位。

(3) 表面振速测量法。将振动表面分割成许多小块,测出表面各点的振动速度,然后画出等振速曲线,从而可形象地表达出声辐射表面各点辐射声能的情况以及最强的辐射点。

(4) 频谱分析法。通过测量得到的噪声频谱做纯音峰值的分析,可用来识别主要噪声源。由于纯音峰值频率是数个零部件所共有的,所以要配合其他方法,才能最终判定究竟哪些零部件是主要噪声源。

(5) 声强法。采用双通道傅立叶变换分析仪进行测定,由于它的声强探头具有明显的指向特性,所以声强法在近年来发展很快,用声强法做现场的近场测量,既方便又迅速,受到各行业的重视和欢迎。

5. 生产车间在用设备的噪声测量操作(近场测量)

(1) 准备测量仪器,ND2 型精密声级计,声级计支架(消除人对测量读数的影响)。

(2) 选择计权网络级,一般采用 A 声级。

(3) 确定测量仪器的安装位置及设备的测量点。

(4) 对设备安装地的测量环境、测量条件进行考察,并分析它们对测量精确度的影响。

(5) 本底噪声测定，计算修正值。
(6) 设备噪声测定和计算：设备噪声＝测定噪声值－本底噪声修正值。
(7) 设备噪声源或故障源的识别。
(8) 根据测量结果，制定降低噪声措施。
(9) 写出噪声测量分析报告。

三、金属零件的无损诊断

所谓无损检测技术，是指在不破坏或不改变被测物体的前提下，利用物质因存在缺陷而使其某一物理性能发生变化的特点完成对该物体的检测与评价的技术手段的总称。利用无损探测技术能发现机件的裂纹、腐蚀、机械性能超差等变化，以及机件、附件等正常位置受到破坏，或内部零件损坏等故障的起因，并可根据损伤的种类、形状、大小、产生部位、应力水平、应力方向等信息，来预测损伤或缺陷的发展趋势，以便及时采取措施排除隐患。

1. 超声波检测

(1) 超声波检测设备

1) 超声波探头。超声波探头通常又称为超声波换能器，其功能就是将电能转换为超声能（发射探头）和将超声能转换成电能（接收探头）。超声波检测探头多为压电型，按被检测工件的形状、材质以及检测的目的、条件选用不同的探头。

①直探头。又称平探头，应用最普遍，可以同时发射和接收纵波，多用于手工操作接触法检测。

②斜探头。依入射角不同，斜探头可在工件上产生纵波、横波和表面波，也可在薄板中产生板波，应用范围较广泛。

2) 超声波检测仪。其作用是产生电振荡并加于探头，使之发射超声波。同时还将探头接收的电信号进行滤波、检波和放大等，并以一定的方式将检测结果显示出来。目前广泛使用的是 A 型显示脉冲反射式超声波检测仪，该仪器主要性能指标包括：

①水平线性。表示检测仪水平扫描速度的均匀程度，水平线性的好坏将影响对缺陷的定位。

②垂直线性。表示示波屏上反射波的高度与接收信号电压成正比关系的程度，垂直线性将影响对缺陷的定量分析。

③动态范围。表示示波屏上反射波的高度从满幅降至消失时仪器衰减器的变化范围，动态范围大，对小缺陷的检出能力强。

④灵敏度。即在规定深度内能检出最小缺陷的能力。

⑤盲区。即由探头到能够检测出缺陷位置的最小距离。

⑥探测深度。示波屏上能获得一次底面反射时的超声波的最大距离。

⑦分辨力。指能够区分两个缺陷的最小距离。

3) 耦合剂。其作用是排除探头与工件表面之间的空气，使超声波能有效地传入工件。一般耦合剂分为水性和油性两种。

(2) 超声波检测操作

1) 检测方法的选择

①脉冲反射法。这是目前应用最为广泛的方法。脉冲反射法可分为垂直检测和斜角检测两种。垂直检测时，探头垂直地或以小于第一临界角的入射角耦合到工件上，在工件内部只产生纵波，这种方法常用于板材、锻件、铸件、复合材料的检测。斜角检测时，用不同角度的斜探头在工件中分别产生横波、表面波或板波。

②穿透法。它是最早采用的超声波检测方法，由一个探头发射超声波，透过工件被另一面的探头所接收。这种方法的优点是无盲区，缺点是不能确定缺陷的深度位置。

③共振法。根据共振特性来检测试件的方法称为共振法，常用于单面测试壁厚。

2) 检测应用实例

①紧固螺栓超声波检测。紧固螺栓断裂主要是螺纹根部产生裂纹沿螺栓横断面发展成横向裂纹，因此将探头放在螺栓端面上探测，声束刚好与裂纹面垂直，这对发现螺纹的裂纹很有利。

②磨床主轴的超声波检测。磨床磨头主轴因转速很高，容易出现疲劳裂纹，裂纹多数是危险性较大的横向裂纹。可用横波探伤法或小角度纵波探伤法来检测。

2. 磁粉探伤

(1) 磁粉探伤的操作步骤

1) 预处理。用溶剂将试件表面的油脂、涂料以及铁锈去净并擦干，组装的部件要一件件拆开后才能检测。

2) 磁化。首先根据缺陷特性与试件形状选定磁化方法，再根据磁化方法和磁粉以及试件的材质、形状、尺寸等确定磁化电流值，使试件表面有效磁场的磁通密度达到试件材料饱和磁通密度的80%～90%。

3) 施加磁粉。施加磁粉有连续法和剩磁法两种方法。连续法是在试件加有磁场的状态下施加磁粉，且磁场一直持续到施加完成为止。而剩磁法则是在磁化后施加磁粉。

4) 观察与记录。用非荧光磁粉时，在光线明亮的地方进行观察，而用荧光磁粉时，则在暗室用紫外线灯进行观察。应该注意，在材质改变的界面处和截面大小突变部位，即使没有缺陷，有时也会出现磁粉痕迹，此即假痕迹。

5) 后处理。检测完成后，按需要进行退磁、除去磁粉和防锈处理。退磁时，一边使磁场反向，一边降低磁场强度。

(2) 磁粉检测的特点与适用范围。磁粉检测适用于检测钢铁材料的裂纹等表面缺陷，如铸件、锻件、焊缝和机械加工零件的表面缺陷。其特征如下：

1) 特别适宜对钢铁等强磁性材料的表面缺陷进行检测。

2) 对于在表面没有开口但深度很浅的裂纹也可以探测出来。

3) 对于奥氏体不锈钢等非磁性材料是不适用的。

4) 能探知缺陷的位置和表面的长度，但不能知道缺陷的深度。

3. 渗透检测

(1) 渗透检测的操作步骤

1) 预处理。去除试件表面的油脂、涂料、铁锈及污物。

2) 渗透。将试件浸渍于渗透液中或者用喷雾器、毛刷等工具将渗透液涂在试件表面，让渗透剂有足够的时间充分渗入到缺陷中，渗透时间取决于渗透剂、试件材质、缺陷种类及大小等。

3) 乳化处理。为了使检测时渗透液容易被水清洗，对某些渗透液有时还要进行乳化处理，喷上乳化剂。

4) 清洗。用水或清洗剂去除附着在试件表面的残余渗透剂。

5) 显像。将显像剂涂抹在试件表面上，残留在缺陷中的渗透剂被显像剂吸出，在表面上形成放大的带色显示痕迹。

6) 观察。荧光渗透观察在暗室内用紫外线灯照射，着色渗透检测法在一定亮度的可见光下即可以观察出红色的缺陷痕迹。

7) 后处理。检测结束后，应立即清除表面残留的显像剂，以防检验表面被腐蚀。

(2) 渗透检测的特点和适用范围

1) 渗透法能检出的尺寸，一般约为深 20 μm、宽 1 μm。在用荧光渗透检测时还可进一步提高检测的灵敏度。

2) 检测效率高，对于形状复杂的试件只需一次检测操作即可完成多个缺陷检测。

3) 适用范围广，不受零件材料和形状轮廓的限制。

4) 设备简单，便于携带，操作简便。

5) 检测结果受表面粗糙度的影响。

6) 只能检测表面开口缺陷。对多孔性材料的检测仍很困难，无缺陷深度显示。

渗透检测法的具体检测方法很多。水洗型荧光法适用于微细的裂纹、宽而浅的裂纹以及表面粗糙的试件；后乳化型荧光法适用于有疲劳裂纹、磨削裂纹的试件；溶剂去除型荧光法适用于大型试件的局部检测；水洗型着色法用于遮光有困难的测量现场；溶剂去除型着色法则用于无水、无电的工作现场。

单元考核要点

考核类别	考核范围	考核点	重要程度
理论知识	设备的外观检查	设备二级保养后的检查	★★★
		设备中修后的外观检查	★★★
		设备大修后的外观检查	★★
		设备大修后的空运转试验	★★
		机床修理质量要求	★
	金属切削机床几何精度检查	产生测量误差的原因	★★
		测量误差的消除	★★
		卧式镗床的几何精度检查及超差处理	★★★
		龙门刨床的几何精度检查及超差处理	★★★
		万能外圆磨床的几何精度检查及超差处理	★★★
		机床故障诊断技术	★★
	设备运行检查	卧式镗床工作精度检验及超差处理	★★★
		龙门刨床工作精度检验及超差处理	★★★
		设备的过载试验	★★

续表

考核类别	考核范围	考 核 点	重要程度
操作技能	基本操作技能	高级工所应具备的专业技能	★★★
		按时完成作业的能力	★★★
	龙门刨床的几何精度检查	熟悉机床几何精度检查的一般规律	★★★
		正确进行检查前的各项准备工作	★★★
		实施几何精度检查，提出检验结论	★★★
		对超差原因进行分析，给出正确的故障排除或恢复精度的方法	★★★

单元测试题

一、单项选择题（下列每题的选项中，只有1个是正确的，请将正确答案的代号填在横线空白处）

1. 在设备空运转时，不得有_____的噪声。
   A. 周期性　　　B. 超过 85 dB　　　C. 超过 80 dB　　　D. 刺耳

2. 万能磨床床身纵向导轨在水平面的直线度一般用_____进行测量。
   A. 百分表　　　B. 千分表　　　C. 水平仪　　　D. 自准直仪

3. 检验万能磨床头架回转的主轴中心线的等高度时，头架应回转_____。
   A. 90°　　　B. 60°　　　C. 45°　　　D. 30°

4. 通过修整_____，可恢复龙门刨床中央 T 形槽对工作台移动的平行度。
   A. 床身导轨
   B. 工作台导轨
   C. T 形槽左侧面
   D. T 形槽右侧面

5. 修刮_____，可修整滚齿机刀架轴向移动对工作台回转轴线的平行度。
   A. 工作台顶面
   B. 立柱导轨面
   C. 工作台壳体导轨面
   D. 底座导轨面

6. 机床几何精度检查时，对于减小测量范围的公差值，应_____按比例算出的公差值。
   A. 小于　　　B. 等于　　　C. 大于　　　D. 稍大于

7. 机床几何精度检查前，应先进行_____，以使检查保持稳定。
   A. 外观检查　　　B. 空运转　　　C. 工作精度检查　　　D. 调平

8. 万能工具显微镜工作室的温度应控制在_____以内。
   A. (20±1)℃
   B. (20±2)℃
   C. (22±1)℃
   D. (20±0.5)℃

9. _____是机械噪声的声源。
   A. 机械振动系统
   B. 机械传动系统
   C. 液压传动系统
   D. 电气传动系统

10. 在磁粉探伤时，试件表面有效磁场磁通密度达到试件材料饱和磁通密度的_____。
  A. 50%～60%　　　　　　　　　B. 60%～70%
  C. 70%～80%　　　　　　　　　D. 80%～90%

二、判断题（下列判断正确的请打"√"，错误的打"×"）

1. 机床空运转试验时，应进行纵向、横向及升降进给逐级运转试验及快速移动试验，各进给量的运转时间不少于 2 min，快速运转时间不少于 30 min。（　　）
2. 如果两根垂直进给丝杠的螺距累积误差不相同，将导致龙门刨床横梁升降时发生倾斜。（　　）
3. 机床几何精度检查时，若与基准测量范围有很大的差别，则实际测量范围的几何精度可以按比例进行折算。（　　）
4. 卧式镗床主轴平旋转盘径向移动溜板燕尾导轨面接触不好，斜铁配合过松，将导致镗孔时工件圆度超差。（　　）
5. 龙门刨床工作精度检查时，应准备相当于刨削最大长度的试件。（　　）
6. 万能工具显微镜可以用于测量工件的长度和几何形状误差，但不能测量角度误差。（　　）
7. 三坐标测量机在测量工件时，必须使工件的基准面与测量机的一个坐标中心线相平行。（　　）
8. 平衡精度要求高的旋转件，在做完低速动平衡后，还需要进行高速动平衡。（　　）
9. 当声源振动不作为声音传播时，不会被声压计接收到。（　　）
10. 渗透法检测可以检测出被测工件深部的缺陷。（　　）

三、简答题

1. 精密平板平面度误差的测量方法有哪些？
2. 测量方法误差产生的原因是什么？
3. 龙门刨床几何精度检查包括哪13项？
4. 设备过载试验的要求有哪些？

四、技能题

1. B2012A 型双柱龙门刨床的几何精度检查：检验7，工作台面对工作台移动的平行度

（1）内容及操作要求

1) 熟悉金属切削机床几何精度检查的一般规则。
2) 正确进行机床几何精度检查前的各项准备工作。
3) 实施机床几何精度检查，对检查数据进行处理，提出检验结论。
4) 对机床几何精度超差的原因作出正确分析，提出排除故障或恢复精度的方法。

（2）准备工作

1) 文件资料准备。金属切削机床大修理通用技术条件，金属切削机床检验通则，B2012A 型双柱龙门刨床验收标准。

2) 设备、工具准备。待检的 B2012A 型双柱龙门刨床 1 台，钳工常用工具 1 套，千分表 1 块，磁性表座 1 个，平行量块 1 块，水平仪 1 个，水平仪垫板 1 块。

(3) 考核时限

1) 基本时间。准备时间 10 min，正式操作时间 120 min。

2) 时间允差。每超出基本时间 10 min，从总分中扣除 1 分，不足 10 min 按 10 min 计，超过 40 min 终止考核。

(4) 评分项目及标准（见表 3—32）

表 3—32

序号	评分要素	配分	评分标准
1	熟悉几何精度检查一般规则	20	熟悉机床几何精度检查的一般规则总分 10 分，错、漏 1 项扣 2 分 熟悉关于几何精度公差的两项规则总分 10 分，错误 1 项扣 5 分
2	正确进行检查前的准备工作	20	正确进行被检验机床的状态准备（如基础调平、温度测量等）得 10 分，错、漏 1 项扣 5 分 正确进行测量工具准备得 10 分，错、漏 1 项扣 2 分
3	正确进行几何精度实施检查及检查数据处理	30	几何精度检查程序清楚得 5 分 几何精度检查操作熟练得 5 分 几何精度检查读数准确得 10 分，错误 1 项扣 2 分 检验数据处理正确得 10 分，错误 1 项扣 5 分
4	分析超差原因，提出排除方案	30	超差原因分析正确得 15 分，错、漏 1 项扣 5 分 排除故障方法正确得 15 分，错、漏 1 项扣 5 分

2. B2012A 型双柱龙门刨床的运行（动态）检查

(1) 内容及操作要求

1) 掌握金属切削机床运行（动态）检查的一般原则和程序。

2) 掌握 B2012A 型双柱龙门刨床负荷试验的内容、试验方法。

3) 掌握 B2012A 型双柱龙门刨床工作精度检验的内容、试件要求和检验方法。

4) 能够正确、安全地进行龙门刨床的负荷试验和工作精度检验。

5) 对机床负荷试验中出现的故障能够分析出产生的原因，提出排除的方法。

6) 对于机床工作精度检验中试件的不合格项能够分析其产生的原因，提出达到标准要求的整改方法。

(2) 准备工作

1) 文件资料准备。金属切削机床大修理通用技术条件，金属切削机床检验通则，B2012A 型双柱龙门刨床验收标准。

2) 材料准备。负荷试验试件 1 件；工作精度检验试件 6 件。

3) 设备、工具准备。待检的 B2012A 型双柱龙门刨床 1 台，试验加工用刨刀、装夹工件用压板、T 形槽螺栓、螺母、垫铁若干，测量工件用百分表及表座 1 套，外径千分尺 1 套，表面粗糙度检查仪 1 台。

(3) 考核时限

1) 基本时间。准备时间 10 min，正式操作时间 120 min。

2) 时间允差。每超出基本时间 10 min，从总分中扣除 1 分，不足 10 min 按 10 min 计，超过 40 min 终止考核。

(4) 评分项目及标准（见表 3—33）

表 3—33

序号	评分要素	配分	评 分 标 准
1	掌握金属切削机床运行（动态）检查的一般规则和程序	20	熟悉机床运行（动态）检查的一般规则得 10 分，错、漏 1 项扣 2 分 熟悉机床运行（动态）检查的程序和要求得 10 分，错误 1 项扣 5 分
2	掌握龙门刨床负荷试验内容及试验方法	10	掌握龙门刨床负荷试验的规范得 5 分 掌握龙门刨床负荷试验的要求得 5 分
3	掌握龙门刨床工作精度检验内容及试验方法	10	掌握龙门刨床工作精度检验的规范得 5 分 掌握龙门刨床工作精度检验的要求得 5 分
4	能正确、安全进行工作精度检验，并能排除故障	30	能正确、安全地进行龙门刨床的工作精度检验得 10 分 正确分析超差的原因得 10 分 能正确指出达到标准要求整改方法得 10 分
5	能够正确、安全的进行机床负荷试验并能排除故障	30	能够正确、安全地进行龙门刨床的负荷试验得 10 分 对负荷试验出现的故障能正确分析出产生的原因得 10 分 正确提出排除故障的方法得 10 分

(5) 附注

进行龙门刨床运行（动态）检查时，要求配备 1 名机床专门操作人员操作机床。

单元测试题答案

一、单项选择题

1．A　2．D　3．C　4．B　5．C　6．D　7．B　8．B　9．A　10．D

二、判断题

1．×　2．√　3．×　4．√　5．×　6．×　7．×　8．√　9．×　10．×

三、简答题（略）

四、技能题（略）

第4单元

培训指导

□ 第一节 操作指导/197
□ 第二节 理论指导/198

国家兴盛，人才为本，技能人才是人才的重要组成部分。随着我国社会生产力的快速发展，无论是在传统产业还是在新兴产业中技术含量高的职业岗位上，都需要一大批能够掌握先进技术工艺的技能人才。这些专业技能人才对促进国家经济发展、提高企业竞争力、实现我国产业结构优化和升级有着重要作用。在生产劳动中，他们具有较高专业（工种）知识水平及相关技能水平，依照本职业（工种）初级工、中级工国家职业标准所要求的操作内容，运用专业理论知识，可以为企业培养出大批的专业技术工人。

第一节 操作指导

→ 较全面掌握机修钳工初、中级工操作内容
→ 能对机修钳工初、中级工的操作技能进行指导工作

高级工应明确指导操作的目的,要具有指导机修钳工初、中级工进行操作的能力,并掌握指导操作的方法。

一、操作技能培训与指导的目的

指导操作的目的是通过现场讲授、示范操作和技术训练,注重理论与实践的结合,提高学员的操作能力,从而使其掌握相应等级的操作技能。

二、操作技能培训与指导的方法

1. 现场讲授

指导者应根据国家职业标准所要求的操作内容,运用专业理论知识向学员详细讲解工件、工序加工或装配的程序、规则、操作要领及注意事项。讲解时要做到通俗、形象、生动、严谨,要理论与实践相结合。

2. 示范操作

示范操作是一种直观性很强的教学形式。通过指导者的示范操作,学员可以具体形象地进行学习,便于学员与指导者的直接交流,有利于学员理解和掌握操作技巧。示范操作又可分为操作演示和教具、实物的演示。

（1）操作演示。指导者可通过放慢速度、分解操作动作以及边演示边讲解的方法,使学员看得仔细、听得真切、记得牢固,便于学员掌握操作技能。

（2）教具、实物的演示。以教具和实物来演示,能使学员获得鲜明、具体、生动的感性认识,便于学员掌握知识和技能技巧,同时有利于培养学员的观察力和想象力。

3. 独立操作训练法

指导者要对学员进行独立操作训练,使学员在反复、多样的操作训练中巩固其所学的操作技能。指导者还可在学员的操作过程中发现问题并及时纠正,从而提高其操作水平。

4. 消除质量缺陷法

在学员的操作过程中,经常会因操作不当引起质量缺陷等问题。如不能纠正,会影响操作规范化,影响操作水平的提高。所以让学员掌握消除质量缺陷的一些方法,是指导操作规范化、合理化的重要环节。由于产生质量缺陷的原因多种多样,有操作者、机器设备、原材料、加工方法、工作环境等各个方面的原因,而且彼此间还互相影响。所以要让学员学会分析引发质量缺陷的原因,从中找出主要原因并制定改进措施,从而消除质量缺陷，这对于提高学员的操作技能是十分必要的。

三、操作技能培训与指导的要求

1. 课题内容选择的依据

（1）要与理论培训相结合。做到在专业理论指导下进行操作训练。要遵循由浅入深、由易到难、由简到繁、循序渐进的原则，以保证指导操作的工作质量。

（2）要与生产实际相结合。指导操作的内容要与本企业、本职业的实际相结合。指导者要尽量用本企业典型的产品、机床设备和工序为实例，将其作为主要教学内容，以便于学员的学习和掌握。

2. 培训、指导前的准备

（1）要安排好培训计划。做好指导前的准备工作，做到有组织、有计划地进行培训。要做到定时间、定地点、定内容、定进度、定要求、有练习、有考核。

（2）做好培训的相关设备及工量具准备。

3. 指导方法的一般要求

（1）要重视安全教育。指导者在讲解各项操作时，还应详细讲解安全操作规程及现场事故处理的有关规定，使学员牢固掌握安全生产的相关知识。

（2）要及时发现问题、解决问题。在指导操作的过程中，指导者要做到五勤，即：脑勤、眼勤、嘴勤、手勤、腿勤，以便及时发现学员错误的工作位置和操作方法，以及不恰当的操作。对于个别人的问题可个别指导纠正，对于共性问题可以集中指导纠正。

（3）要认真进行操作培训总结。在培训结束时，指导者应对学员在培训过程中各方面的表现进行总结和讲评，对其优点要进行表扬，对其不足要进行指正，从而有利于学员操作水平的不断提高。

第二节 理论指导

→ 较系统地掌握机修钳工初、中级工的专业理论知识
→ 具备讲授机修钳工初、中级工专业理论知识的能力

一、理论培训的目的

通过培训使学员掌握机修钳工初、中级工的专业理论知识，并且具备讲授机修钳工初、中级工专业理论知识的能力。

1. 面向培训对象

针对不同的培训对象制定不同的培训方法，使受培训学员能够充分掌握机修钳工的专业理论知识。

2. 面向生产实际

培训中要理论联系实际，根据企业自身生产经营和发展的需要，为提高企业员工的素质和掌握岗位所需要的知识、技能及政治理论、规章制度等而进行的各种形式的教育，从而使学员在现在或未来工作岗位上的工作表现达到企业的要求，并发挥最大的潜力以提高工作绩效。

3. 面向发展

伴随着生产经营活动的变化和发展，人们的知识水平和能力的局限性总要受到实际工作的挑战，随着知识更新速度的加快，在很多情况下，人们往往难以有效地扮演好各自的职业角色，为保证自己的企业在激烈的市场竞争中，始终保持人力资源的优势，提高经营管理效益，就必须对员工进行培训。当前教育培训已不仅仅是单纯的为了提高企业效益而组织的一种教育活动，而是应该把企业当作人们接受终身教育的一个场所、一所学校，让员工在工作期间得到全面地发展。

二、理论培训的方法

1. 课堂培训

课堂培训是教师以语言、板书及其他辅助性教具等向学生讲授科学文化知识和发展技能的一种培训方式，它是一种单向性的教学方法。这种教学方法的特点是以教师讲授为主，学员处于被动听讲的位置，双向交流性较差。尽管如此，该方法是迄今为止在培训中采用最多的一种方法。主要原因是课堂讲授法易操作，只要有一间教室，一位教师，并有一班学生便可进行教学活动。它的经济性和高效性也是其他培训方法及技术难以比拟的。对于教师来说，讲授是他们最习惯的传递信息的方式；对学员来说，在课堂上听老师传授知识，也是他们的学习习惯。对与事实有关的知识而言，讲授法效果较好，因为课堂讲授能给学生提供一种基本的概念框架，为后续的学习做好准备。

2. 生产现场培训

生产现场培训法在实际中是大量应用的，在工业革命的早期，这种方法就是实际上的师傅带徒弟的现场指导。师傅凭借自己的知识和技能指导徒弟，让徒弟在工作过程中和自己一起干活，先给徒弟讲一些工作要点，然后自己示范，让徒弟在旁边观察、学习，必要的话，徒弟做些辅助性工作；等到徒弟大体上掌握了一些技能之后，就让他们自己干，师傅在一旁指导，直到徒弟完全掌握为止。

生产现场培训的第一步是现场调查，邀集有经验的操作人员、管理人员和培训人员组成一个三方面人员参加的工作小组。大家通过调查研究，列出完成某项工作的步骤，可能使用的方法、效率，培训的可能性和相应的方法，从中选择一个切实可行的培训路线。这个过程对于各方面的人员都是有益的，有经验的操作人员通过讨论可以把他们的方法加以系统化的整理；管理人员可以从总体的观点提出问题，明确工作的要求和技术方案；培训人员负责把提出的问题加以具体化。在现场调查的基础上，就可以列出培训计划的细节。培训计划包括培训的重点、难点、不同步骤的联系，通过分析可以发现许多过去没有注意的问题，克服师徒传授的不足，这对于参与培训计划制定的人员也都是十分有益的。

3. 参观培训

通过对大型企业的现场参观，对学员进行感性认识的培训，使学员真实的了解企业现状及生产情况，掌握自己应掌握的知识。

单元考核要点

考核类别	考核范围	考 核 点	重要程度
理论知识	培训指导	指导方法的一般要求	★★
		生产实习的课堂教学法	★★
		生产实习教学指导操作训练法	★★
		生产实习教学讲授法	★★
		生产实习教学示范操作法	★★

单元测试题

一、**单项选择题**（下列每题的选项中，只有 1 个是正确的，请将正确答案的代号填在横线空白处）

1. _____ 是富有直观性的教学形式。

   A. 讲授法　　　B. 现场技术指导　　C. 示范操作　　D. 技能操作

2. 直观教具、实物的演示，可使学生通过直观手段获得_____认识。

   A. 直观　　　　B. 直接　　　　　　C. 理性　　　　D. 感性

3. 指导操作训练的教学方法是培养和提高学生_____的重要手段。

   A. 独立操作能力　　　　　　　　B. 基本操作能力

   C. 实际操作能力　　　　　　　　D. 正常操作能力

4. 通过操作训练，可以使所学的知识扩大、加深和巩固，锻炼他们的_____。

   A. 独立操作能力　　　　　　　　B. 基本操作能力

   C. 实际操作能力　　　　　　　　D. 正常操作能力

5. 生产实习的教学方法有讲授法、示范操作法和_____法。

   A. 指导操作训练　　　　　　　　B. 现场演示

   C. 实习操作　　　　　　　　　　D. 实习讲评

二、**判断题**（下列判断正确的请打"√"，错误的打"×"）

1. 示范操作法是一种直观的教学方法，通过教师示范操作，可使学生直观、具体、形象和生动地进行学习。　　　　　　　　　　　　　　　　　　　　　（　　）

2. 通过课堂教学、综合操作训练和生产独立操作训练，可将学生的基础、专业知识转化为生产技能技巧。　　　　　　　　　　　　　　　　　　　　　（　　）

3. 在学生进行训练操作过程中，教师应有计划、有目的、有组织地进行全面检查和指导。　　　　　　　　　　　　　　　　　　　　　　　　　　　　（　　）

4. 应用基础知识、专业理论知识进行实际操作训练,是生产实习教学的基本方法。
（   ）

5. 课堂培训是教师以语言、板书及其他辅助性教具等向学生讲授科学文化知识和发展技能的一种培训方式,它是一种单向性的教学方法。（   ）

三、简答题

1. 操作技能培训与指导的目的有哪些?
2. 简述课题内容选择的依据。
3. 简述什么是示范操作。
4. 指导方法的一般要求是什么?

单元测试题答案

一、单项选择题
1. C   2. D   3. A   4. C   5. A

二、判断题
1. √   2. ×   3. √   4. √   5. √

三、简答题（略）

# 第5单元

管理

- 第一节　质量管理/205
- 第二节　生产管理/208

管理活动自古以来一直都是存在的，自从有了人类社会，就有了共同劳动，也就出现了人们在各个群体或组织所进行的管理。21世纪不仅是自然科学长足发展的时代，同时也是管理科学不断被完善和发展的时代，管理学在不断被系统化、科学化的同时，越来越被人们给予极大的关注并应用到各种社会活动中。凡是有许多人共同劳动（协作）的地方，就存在着管理。没有管理，就不可能把各种分散、独立存在的生产要素结合起来，完成组织的共同目标。没有好的管理，就不可能发挥各个组织或团体成员的潜能，获得成功。总之，管理在一切社会生产过程中是绝不可少的。

随着国内企业全面参与国际市场竞争，并逐步融入全球产业链，加强基础管理、提升系统竞争力，构建差异化、低成本和快速应变的竞争优势，是诸多企业面临的紧迫任务。

要加强基础管理，必然需要一支技能娴熟、科学管理、善于学习的一线班组长队伍。他们不但能做事情、创业绩，还能带队伍；他们手上有活、经验丰富，还能触类旁通，能科学地运用管理工具和管理方法快速分析和解决新问题；他们是知识型、专家型的新一代班组长。随着大量的中国企业快速发展并走向国际化，这种需求越来越迫切。

第一节 质量管理

→ 能够应用质量管理知识建立质量管理小组
→ 能组织班组开展质量管理活动

班组质量管理活动的主要形式是建立质量管理小组。质量管理小组是由职工自愿参加，针对生产（作业）班组有关质量问题开展活动的组织，其活动成果是小组职工劳动、智慧和科学的结晶。

一、质量管理小组活动程序

1. 选择活动课题

（1）选题依据

1）根据工厂的方针、目标和发展规划选题。

2）根据生产（作业）中的关键或薄弱环节选题。

3）根据用户对质量提出的意见和问题反馈的信息选题。

（2）课题类型

1）现场型选题。为了缩小某一质量特性波动幅度，实现均衡生产，降低消耗，保证产品（工作）质量长期稳定在先进标准水平内的活动，可以提供这类选题。

2）攻关型选题。为了满足用户新的要求，必须进一步改进质量，或者大幅度地降低消耗，提高效益，改善环境的活动，可以提供这类选题。

（3）选题范围

1）质量。新产品开发、减少废品、提高产品质量、防止工作差错等。

2）成本。降低费用、缩短工时、改进工艺、节约原材料等。

3）设备。防止故障发生、提高设备完好率和利用率、降低泄漏、改革工具设备等。

4）效率。提高产量、提高劳动生产率、提高工时利用率、缩短交货期等。

5）节能。节电、节气、节水、节约燃料等。

6）环保。制定环保技术措施等。

7）安全。减少人身、设备事故，减少火灾爆炸事故，降低尘毒含量。

8）管理。标准化、管理模式、工序控制、改善管理等。

9）班组建设。提高小组人员的思想、技术、文化素质。

10）服务。技术服务、后勤服务、社会服务等。

（4）选题原则

1）首先选择周围易见的课题。因为这样的课题大家较熟悉，容易被解决。

2）选择小组成员共同关心的关键问题和容易攻克的薄弱环节。

3)"先易后难",注重在现场和岗位上能解决的课题。选的课题过难,久攻不克,会挫伤小组成员的积极性。

4)选择具体的课题,要有目标值,这样便于检查效果。

2.掌握活动程序

质量管理小组按"计划—实施—检查—总结"4个阶段、8个步骤开展活动:

第一步:分析现状,找出存在的问题。

第二步:分析原因及影响因素。

第三步:找出主要因素。

第四步:针对主要因素制定措施,提出行动计划,列出对策表。

第五步:按预定计划、目标、措施及分工安排,小组成员分头实施。

第六步:根据计划规定和要求,检查计划、措施的执行情况。

第七步:对检查的结果加以总结,巩固已经取得的成果。

第八步:提出本环节尚未解决的问题,留待下一个阶段来解决。

3.搞好成果发表

(1)成果报告的格式

1)课题名称。

2)活动概况,包括课题的计划完成与实际完成的起止日期,小组成员名单,集体活动次数,各次的议题、时间,每次活动的出勤情况等。

3)选题理由及目标值。

4)基本做法,包括整个课题活动的"计划—实施—检查—总结"4个阶段的内容。

5)主要成果,包括被有关部门认可的经济效果和质量效果,用户(国家、市场、下道工序)的评价,以及与同工种、同行业的比较。

6)今后的打算,即如何巩固、提高课题成果。

(2)成果评价。一般应成立一个由领导、工程技术人员和专家学者组成的评委会负责成果的评价。小组内部的成果发布会,可由组长主持,并做好记录,由组员进行交流评价。

二、班组的质量管理活动

1.提出活动课题

设备修理班组主要是为生产服务的,活动课题一般围绕提高产品质量、保证设备正常运转而提出。

2.设备现状

方案的制定,必须以调查现状、了解现状为基础。一般从以下几个方面进行调查:

(1)操作者。操作者按不同年龄、性别、技术水平、班次等进行区分。

(2)设备。设备按设备类型、新旧程度、生产对象、生产方式和采用工装形式等进行区分。

(3)原材料。原材料按产地、制造厂、成分、规格、批号、到货日期等进行区分。

(4) 操作方法。操作方法按不同的操作条件、工艺要求、生产速度及操作环境等进行区分。

(5) 测量方法。测量方法按测量者、测量位置、测量仪器、取样方法和条件进行区分。

(6) 时间。时间按年、季、月、日、班等不同时间、不同班次进行区分。

(7) 其他方面。其他方面是指按缺陷部位、不合格项目、制造部门、使用条件等进行区分。

根据调查结果作出排列图。例如，某车间对一个月中质量不合格的 18 件产品产生超差的原因进行调查，然后作出产品超差排列图，如图 5—1 所示。从排列图中可以看到产生超差的主要原因。如果主要原因不是设备问题，设备修理班组可协助生产作业班组开展质量管理活动；如果主要原因是设备问题，设备修理班组应该将此作为课题开展质量管理活动。

3. 制定方案

方案的内容包括主要原因、准备采取的措施、要达到的目的、完成起止日期、主要负责人、配合单位和人员（往往牵涉到维修电工、起重工、管道工等）。

4. 方案实施

(1) 坚持开好每日班前会、每周总结讲评会、每月质量分析会和质量事故发生以后的质量事故现场分析会。

(2) 加强质量记录和考核。

(3) 技术培训和交流，提高业务水平。

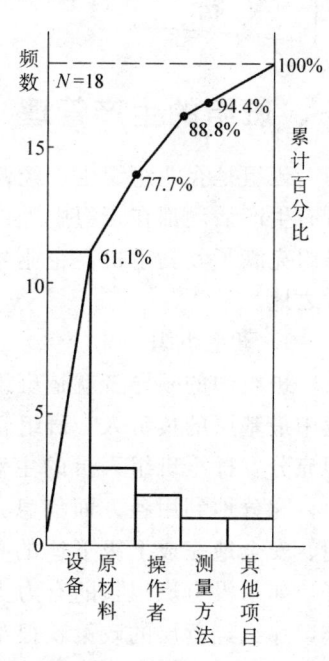

图 5—1　产品超差排列图

(4) 组织专人负责攻关，限期完成整改任务并对完成情况进行检查、考核。

5. 检查总结，制定下一步的打算

设备修理班组完成一个阶段的质量活动课题，并且已经达到预期的目标值后，要及时总结成果，写出成果报告。成果报告包括课题活动的"计划—实施—检查—总结"的全部内容、已经达到的质量水平、目前存在的问题和今后的打算。

然而，产品质量问题往往并不是由设备故障这个单一因素造成的。作为一名机修钳工，特别是高级工，应当从操作方法、检验方法、加工工艺参数、使用的工艺装备（刀具、夹具、量具、模具、辅助工具等）、环境条件（温度、湿度、粉尘、振动、噪声等）以及生产管理方式等诸多方面，向主管部门提出建设性的意见。

第二节 生产管理

→ 在设备维修工作中班组的生产管理
→ 在设备维修工作中班组的经济核算及设备修理网络计划

一、班组的生产管理

班组是企业组织生产经营活动的基本单位,是企业最基层的生产管理组织。企业的所有生产活动都在班组中进行,所以班组工作的好坏直接关系着企业经营的成败,只有班组充满了勃勃生机,企业才会有旺盛的活力,才能在激烈的市场竞争中长久地立于不败之地。

1. 班组组织

班组中的领导者就是班组长,班组长是班组生产管理的直接指挥和组织者,也是企业中最基层的负责人。班组管理是指为完成班组生产任务而必须做好的各项管理活动,即充分发挥全班组人员的主观能动性和生产积极性,团结协作,合理地组织人力、物力,充分地利用各方面信息,使班组生产均衡有效地进行,最终做到按质、按量、如期、安全地完成上级下达的各项生产计划指标。在实际工作中,经营层的决策做得再好,如果没有班组长的有力支持和密切配合,没有一批领导得力的班组长来组织开展工作,那么经营层的政策就很难落实。班组长既是产品生产的组织领导者,也是直接的生产者。

2. 班组生产管理的内容和要求

(1) 正确认识班组管理的基础作用。在建立班组管理制度的同时,授予班组长一定的职责和权限,并给予一定的岗位津贴,做到权、责、利相结合,以调动班组长的管理积极性。只有基层班组管理的活跃,才能发挥班组承上启下的作用。

(2) 民主选举,竞争上岗。班组长的选拔采用民主选举或竞争上岗的方式,以改变由领导指定,不走群众路线的弊端。

(3) 建立班组绩效考核管理体系。其内容可涵盖产品质量合格率、员工出勤率、合理化建议、团队凝聚力等指标,把个人的绩效与班组的绩效挂钩,培养员工个人与班组(团队)荣辱与共的归属感、认同感和使命感。考核体系制定颁布后,要认真严格地执行,做到有奖有罚、赏罚分明。

(4) 注重技能提升,营造学习氛围。在班组一线树立技能标兵,对技能熟练、乐于助人,为企业改进工艺、提高质量有一定贡献的员工,通过宣传栏、通报、加薪、一次性奖励等办法予以鼓励,激发其他员工效仿的愿望,这样,就能在生产一线形成学习技能光荣的良好风气,促进员工队伍技能水平的提高,为企业降低生产成本、提高产品质量奠定基础。

(5) 建立班组例会制度。班组例会可以是班前会，也可以是班后会，可以是每天一次，也可以是每周一次，甚至可以是每半个月一次。会议的内容包括：通报本班组的质量状况，指出班组管理中存在的问题，请受表扬的员工交流经验，让受处罚和批评的员工提出自己的意见等。通过组员在班组例会上的相互交流，可以加强员工之间的沟通，消除郁积在心中的不满情绪，使员工在日常工作中坦诚相处，促进班组和谐气氛的形成。

(6) QC小组活动。提高员工素质，激发员工的积极性和创造性。改进质量，降低消耗，提高经济效益。建立文明和心情舒畅的生产、服务和工作现场。

(7) 精神文明建设。包括开展劳动竞赛，合理化建议，环境卫生文明生产，建立班组园地宣传栏，开展"争当文明职工"活动等。

二、维修、大修班组的生产管理

负责修理工作的班组按工作性质分为维修和大修两大类。维修班组的工作内容包括日常设备维护、保养、故障性修理和小修。大修班组承担设备大修、中修和设备改造。因此，对两类班组的生产管理也不一样。维修班组保证设备正常运转，大修班组保质、保量、按期完成下达的修理和改造任务。

1. 维修班组的生产管理

针对机修钳工的工作性质和特点的生产管理属于服务性的生产管理。

(1) 班组应有所管区域设备分布平面布置图。此图包括设备型号、名称、操作者等内容。

(2) 班组应建立单台设备的修理台账。即掌握设备的运行情况，以便向上级部门提出修理计划（一级保养、二级保养、中修、大修）。

(3) 建立修理项目卡。操作者填写申请（时间、项目），具体内容包括机修钳工完成项目内容、更换备件及使用材料、所用时间。维修时间超过24 h的，应经上级部门批准，通知车间生产调配。填卡制度是对机修钳工工作考核的主要内容，可以反映出机修钳工的服务态度、服务质量、设备的使用状态（故障点、故障率、故障内容）等。

(4) 建立班组规章制度。班组规章制度包括岗位工作制度，生产服务制度，安全制度，考勤制度，工具、材料消耗制度等。

2. 大修班组的生产管理

大修班组的修理任务是生产型、计划型的，需要按指令修理周期，保质、保量地完成上级下达的各项设备修理和改造任务。

(1) 建立各种规章管理制度

(2) 建立主修人员的单台设备修理记录卡。包括设备名称、型号、复杂系数、总工时、备件、材料领取、修理进度安排、精度检测记录等。这是设备大修考核的依据，也是修理记录的备忘录。

(3) 建立大修班组组长、主修人员责任制。组长、主修人员是班组的核心和技术骨干，是设备大修的组织者和管理者。

(4) 建立全员质量管理制度。保证设备大修过程中疑难技术问题的解决和攻关，保证设备大修质量，提高全员的技术素质和水平。

三、班组的经济核算

班组经济核算主要是针对设备的大修。有些企业要对大修设备进行经济核算，随着市场经济的发展，托修单位也要进行经济核算，因此，合同价格便成为设备大修交易的焦点，承修单位必须报出预算，或用招标形式进行交易。有的企业采取直接把机修车间推向市场，自负盈亏（有的班组也有了自主权）的经营方式。经济核算对托修和承修单位都是一个关键的实质性问题。

1. 单台修理成本核算

(1) 设备大修成本核算依据

1) 更换件清单。由主管工艺人员提出更换件清单，由备件人员核定出价格。更换件包括机械、电气、液（气）压的备配件和外购件。

2) 外委制造件、修复件的价格。由主管工艺人员提出清单，由经营单位核实价格。

3) 材料清单。由主管机械、电气、液压工艺人员提出，由采购部门核实价格。

4) 修理工艺。由主管工艺人员提出清单，由生产科落实并核准劳务、运输、工具、专用检具和其他费用的总价格。

5) 施工中临时出现的费用。如备配件、材料、劳务、修理备件费等不可预见费用，一般要在总价格中考虑。

6) 机修钳工的工时费用。

(2) 设备大修成本核算计算公式

$$C=(1+K)(C_1+C_2+C_3+C_4)+C_5+C_6$$

式中 C——大修费计划成本；

C_1——按更换备配件计算出的备配件费；

C_2——按材料清单换算的材料费；

C_3——按修理工艺预算的加工费、协作劳务费（包括运输费）；

C_4——工、研具费；

C_5——安装、精平费；

C_6——总工时费，按作业计划计算的各工种工时，机械加工工时占钳工工时的20%；

K——临时增加未预见性费用系数。推荐占大修总费用的15%～25%，设备使用时间短取下限，时间长取上限。

大修计划成本用于承修单位内部考核。

(3) 大修费计划价格

$$P=[(1+K)(C_1+C_2+C_3+C_4)+C_5+C_6]\times(1+V_1)$$

式中 P——大修费计划价格；

V_1——增值率。

承修单位自定大修计划价格，用于承修单位对外承修报价。

2. 班组费用核算

班组的费用核算主要是指更换备配件、材料，改造未预见的更换件、配件和材料。这些费用若计算在承包费或额定工时内，则要从节约成本的原则出发，即在保证修理周期、保证质量的前提下，尽可能少换多修，多代少领。

实现上述目标要靠先进的修理工艺、备件修复工艺来保证。从修理工艺上讲，要求不断总结经验，以简单、先进的工艺减少修理内容的返工和重复。严格执行修理工艺和精度的要求，避免总装后在工作精度试验时出现精度故障。科学合理地安排修理人员和工作量，充分利用人力、物力。

班组的经济核算无论是项目承包或单台总工时的考核，还是按计划、经济地完成任务，都需要以降低成本、提高质量、缩短修理周期作为班组的生产目标，这也是班组经济核算的关键。

四、设备修理网络计划

1. 网络计划概述

网络计划技术起源于美国，开始用于工程管理，如导弹研制、化工系统设备维修等，取得了显著效果，后来用于单件小批生产作业计划管理，在航天、机械、建筑、冶金、化工等各个领域，都得到广泛应用。网络计划技术在我国又称统筹法，有代表性的是关键路线法（CPM—Critical Path Method）和计划评审技术（PERT—Program Evaluation and Review Technique）。

网络计划技术的基本原理是利用网络图表来安排任务及其各组成部分之间的相互关系，即经过科学分析，把一项任务分解成许多作业，估算各作业时间，按其工艺顺序及相互关系绘制网络图，估算各作业进度日程，找出关键作业，通过调整予以重点安排，选择优化方案，在实施过程中进行有效的监督和控制，达到工期、成本、资源利用等预期目标。这种方法与横道图相比，明显优势是一览全局，可以系统、深入地分析任务构成，利用电子计算机和数学模型进行有效的管理。

2. 绘制网络计划图

网络计划图就是利用网络的形式安排任务的各组成部分，表明其相互关系，即任务在时间和空间方面的衔接和配合。网络图因其形状像网而得名。网络图从形式和表现方法上可分为箭线网络图和结点网络图，以下只讨论使用较广的箭线网络图。两者形式如图5—2所示。

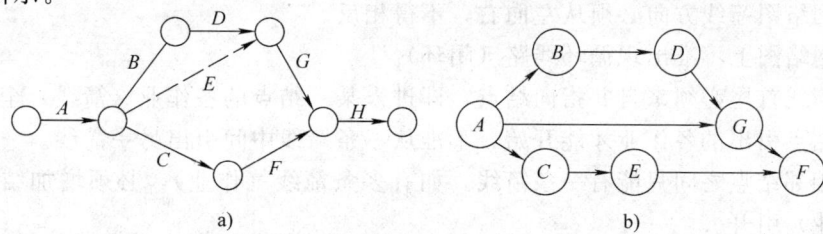

图5—2 箭线式、结点式网络图
a) 箭线式　b) 结点式

网络图由作业、事项和线路三种要素构成。作业是任务的一部分，也叫活动或工序。每项作业根据需要和可能划分。例如产品开发中，产品设计算一项作业就比较粗略，详细表示可将其划分为设计任务书的编制、技术设计和工作图设计三项作业。在网络图中，作业用箭线表示，箭尾表示开始，箭头表示结束，箭线上方写明作业名称，箭线下方写明作业所需时间或资源。通常作业都是既耗时间和资源，又占一定空间和过程的。如果一项作业既不耗时间也不占用空间和资源，而仅仅表示相关作业之间的衔接关系，这样的作业叫虚作业，虚作业用虚箭线表示。例如设备维修中拆卸作业后同时进行机修作业和电修作业，两者完成后才能进行装配。引入虚作业概念才能清楚地表示其间的关系。如图5—3所示。

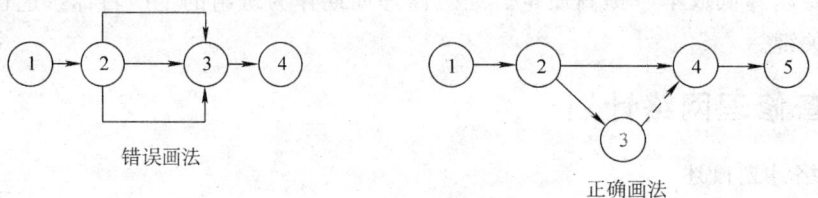

图5—3　网络图中虚箭线的画法

从图中也可看出，表示作业的箭线两端，都以圆圈表示作业的开始和结束，网络中称作事项、事件或结点。结点既不消耗时间和资源，也不占用空间，它只表示作业的开始或结束的瞬时。位于箭线箭尾的叫开始事项，箭头指向的叫结束事项；网络图中的最早事项叫网络的始点事项，表示任务的开始，最后一个事项叫网络图的终点事项，表示任务的完结；处于两者之间的事项叫中间事项。中间事项具有双重含义，它既是前项作业的结束，又是后项作业的开始。

网络图中的结点要统一编号，以便识别和计算。编号顺序由小到大，由左向右，由上向下。可以空出一些号，以便调整时增减而不致打乱全局编号。编号不得重复，同一编号就表示同一事项。

线路是指从网络始点事项开始，顺着箭线方向，直至网络终点事项，由结点和一系列箭线所组成的通道。一个网络图可能有多条线路，每条线路中各项作业时间之和就是该线路的线路时间，其中线路时间最长的线路称做关键线路。关键线路所需要的时间，就是完成整个任务所需要的时间，也叫做任务周期。

绘制网络图必须遵循以下规则：

（1）网络图箭线方向必须从左向右，不得相反。

（2）网络图上不准出现循环线路（闭环）。

（3）箭线首尾必须来自并指向结点，即进入某一结点的各作业（箭线）全部完成以后，从该结点引出的各作业才能开始，不准从一条箭线中间引出另一箭线。

（4）相邻结点之间只能有一条箭线，如有多条箭线（作业），必须增加结点用虚箭线（虚作业）引开。

（5）无论网络图多么复杂，只能有一个网络始点事项，始点事项没有先行作业；只能有一个终点事项，终点事项没有后续作业。

(6) 绘制网络图时应尽量把关键线路布置在图的中部，箭线尽量画成水平直线，避免箭线交叉。图例要形象、明显。

单元考核要点

考核类别	考核范围	考核点	重要程度
理论知识	质量管理	质量管理小组活动课题的选定	★
		班组的质量管理活动	★★★
		质量管理小组活动程序	★★
	生产管理	维修班组生产管理活动的开展	★
		维修班组的生产管理	★★
		班组的经济核算	★★
		设备修理网络计划	★★

单元测试题

一、单项选择题（下列每题的选项中，只有1个是正确的，请将正确答案的代号填在横线空白处）

1. 质量管理小组是由职工_____，针对生产质量问题开展活动的组织。
   A. 自愿组织　　　B. 自觉参加　　　C. 由下而上组织　　　D. 按班组组织
2. 质量管理小组要首先选择_____的课题。
   A. 生产急需　　　B. 质量问题突出　　C. 周围易见　　　D. 经济效益好
3. 机修钳工的设备维修工作性质和特点属于_____生产管理。
   A. 基本型　　　　B. 辅助型　　　　C. 服务型　　　　D. 后方型
4. 设备大修班组必须按照_____，保质保量地完成上级下达的各项设备修理和改造任务。
   A. 生产计划　　　　　　　　　　B. 指令修理周期
   C. 计划预修制度　　　　　　　　D. 生产车间要求
5. 设备_____是对设备修理计划进行监督、评价和指导的先进技术。
   A. 看板管理　　　B. 因果图　　　　C. 网络计划　　　D. 直方图

二、判断题（下列判断正确的请打"√"，错误的打"×"）

1. 质量管理小组选择活动课题的范围包括质量、成本、设备、效率、节能、环保、安全、管理、班组建设及服务等方面。（　　）
2. 机修作业班组质量管理活动应围绕提高产品质量，保证设备正常运行来开展。（　　）
3. 设备大修班组与设备维修班组都是为设备正常运行服务的，所以其生产管理工作也是基本相同的。（　　）

4. 维修班组进行经济核算的依据是修理中使用的更换件、配件、材料和修复件的实际消耗花费。（　）

5. 设备修理网络计划是修理生产组织和管理中的一种科学方法。（　）

三、简答题

1. 质量管理小组活动程序包括哪些内容？

2. 简述班组生产管理的内容和要求。

3. 大修班组的生产管理有哪些？

4. 什么是班组的经济核算？

单元测试题答案

一、单项选择题

1. A　　2. C　　3. C　　4. B　　5. C

二、判断题

1. √　　2. √　　3. ×　　4. ×　　5. √

三、简答题（略）

理论知识考核试卷（一）

一、**填空题**（请将正确的答案填在横线空白处；每空1分，共20分）

1. 机械加工是零件修理＿＿＿＿、＿＿＿＿的方法，它既可作为独立的手段，直接修理零件，也是其他修理技术的＿＿＿＿和最后加工不可缺少的工序。

2. 在很多场合，测量精度主要取决于所采用量具和量仪的＿＿＿＿，所选择的量具和量仪必须与夹具的＿＿＿＿相适应。

3. 研磨棒在机床修理中常用于修复圆柱孔、圆锥孔的＿＿＿＿、＿＿＿＿和＿＿＿＿的超差。

4. 机器的安装因其目的不同而分为两种形式：＿＿＿＿（如试验前安装）和＿＿＿＿（使用前的安装）。

5. 为了保证＿＿＿＿和液压系统在出现故障后能尽快恢复正常运转，正确地＿＿＿＿的原因，迅速而有效地排除故障是使用液压设备的重要环节。

6. 大型工件划线时，为了调整方便，一般都采用＿＿＿＿。

7. 无损检测技术是指在不破坏或不改变被测物体的前提下，利用物质因存在缺陷而使其某一＿＿＿＿发生变化的特点完成对该物体的＿＿＿＿与评价的技术手段的总称。

8. 研磨量块时，量块应在整个平板表面运动，使平板各部＿＿＿＿，以保证平板工作面的准确性。研磨时应采用＿＿＿＿的往复运动，而且纹路方向要平行于量块的＿＿＿＿。

9. 在指导操作的过程中，指导者要做到＿＿＿＿，以便及时发现学员错误的工作位置和操作方法，以及不恰当的安全操作。

10. 质量管理小组按"＿＿＿＿"4个阶段、8个步骤开展活动。

二、**判断题**（下列判断正确的请打"√"，错误的打"×"；每题2分，共30分）

1. 有压力的蒸汽管道不能检修，修理时必须先关紧进汽阀门，打开放汽阀门，确认管路内没有压力后方可开始检修。（　　）

2. 量棒不能用于测量中心线与平面的平行度和垂直度。（　　）

3. 曲轴式冲床和偏心式冲床的主要区别之一是曲轴式冲床的滑块行程较大。（　　）

4. 恒温恒湿环境设备在自然季节或温室内的温度、湿度发生变化时，应选择各种控制转换开关进行调整。（　　）

5. 在夹具中用一个平面对工件的平面进行定位时，可限制工件的三个自由度。（　　）

6. 安装铸造用冲天炉底座、炉底和外壳下部时，应对各连接面的水平度、冲天炉中心线的垂直度进行测量。（　　）

7. 合像水平仪是用来测量水平位置或垂直位置微小转角的角度值测量仪。（   ）
8. 万能工具显微镜能精确测量螺纹的各要素和形状复杂工件的轮廓形状。（   ）
9. 对于特大型工件，可用拉线与吊线法来划线，它只需经过一次吊装、找正，就能完成工件三个位置的划线工作，避免了多次翻转工件的困难。（   ）
10. 湿研的优点是研磨效率高，量块表面色泽光亮如镜，所以量块的超精研磨一般采用湿研方式。（   ）
11. 液压系统中，当空气混入压力油以后，会溶解在压力油中，使压力油具有可压缩性，驱动刚度下降，出现爬行现象。（   ）
12. 在电火花加工中，提高脉冲频率会降低生产率。（   ）
13. 线切割机床中加在电极丝与工件间隙上的电压是稳定的。（   ）
14. 渗透法检测可以检测出被测工件深部的缺陷。（   ）
15. 碳钢焊条一般是按焊缝与母材等强度的原则来选用。（   ）

三、**单项选择题**（下列每题的选项中，只有1个是正确的，请将其代号填在横线空白处；每题2分，共30分）

1. 起重工起吊重物时，应先吊_____mm，检查无异常时再起吊。
   A. 200　　　　B. 500　　　　C. 100　　　　D. 1 000
2. 既能起定位作用，又能起定位刚度作用的支承，就是_____。
   A. 辅助支承　　B. 基本支承　　C. 可调支承
3. 经刷镀修复后的零件，要用_____冲洗镀层，相关部位做防锈处理。
   A. 碱性溶液　　B. 酸性溶液　　C. 自来水　　D. 煤油
4. 使用齿轮基节仪测量齿轮基节时，至少在齿轮相隔_____位置，对轮齿的左右两侧齿面进行测量。
   A. 60°　　　　B. 180°　　　C. 120°
5. 精密的光学量仪在_____进行测量、储藏。
   A. 室温下　　　B. 恒温室内　　C. 车间内
6. 铸铁缺陷有气孔是指_____。
   A. 圆形或梨形的光滑孔洞　　　　B. 集中或细小分散的孔洞
   C. 内含熔渣的孔洞　　　　　　　D. 内含砂粒的孔洞
7. 凡在坠落高度_____m，有可能坠落的高处进行的作业，均称为高处作业。
   A. ≥1　　　　B. ≥2　　　　C. ≥2.5　　　D. ≥3
8. 噪声对人体的危害程度与_____有关。
   A. 声音的大小　B. 频率与强度　C. 声源的远近　D. 工作环境
9. 二级保养所用的时间一般为_____天左右。
   A. 7　　　　　B. 6　　　　　C. 5　　　　　D. 4
10. 检验万能磨床头架回转的主轴中心线的等高度时，头架应回转_____。
    A. 90°　　　　B. 60°　　　　C. 45°　　　　D. 30°
11. 手工研磨量块时，量块应在整个平板表面运动，使平板各部磨损均匀，以保持平板工作面的准确性。同时应采用直线式的往复运动，而且纹路方向要_____于量块的长边。

A. 平行 B. 垂直 C. 交叉

12. 在电火花加工中，_____电极在加工过程中相对稳定，生产率高，损耗小，但机加工性能差，磨削加工困难，价格较贵。

A. 黄铜 B. 纯铜 C. 铸铁

13. 在磁粉探伤时，试件表面有效磁场磁通密度达到试件材料饱和磁通密度的_____。

A. 50%～60% B. 60%～70% C. 70%～80% D. 80%～90%

14. _____是富有直观性的教学形式。

A. 讲授法 B. 现场技术指导 C. 示范操作 D. 技能操作

15. 质量管理小组要首先选择_____的课题。

A. 生产急需 B. 质量问题突出 C. 周围易见 D. 经济效益好

四、简答题（每题4分，共20分）

1. 光学分度头有何优点？
2. 常见的铸件缺陷有哪些？
3. 恒温环境控制的要求有哪些？
4. 试述电火花加工中工作液的主要作用。
5. 设备过载试验的要求有哪些？

理论知识考核试卷（二）

一、填空题（请将正确的答案填在横线空白处；每空1分，共20分）

1. 夹紧力的作用点要靠近工件的_____，以增加工件的安装_____，减少切削时的振动。

2. 金属喷涂技术包括_____和_____两种工艺方法。

3. 研磨棒按结构形式可分为_____研磨棒和_____研磨棒。

4. 低熔点合金浇注法，是利用低熔点合金_____凝固时，_____的特性来紧固零件的。

5. 调整安装水平的目的是为了保持其稳固性、_____、_____和避免不合理的磨损，保证加工精度。

6. 划线时，借料的目的是使某些工件的加工余量_____，从而使其各部位加工表面都有足够的_____。

7. 热喷涂工艺过程通常分为_____、_____和_____等三个步骤。

8. 通过预紧轴向力来消除滚珠丝杠副的轴向间隙并施加预紧力，达到_____并提高丝杠的_____，这是滚珠丝杠副的主要特点之一。

9. 高温设备常指_____的铸造设备、造型设备、金属成型设备、熔模设备等。

10. 大修班组的修理任务是生产型、_____的，需要按指令_____，保质、保量地完成上级下达的各项设备修理和改造任务。

二、判断题（下列判断正确的请打"√"，错误的打"×"；每题2分，共30分）

1. 工件在夹具中定位以后，在加工过程中始终保持准确位置，应由定位元件来实现。（　　）

2. 连续的安全检查能够及时地发现问题，及时进行纠正，以防止发展成为严重的问题或事故。（　　）

3. 液压冲击不仅影响液压系统工作的稳定性，还会撞坏系统中的某些零部件。（　　）

4. 铸件开裂，裂纹表面呈氧化色的称为热裂；裂纹表面发亮的称为冷裂。（　　）

5. 金属铸造时，浇注系统设置的优劣，对于阻止熔渣、砂粒进入型腔，并对铸件凝固的顺序起着调节作用。（　　）

6. 以操作人员为主、设备维修人员参加的对设备的定期维修，称为机械设备的二级保养。（　　）

7. 特殊工件划线时，合理选择划线基准、安放位置和找正面，是做好划线工作的关键。（　　）

8. 机床空运转试验时，应进行纵向、横向及升降进给逐级运转试验及快速移动试验，各进给量的运转时间不少于2 min，快速运转时间不少于30 min。（　　）

9. 机床几何精度检查时,若与基准测量范围有很大的差别,则实际测量范围的几何精度可以按比例进行折算。(   )

10. 量块研磨是量块制造过程中最重要的工序,由于研磨精度要求高,所以要留有较多的研磨余量。(   )

11. 万能工具显微镜可以用于测量工件的长度和几何形状误差,但不能测量角度误差。(   )

12. 电火花线切割加工与电火花加工的原理相同,都是利用电火花腐蚀,对金属材料进行切割加工。(   )

13. 在学生进行训练操作过程中,教师应有计划、有目的、有组织地进行全面检查和指导。(   )

14. 示范操作法是一种直观的教学方法,通过教师示范操作,可使学生直观、具体、形象和生动地进行学习。(   )

15. 设备修理网络计划是修理生产组织和管理中的一种科学方法。(   )

三、单项选择题(下列每题的选项中,只有1个是正确的,请将其代号填在横线空白处;每题2分,共30分)

1. 安全检查是推动企业_____工作的重要方法。
   A. 安全管理　　　　B. 劳动保护　　　　C. 文明生产　　　　D. 安全生产

2. 量棒的精度要求是设计者根据_____要求计算确定的。
   A. 检验　　　　　　B. 使用　　　　　　C. 设备　　　　　　D. 工作

3. 恒温工作环境温度范围_____,控制精度为±1℃。
   A. 20~25℃　　　　B. 20~22℃　　　　C. 20~27℃　　　　D. 18~22℃

4. 光学合像水平仪与框式水平仪比较,突出的特点是_____。
   A. 通用性好　　　　B. 精度高　　　　　C. 测量范围大

5. 卧式车床二级保养中,如发现主轴箱摩擦片磨光,可_____。
   A. 更换新摩擦片　　　　　　　　　　　B. 进行喷砂修复
   C. 进行电镀修复　　　　　　　　　　　D. 进行喷涂修复

6. 在设备空运转时,不得有_____的噪声。
   A. 周期性　　　　　B. 超过85 dB　　　C. 超过80 dB　　　D. 刺耳

7. 通过修整_____,可恢复龙门刨床中央T形槽对工作台移动的平行度。
   A. 床身导轨　　　　　　　　　　　　　B. 工作台导轨
   C. T形槽左侧面　　　　　　　　　　　D. T形槽右侧面

8. 机床几何精度检查时,对于减小测量范围的公差值,应_____按比例算出的公差值。
   A. 小于　　　　　　B. 等于　　　　　　C. 大于　　　　　　D. 稍大于

9. 大型工件划线时,为保证工件安置平稳、安全可靠,选择的安置基面必须是_____。
   A. 大而平直的面　　B. 加工余量大的面　C. 精度要求较高的面

10. 研磨螺纹环规的研具常用_____制成,其螺纹一般均应经过磨削加工,并修去两端边牙,以保证其精度不低于螺纹环规的精度。

  A. 低碳钢   B. 铝   C. 球墨铸铁

11. 目前大多数电火花机床采用_____作为工作液。

  A. 柴油   B. 汽油   C. 煤油

12. 万能工具显微镜工作室的温度应控制在_____以内。

  A. (20±1)℃   B. (20±2)℃

  C. (22±1)℃   D. (20±0.5)℃

13. 指导操作训练的教学方法是培养和提高学生_____的重要手段。

  A. 独立操作能力   B. 基本操作能力

  C. 实际操作能力   D. 正常操作能力

14. 生产实习的教学方法有讲授法、示范操作法和_____法。

  A. 指导操作训练 B. 现场演示 C. 实习操作 D. 实习讲评

15. 质量管理小组是由职工_____,针对生产质量问题开展活动的组织。

  A. 自愿组织   B. 自觉参加

  C. 由下而上组织   D. 按班组组织

四、简答题(每题4分,共20分)

1. 龙门刨床几何精度检查包括哪些项目?

2. 合像水平仪的工作原理是什么?

3. 大型、精密机械零件的制造要求是什么?

4. 班组生产管理的内容和要求是什么?

5. 在研磨加工中,研具材料应比被加工工件材料软还是硬?为什么?

理论知识考核试卷（一）答案

一、填空题

1. 最主要　最基本　工艺准备　　2. 精确度　测量方法
3. 圆度　圆柱度　表面粗糙度　　4. 临时性安装　永久性安装
5. 液压元件　判断故障　　6. 三点支承　　7. 物理性能　检测
8. 磨损均匀　直线式　长边　　9. 五勤　　10. 计划—实施—检查—总结

二、判断题

1. √　2. ×　3. √　4. √　5. √　6. √　7. √　8. √
9. √　10. ×　11. ×　12. ×　13. ×　14. ×　15. √

三、单项选择题

1. A　2. C　3. C　4. C　5. B　6. A　7. B　8. B　9. A
10. C　11. A　12. B　13. D　14. C　15. C

四、简答题

1. 答：它是直接把刻度刻在与分度主轴连在一起的玻璃刻度盘上，通过目镜观察刻度的移动进行分度，从而避免了蜗轮副制造误差对测量结果的影响，所以具有较高的测量精度。

2. 答：常见的铸件缺陷有：

(1) 孔眼

1) 气孔。圆形或梨形的光滑孔洞，位于铸件内部或露出铸件表面。
2) 缩孔。集中孔洞或细小分散孔洞，多位于铸件最后凝固的厚大部位内部，孔的内壁粗糙。
3) 渣眼。形状不规则且内含熔渣的孔洞，多位于铸件在浇注中最后充型的上表面。
4) 砂眼。形状不规则且内含砂粒的孔洞，位于铸件表面或内部。

(2) 形状尺寸不合格

1) 偏心或歪斜。铸件上孔的位置偏移或歪斜。
2) 浇不足。铸件未浇满，轮廓残缺。
3) 抬型。铸件分型面上有厚飞翅，铸件高度增加。
4) 变形。铸件发生翘曲。

(3) 表面缺陷

1) 冷隔。铸件表面有未完全融合的圆弧状接口缝隙。
2) 粘砂。烧结的砂粒粘连在铸件表面上。
3) 夹砂。铸件表面突起局部片状物，与铸件之间夹有一层型砂。
4) 铁豆。包含金属小珠的孔眼。

(4) 裂纹

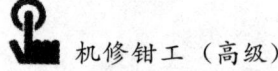

1) 热裂。铸件开裂，裂纹表面呈氧化色。
2) 冷裂。铸件开裂，裂纹表面发亮。

3. 答：试验室、计量室、生产车间及物品的恒温恒湿的贮藏室等，需要建立具有特定的恒定温度与相对湿度条件的人工气候室。温度范围在 20~25℃，控制精度最大误差为 ±1℃；相对湿度为 50%~70%，控制精度最大误差为 ±10%。

4. 答：(1) 保证电极间隙具有适当的绝缘电阻，使每个脉冲放电结束后迅速消除电离，恢复间隙的绝缘状态，以避免电弧放电现象。(2) 压缩放电通道，使放电能量高度集中在极小的区域内，既加强了电蚀能力，又提高了加工精度。(3) 使工具电极和工件表面迅速冷却。(4) 利用工作液的强迫循环，及时排除电极间隙的电蚀产物。同时，工作液中放电时的高压冲击波有利于把电蚀产物从加工区域中排除。

5. 答：在保证人身、设备安全的前提下，其他要求如下：

(1) 准备工作

1) 设备的准备，虽然设备已经做过空运转试验、负荷试验，但在过载试验前还是要把设备再检查一遍，如手柄位置、离合器的调整、主轴螺母等，都正常后才能试验。
2) 工件准备，按试验的规范准备工件材料、刀具、主轴转速、进给量等。
3) 安全防护的准备，刹车制动是否合理可靠，溜板箱脱落蜗杆是否可靠等。

(2) 设备准备工作完成后的空运转试车

(3) 装夹工件准备试验。工件的装夹要求可靠。过载试验是强力切削；要超过常规的切削力，所以装夹工件可靠尤为关键。

(4) 切削试验。按照不同的设备、不同的切削规范，严格执行试验规程。不同设备的过载均有它自己的注意事项，如卧式车床的过载试验要求如下：

1) 在设备过载试验时，摩擦离合器不能脱开。
2) 溜板箱的脱落蜗杆不能自动脱开。
3) 挂轮架应固定可靠，在强力切削情况下不能脱开。
4) 切削时不应有显著的振动及噪声，各手柄也不应有显著的颤抖和自动脱位现象。

(5) 异常情况的处理。在试验的过程中，若出现闷车（这是过载试验常出现的故障）、异常的声音就应立即停车进行检查，然后判断是否再继续试验。

理论知识考核试卷（二）答案

一、填空题

1. 加工表面　刚度　　2. 热喷涂　热喷焊　　3. 固定尺寸　可调
4. 冷却　体积膨胀　5. 减小振动　防止变形　　6. 重新分配　加工余量
7. 喷涂前预处理　喷涂　喷涂后处理　　8. 无间隙传动　轴向刚度
9. 热加工　　10. 计划型　修理周期

二、判断题

1. ×　2. √　3. √　4. √　5. √　6. ×　7. √　8. ×
9. ×　10. ×　11. ×　12. √　13. √　14. √　15. √

三、单项选择题

1. B　2. B　3. A　4. C　5. B　6. A　7. B　8. D　9. A
10. C　11. C　12. B　13. A　14. A　15. A

四、简答题

1. 答：龙门刨床是一种大型的设备，它的几何精度检查共计13项：
(1) 床身导轨在垂直平面内的直线度。
(2) 床身导轨在水平面内的直线度。
(3) 床身导轨的平行度。
(4) 工作台移动在垂直平面内的直线度。
(5) 工作台移动时的倾斜。
(6) 工作台在水平面内移动的直线度。
(7) 工作台面对工作台移动的平行度。
(8) 中央T形槽对工作台移动的平行度。
(9) 横梁移动时的倾斜。
(10) 垂直刀架水平移动的直线度。
(11) 垂直刀架水平移动对工作台面的平行度。
(12) 侧刀架垂直移动对工作台面的垂直度。
(13) 侧刀架垂直移动的直线度。

2. 答：其工作原理是利用光学零件将气泡像复合放大，再通过杠杆传动机构来提高读数的精确度，利用棱镜复合法提高读数分辨能力。

3. 答：大型、精密机械零件的制造要求是：
(1) 制造精密零件所用的材料，要求有足够的力学性能和良好的加工性能。零件要有耐磨性和尺寸的稳定性，在热处理后要有较高的强度和硬度，并且要求变形最小。因为精密机床的加工精度与使用寿命，在很大程度上都取决于机床上主要零部件的制造精度和装配精度。零件的制造精度首先取决于零件材料的合理选择。

(2) 铸造和成形工艺。金属成形工艺包括热加工工艺（锻造、挤压、轧制等）和冷加工工艺（挤压、弯曲、冲裁等）。铸造工艺和成形工艺是精密零件制造经常采用和选择的。

(3) 热处理工艺。以改变金属性能为目的，受控制的加热和冷却的过程，即为热处理。热处理工艺是精密零件制造的重要工艺之一，因热处理能显著地改变金属的力学性能和物理性能。合理选用精密零件的金属材料之后，就要根据零件的需要选择合理的热处理工艺，以提高零件的强度、硬度、耐磨性及减小变形量。

(4) 机械加工工艺

1) 测量、检验和质量控制。高精度的零件，要选用合适的仪器、量具，并选择适当的测量方法才能测量出高精度的尺寸和形位公差。精密零件测量的准确性、可靠性是机械加工最关键的技术问题之一。

2) 金属切削加工设备的选择。根据零件精度的技术要求，要合理、正确地选择切削加工设备，这也是精密零件制造工艺的重要条件。例如，普通的卧式车床不能加工出5级丝杠，只有精密丝杠车床或螺纹磨床才能完成这项任务。

4. 答：班组生产管理的内容和要求是：

(1) 正确认识班组管理的基础作用。在建立班组管理制度的同时，授予班组长一定的职责和权限，并给予一定的岗位津贴，做到权、责、利相结合，以调动班组长的管理积极性。只有基层班组管理的活跃，才能发挥班组承上启下的作用。

(2) 民主选举，竞争上岗。班组长的选拔采用民主选举或竞争上岗的方式，以改变由领导指定，不走群众路线的弊端。

(3) 建立班组绩效考核管理体系。其内容可涵盖产品质量合格率、员工出勤率、合理化建议、团队凝聚力等指标，把个人的绩效与班组的绩效挂钩，培养员工个人与班组（团队）荣辱与共的归属感、认同感和使命感。考核体系制定颁布后，要认真严格地执行，做到有奖有罚、赏罚分明。

(4) 注重技能提升，营造学习氛围。在班组一线树立技能标兵，对技能熟练、乐于助人，为企业改进工艺、提高质量有一定贡献的员工，通过宣传栏、通报、加薪、一次性奖励等办法予以鼓励，激发其他员工效仿的愿望，这样，就能在生产一线形成学习技能光荣的良好风气，促进员工队伍技能水平的提高，为企业降低生产成本、提高产品质量奠定基础。

(5) 建立班组例会制度。班组例会可以是班前会，也可以是班后会，可以是每天一次，也可以是每周一次，甚至可以是每半个月一次。会议的内容包括：通报本班组的质量状况，指出班组管理中存在的问题，请受表扬的员工交流经验，让受处罚和批评的员工提出自己的意见等。通过组员在班组例会上的相互交流，可以加强员工之间的沟通，消除郁积在心中的不满情绪，使员工在日常工作中坦诚相处，促进班组和谐气氛的形成。

(6) QC小组活动。提高员工素质，激发员工的积极性和创造性。改进质量，降低消耗，提高经济效益。建立文明和心情舒畅的生产、服务和工作现场。

(7) 精神文明建设。包括开展劳动竞赛，合理化建议，环境卫生文明生产，建立班组园地宣传栏,开展"争当文明职工"活动等。

5.答:研磨材料应该比被加工工件的材料软一些。因为磨料嵌入研具表面后才能对工件有切削作用,否则不但不能研磨工件,反而会损坏研具。但研具材料也不能太软,磨料完全嵌入研具中则起不到切削作用。